温室工程规划、设计与建设

主编 张天柱

编委 张天柱 吴卫华 徐 泳 毛志怀 李 栋 乔晓军 张云鹤
郝天民 李国新 陆 琳 王振力 程杰宇 王宏丽 李志娟
刘嫣红 徐远东 刘彩霞 李书卫

中国轻工业出版社

图书在版编目(CIP)数据

温室工程规划、设计与建设/张天柱主编. —北京：
中国轻工业出版社，2023.5
ISBN 978 – 7 – 5019 – 7127 – 5

Ⅰ.①温… Ⅱ.①张… Ⅲ.①温室-农业建筑-建筑工程 Ⅳ.①TU261

中国版本图书馆 CIP 数据核字（2009）第 161371 号

责任编辑：伊双双　　责任终审：唐是雯　　封面设计：锋尚设计
版式设计：王超男　　责任校对：李　靖　　责任监印：张京华

出版发行：中国轻工业出版社（北京东长安街6号，邮编：100740）
印　　刷：三河市万龙印装有限公司
经　　销：各地新华书店
版　　次：2023年5月第1版第7次印刷
开　　本：720×1000　1/16　印张：19
字　　数：378千字
书　　号：ISBN 978-7-5019-7127-5　　定价：36.00元
邮购电话：010-65241695
发行电话：010-85119835　　传真：85113293
网　　址：http://www.chlip.com.cn
Email: club@chlip.com.cn
如发现图书残缺请与我社邮购联系调换
230649K1C107ZBW

序

改革开放 30 年来,我国设施园艺业在拓展农业产业发展空间、丰富人民的"菜篮子"、保障食物供给安全、促进农民增收等方面都发挥了十分重要的作用。温室设施工程是综合应用工程装备技术、生物与环境工程技术,按照优化植物生长发育条件的要求进行生产的集约农业生产方式。现代设施园艺业具有高产、优质、高效、安全、周年生产的特点,有利于实现集约化、商品化、产业化,是建设资源节约型、环境友好型农业的重要手段。温室设施工程的发展,能提高土地产出率、资源利用率和劳动生产率,提高农业素质、效益和竞争力,既是当前农业和农村经济发展新阶段的客观要求,也是克服资源和市场制约、提升我国设施园艺产业国际竞争的现实选择。

自 20 世纪 80 年代初以来,我国温室设施产业经历了引进、消化、吸收和自我创新的发展过程,逐步形成了具有我国国情特色、内容较为完整、规模相当的主体产业群,目前已经进入全面提升的发展新阶段。加强温室种植产业基础设施建设、提高先进适用机械化装备水平;加快科技创新和研究成果的产业化推广,推进生物技术、工程技术和信息技术在温室设施工程中的集成应用;努力拓展设施农业生产领域,深入挖掘设施农业的生产潜能,提升设施农业发展的质量和生产效益,满足消费者不断提高的对无公害和绿色产品的要求,成为新时期提升现代设施温室产业水平的重要任务。要努力实现我国设施农业产品种类丰富齐全、生产手段先进适用、生产过程标准规范、产品均衡供应的总体目标,探索出一条具有中国特色的高产、优质、高效、生态、安全的设施园艺业发展道路。

温室作为设施园艺工程的重要基础设施,是我国工学门类——农业工程一级学科下设的"农业生物环境与能源工程"分支学科的重要科技创新与工程建造研究的重要内容。中国农业大学农业生物环境工程学科是我国自改革开放以来最早建设的农业工程分支学科之一。该学科利用中国农业大学具有机械、园艺、土木、环境、电子信息与自动化工程多学科的群体优势,近 30 年来已经为我国设施农业领域培养了大批高级专门人才和工程技术人才,在提升学科基础水平、工程技术创新能力、促进研究成果示范推广方面积累了许多经验;另外,在学科建设与教学、科研中,十分重视产、学、研结合,推进国际化科学技术交流与合作。早在 1985 年,学校即建立了科技型企业,致力于温室设施工程研究、设计、施工与推广，承接过全国各地日光温室、连栋温室、楼顶温室、休闲温室、科研温室、餐饮温室等工程项目，积累了比较丰富的经验，成为学校科研成果与产业化推进、科学研究与应用密切结合的亮点之一。

《温室工程规划、设计与建设》一书是中国农业大学北京市富通环境工程有限公司的科技骨干群体经验的系统总结，同时将温室规划、设计和建设作为一个完整的体系进行阐述，对促进我国设施园艺温室工程的规划、设计、施工建设具有重要参考价值。愿我国不同地区从事现代设施工程研究的专家和工程师能更好地跟踪国内外相关科技与产业发展，深入调查研究我国不同生态与经济区的实际，重视相关技术发展的战略、规划和技术创新研究，为进一步提升我国设施农业的现代化水平做出更大的贡献。

汪懋华

中国工程院院士

前言

温室工程是设施农业的重要内容,在我国已形成一个重要产业,成为促进农业发展、农民致富和建设新农村的重要手段。我国各级政府对发展温室产业极其重视,中华人民共和国农业部于2008年专门颁布了农机发〔2008〕3号文件《农业部关于促进设施农业发展的意见》。由于从中央到地方各级政府对温室建设的大力支持,近十几年来我国温室产业得到迅速发展,已有大型园艺设施 $1.919 \times 10^6 hm^2$,其中塑料温室 $1.909 \times 10^6 hm^2$,玻璃温室 $0.69 \times 10^4 hm^2$,分别占亚欧美三大洲的 91.29%、93.28% 和 13.17%。我国已成为世界上设施农业栽培面积最大的国家,每年人均消费蔬菜量的 20% 由设施农业栽培提供。

自1985年以来,笔者及所在的团队参与了国家"八五"、"九五"、"十五"、"十一五"温室专题攻关项目,致力于温室工程和温室环境控制的研究、设计、施工及推广。在此期间,获得"湿帘风机降温系统研究"、"工厂化农业温室及配套设施研究"、"工厂化农业(园艺)关键技术研究与示范"、"新型节能日光温室与连栋塑料温室"等多项奖项。先后在全国承接了大量日光温室、连栋温室、楼顶温室、休闲温室、科研温室、餐饮温室等项目,积累了丰富经验,并提高了理论水平。2001年开始,又在园区规划、产业规划、项目策划、农产品品牌创立等农业规划领域进行了长达8年的系统科学研究和实践。

十余年来,温室工程和农业规划方面的理论探索和实践经验使我们体会到,温室可应用在蔬菜、果树、花卉、药材等种植方面,还可用于鱼、虾、蟹等动物的养殖方面;温室的规模也在扩大,成片的连栋温室、日光温室、大棚群拔地而起;高科技在温室设施和种植领域日益得到更多的应用。因此,如何根据各地区自然环境条件,合理地选择温室及温室建设规模,确定种植或养殖内容,引进先进的技术和管理理念,以形成一个完整的温室产业体系,达到良好的经济效益、社会效益和生态效益,规划工作就显得非常必需和重要。这就是我们编写本书的原因。

笔者编写《温室工程规划、设计与建造》一书的初衷是:把温室工程规划问题提到一个重要地位,促进社会各界在建设温室前,首先做好规划;尽量全面阐述清楚温室工程规划的内涵、内容及步骤,抛砖引玉,以进一步深入讨论这些问题,逐渐完善温室规划;提出广义温室工程概念,建立温室产业理念,做好温室产业。

　　本书是我们多年实际经验的总结,并试图将某些问题上升到理论层面。但由于水平所限,有些方面可能阐述得不够准确,或不够完善,诚恳希望读者批评、指正。

张天柱

目录

第一章 概述 ……………………………………………………………… 1
 第一节 发展现代温室工程的意义 ………………………………… 1
 第二节 国内外温室工程发展状况 ………………………………… 3
 第三节 现代温室工程规划的特点 ………………………………… 21
 第四节 温室工程发展趋势 ………………………………………… 25

第二章 温室工程规划与管理 …………………………………………… 29
 第一节 温室建设地区的选择 ……………………………………… 29
 第二节 温室类型、用途和规模的确定 …………………………… 34
 第三节 温室工程总体规划 ………………………………………… 43
 第四节 温室工程管理 ……………………………………………… 46

第三章 温室主体结构强度设计计算 …………………………………… 48
 第一节 温室结构强度概述 ………………………………………… 48
 第二节 平面桁架 …………………………………………………… 51
 第三节 平面刚架和平面混合结构 ………………………………… 67
 第四节 空间刚架和混合结构分析 ………………………………… 90
 第五节 温室结构强度的讨论 ……………………………………… 99

第四章 温室工程建设施工 ……………………………………………… 103
 第一节 温室的选址及建设规格 …………………………………… 103
 第二节 施工放线 …………………………………………………… 104
 第三节 基础施工 …………………………………………………… 107
 第四节 温室主体工程建设施工 …………………………………… 113
 第五节 温室内部设备安装调试 …………………………………… 118

第五章 温室作物种植规划 ……………………………………………… 128
 第一节 温室种植规划的意义 ……………………………………… 128
 第二节 温室种植规划的原则和调研 ……………………………… 130
 第三节 温室种植规划的内容 ……………………………………… 132
 第四节 温室蔬菜种植规划 ………………………………………… 135
 第五节 温室果树种植规划 ………………………………………… 139
 第六节 温室花卉种植规划 ………………………………………… 143

第六章 温室生产环境控制设备 ………………………………………… 147
 第一节 温室作物对环境的要求 …………………………………… 147
 第二节 温室生产生理生态信息传感器 …………………………… 149

	第三节 温室生产信息采集分析系统	162
	第四节 温室生产控制管理平台	177
第七章	**温室农业机械选型**	200
	第一节 温室农业机械的特点及国内外发展现状	200
	第二节 耕作和种植机械选型	204
	第三节 灌溉机械选型	217
	第四节 收获和运输机具选型	246
第八章	**温室工程建设经济分析与管理**	256
	第一节 温室工程投资估算	256
	第二节 财务估算	261
	第三节 温室工程系统管理	267
第九章	**温室工程节能**	269
	第一节 温室生产的调温原理	269
	第二节 温室实用节能措施与技术	271
	第三节 温室节能的研究方向	281
参考文献		285

第一章 概 述

第一节 发展现代温室工程的意义

温室是设施农业的重要组成部分,是综合应用工程装备技术、生物技术和环境技术,按照动植物生长发育所要求的最佳环境,进行动植物生产的现代农业生产方式。农业用温室具有技术密集化、集约化和商品化程度高的特点。温室生产可有效提高土地产出率、资源利用率和劳动生产率,提高农业素质、效益和竞争力,对于保障农产品有效供给,促进农业发展、农民增收,增强农业综合生产能力具有十分重要的意义。

2008年10月12日,中国共产党第十七届中央委员会第三次全体会议通过的《中共中央关于推进农村改革发展若干重大问题的决议》中,在"加快农业科技创新"一段指出:"适应农业规模化、精准化、设施化等要求,加快开发多功能、智能化、经济型农业装备设施,重点在田间作业、设施栽培、健康养殖、精深加工、储运保鲜等环节取得新进展。"这是党中央有关发展设施农业问题提出的方向性任务。

一、现代温室工程内涵

(一)温室工程

本书所说的温室工程是广义性的,系指温室农业工程,包括温室设施工程和温室生产工程两部分。

1. 温室设施工程

温室设施工程包括温室主体的设计、制造、基础准备、安装、加热、降温、照明、遮阳、生产环境监控等,以及管道、道路、供水、办公室、工作人员住房、通讯设备、交通工具等公共设施。另外,还有财务、管理规范等软件建设。

温室主体工程的设计、制造、安装等随着温室类型的不同而异,与温室使用地区、气候、投资等有密切关系,如玻璃温室在欧洲西北部使用较多,而塑料温室在地中海沿岸国家和日本使用较普遍,中国则以日光温室为最多。温室加热系统的选择是根据温室的结构和大小、运转形式、燃料供应和价格、系统各部件的成本等来决定。大型连栋温室常采用中央锅炉供热,小型温室则可将燃烧炉装在温室内。根据投资和技术条件，电脑控制系统可进行温度、湿度、灌溉和施肥、二氧化碳、光照、遮阳等所有参数完全一体化的控制，也可进行必要参数的控制。

2. 温室生产工程

农业用温室生产工程涉及蔬菜或果树的种植、动物的养殖、植物或动物的生产方式，动植物生产机械、动植物生长监控、生产规范和产品标准、生产管理、市场信息等。如温室营养液栽培，由于可高密度种植，带来高产量，可适应不毛之地、恶劣外界环境和各种季节，能高效利用水、肥，使用土地面积最少，便于机械化和控制病虫害，不依赖土壤，可防止土壤带来的病虫、盐碱、排水不畅等灾害，因此国外使用非常普遍。营养液栽培本身就涉及类型选择（水培、雾培、基质培）、营养液配方的确定、设备选型或工程制造等问题。

为了检测植物的实时生长状况，从而预测植物的生长趋势，并以报警形式反映植物是否受到干旱、高低温等环境威胁，及时解决出现的问题，以达到高产、优质的目的，温室需要安装生理信息传感器，监测植物的茎粗、叶温、叶湿、茎流及果实生长的变化等情况，为分析植物的长期生理特性提供数据支持，进行精确的生长条件控制，以实现作物生长环境的优化。

（二）现代温室工程的定义

目前尚无现代温室工程的标准定义。美国对现代温室生产的定义是：环境在控制下的农业生产，也就是利用温室可以在气候不利于甚至不能使作物生长的地方和时期，种植作物和产出食物。当露地也能生产时，温室则可保护作物免受大风、暴雨、冰雹等自然灾害的伤害。因此，覆盖有透明或半透明材料，其内部环境得到改善或控制的建筑就称为现代温室。根据这种说法，塑料大棚、日光温室、玻璃温室、植物工厂等都属于现代温室范畴，只不过环境控制水平和程度有差异。另外，现代温室是个动态概念，随着时代的发展和进步，温室现代化水平也在日益提高和完善。

二、发展现代温室的意义

（一）发展现代温室是建设现代农业的重要内容

温室栽培能有效地加快传统农业向技术密集型现代农业转化。采用现代农业高新技术，提高农民科技与文化素质，可增加农业产品中科技进步所占的份额，减轻劳动强度，提高劳动生产率和单位面积优质农产品产出率，保障农业总产出与社会总需求的平衡。

发展现代农业的过程，就是促进农业水利化、机械化、信息化，生产过程自动控制化和智能化。温室生产通过工程技术、生物技术和信息技术的综合应用,使动植物达到高产、优质、高效、安全、周年生产的目标,具有集约化、商品化、产业化等现代农业的典型特征。

(二) 发展现代温室是实现农民持续增收的有效途径

设施农业充分利用自然环境和生物潜能,在大幅提高单产的情况下保证质量和供应的稳定性,具有较高的市场竞争力和抵御市场风险的能力,是种植业和养殖业中效益最高的产业,也是当前广大农民增收的主要渠道之一。如露地生产的黄瓜、番茄、甜椒、茄子等产量一般为 30000~45000kg/hm^2,而设施内栽培产量可达 150000~300000kg/hm^2。温室内光照和温度的良好控制,可使荒地转变为可耕地,在沙漠和北极荒地种植作物,从而养活那里缺粮的饥饿居民。温室可在不适于动植物生长的季节进行反季节栽培和养殖,增加淡季供给量,缓解淡旺季矛盾,实现均衡供给。所以,温室农业生产不仅丰富了城镇居民的"菜篮子",也装满了农民的"钱袋子",促进设施农业发展,有利于优化农业产业结构,促进农民持续增收。

(三) 发展现代温室是实现环境友好型农业的重要手段

资源短缺和生产环境恶化是我国农业发展必须克服的问题,发展设施农业可减少耕地使用面积,降低水资源、化学药剂的使用量和单位产出的能源消耗量,显著提高农业生产资料的使用效率。北京、河北、辽宁、山西、甘肃、黑龙江等地,将节能型日光温室、畜禽暖棚暖圈与沼气池三位一体科学筑造,构成有机生态型农业模式而形成良性循环,饲养动物放热、呼出的 CO_2 为植物利用,粪便池产生沼气作为燃料或用来照明,沼渣是优质肥料,植物为家畜提供良好的空气环境。这体现了设施农业技术与装备的综合利用,可以保证生产过程的循环化和生态化,实现农业生产的环境友好和资源节约,促进生态文明建设。

(四) 发展现代温室是保障食物安全的有力措施

温室工程以其牢固的骨架设施和高强度、高寿命的覆盖材料,在一定程度上能抵抗自然界大风、低温霜冻、大雨、冰雹以及高温、强日照等不利气候的影响,增强抗灾和减灾能力,使设施栽培作物在不适宜的外界条件下获得成功。设施农业可以通过调控生产环境,提高农产品产量和质量,保证农产品的鲜活度和周年持续供应,有利于保障食物安全,维护社会和谐稳定,改善民生。

第二节 国内外温室工程发展状况

一、温室发展简史

温室最早出现在公元前 30 世纪罗马皇帝 Tiberius 时代。罗马皇帝

Tiberius特别爱吃黄瓜，因此，罗马的园艺家就把黄瓜种植在推车内，白天放在阳光下，夜间放在用油布或稍微透明的云母板搭成的黄瓜室等特殊环境内保温，以满足罗马皇帝 Tiberius 一年四季的需要。1559年，第一套实用温室由法国植物学家 Jules Charles 设计出来，并建在荷兰的 Leiden。起初温室用于种植热带药材，其中最受欢迎的植物之一是来自印度的罗望子树，这种树的果实可被加工成具有治疗功能的饮料。19世纪上半叶，随着铸造技术的改进，平板玻璃的制造工艺有了新的突破，使平板玻璃作为温室外覆盖材料成为现实。1850年在英国伦敦海德公园首次展示了用玻璃板制成的水晶宫（温室），进行植物栽培，引起了轰动。之后，欧洲大陆纷纷效仿，一些皇家花园和药用植物园相继建立了类似的温室，此后温室开始在欧洲推广。此后，这位法国植物学家又开始在温室内种植柑橘，以防果树受到霜冻。这期间，温室内种植的植物仅仅是为了满足贵族的观赏欲望和品尝热带或珍贵、稀有产品，温室成为富贵地位的象征。凡尔赛宫温室柑橘园即为一例，那庞大、壮观、华丽的柑橘温室园就是专门为王室而建。凡尔赛宫温室柑橘园长约150m，宽约13m，高14m，向南采光和采热。但是，这些温室结构都很笨重，后来世界上出现了倾斜玻璃墙（图1-1）和加热烟道式温室，改善了温室效率。随着玻璃质量的提高和新技术的使用，可建更大和更精致的温室。

温室发展的黄金世纪是在英国的维多利亚时代。1904年英国已有温室超过200hm^2，美国则达到了900hm^2。英国人把温室称作暖房，因为它能保护植物，而法国人则把他们的第一座温室称作橘园，以后又出现了菠萝园，因为他们将温室用于种植橘子和菠萝。

到19世纪，英国在Kew公园建造了温室（图1-2），用于园艺和非园艺展览，与此同时，伦敦、纽约建造了铁和玻璃结构的水晶宫（温室），慕尼黑建造了玻璃宫温室。

图1-1 倾斜玻璃墙温室

图1-2 英国维多利亚Kew公园温室

19世纪末，玻璃已发展得很完善并撤销了高税收。富人开始互相竞争建造最精美的温室，但仍然是将温室用于种植柑橘和花卉，很少考虑利用温室进行食品生产。

布鲁塞尔皇家温室是比利时国王 Leopold 二世命令建造，由 Alphonse Balat 设计，于 1874 年至 1875 年建成的综合供暖式温室（图 1-3）。该温室总面积为 2.5hm^2，每年需要 800000L 燃油用于温室供暖。该温室每年有两周时间对外开放，届时室内鲜花盛开，吸引众多市民前来参观。

图 1-3　布鲁塞尔皇家温室内部景观

世界各国温室形成产业是在第二次世界大战以后，温室内最普遍种植的作物是番茄、黄瓜、甜椒、西瓜、西葫芦、莴笋、茄子、芦笋、草莓、葡萄、姜、花椒、茴香、草药等。

二、国外温室发展状况

（一）荷兰

1. 发展历程

荷兰 100 年来温室的发展历程大致分为初级发展阶段（1900—1945）、快速发展阶段（1946—1990）、稳定成熟阶段（1991 年至今）三个主要阶段。荷兰温室的初级发展阶段随着玻璃技术的革新而发展起来。1904 年，荷兰进行首次温室普查时，温室面积仅为 28hm^2。20 世纪 20 年代后期，荷兰开始发展温室产业，但发展仍然缓慢，到 1927 年双坡面玻璃温室为 391hm^2，1939 年达到 1000hm^2。这一时期荷兰的园艺设施大致有三种型式，一种是被称为温床的结构，后面是矮墙，前面为略低于后墙的玻璃立面，顶部为可开启的玻璃采光面，主要用于花园植物的越冬；第二种称为双坡面玻璃温室，是具有尖顶对称屋面和斜侧立面的玻璃温室，可用于果蔬和花卉的种植；第三种是木结构的简易一面坡温室。这一时期大部分的温室设施结构简单，无任何环控措施，且栽培技术落后，仅能满足夏季的园艺生产和花园植物的越冬等需求。表 1-1 所示为荷兰中央统计局公布的荷兰 1904—1939 年的温室面积。

表 1-1	荷兰温室面积（1904—1939 年）		单位：hm^2
时间	温床	双坡面玻璃温室	其他简易温室
1904 年	178	28	—
1912 年	495	85	160
1927 年	833	391	610
1939 年	1024	1000（估计）	1500（估计）

第二次世界大战后，荷兰得到了美国的大力援助，大量先进的农业技术、农业机械、化肥、农药等纷纷从美国输入荷兰。荷兰不失时机地在国内建立农

业示范户和综合示范区,成立农业合作社,帮助农民提高经营水平,并且以及实施各种补贴和信贷等措施,使农业得到了迅速恢复与发展。温室技术也在这一时期得到了快速发展,荷兰中央统计局公布的这一时期荷兰的玻璃温室面积发展状况如表1-2所示。

表1-2　　　　　　　荷兰玻璃温室面积(1950—2004年)　　　　单位:hm^2

时间	玻璃温室面积	时间	玻璃温室面积
1950年	3300	1990年	9600
1960年	5000	2001年	10600
1970年	7000	2004年	10905
1980年	8800		

2. 技术革新

从第二次世界大战结束到1990年的40多年间是荷兰温室发展最快的一段时期,主要有以下原因。

荷兰地处北纬51°~53°的高纬度地区,由于受海洋性气候的影响,冬暖夏凉,但光照相对不足,温室发展的主要限制因子是光照。因此,最大限度地提高覆盖材料的透光率、减少骨架阴影、合理设计采光屋面角是该地区温室建设的关键技术。20世纪50年代初,在位于荷兰东南部林堡(Linburg)省一个叫Venlo的小镇,最早出现了一种小尖顶连栋玻璃温室,以后人们习惯地称这种温室为Venlo型温室。最早的Venlo型温室的跨度为6.4m、开间4.0m、檐高4.0m、脊高4.8m,每跨由两个小屋面构成。后来经过多次改进,其逐步形成了现在的6.4m、9.6m、12.8m等多跨度组合模式。Venlo温室的主体结构通过采用柱网支撑桁架钢结构、铝合金镶嵌玻璃屋面直接坐落桁架以及屋面承重由铝合金嵌条承担等措施,使用钢量减少到仅为$5kg/m^2$,比其他温室结构$12\sim15kg/m^2$的用钢量节约一倍以上;同时,通过屋面构件的优化设计,透光率也大为提高,逐步形成了现在这种独具风格的与荷兰气候特征相适应的温室型式。Venlo型温室的发展,既满足了荷兰对最大采光量的需求,又为机械化耕作和规模化生产提供了广阔的空间,对荷兰现代温室的发展起到了重要的推动作用。20世纪50年代初,随着杂交育种新技术的广泛应用,荷兰育种工作者开始着手温室作物新品种的选育,一些耐弱光、抗病、高产、适宜长季节栽培的温室作物新品种相继问世,并通过多年的更新,形成了目前强大的温室作物良种产业,有力地推动了温室园艺的发展。20世纪60年代初,采暖系统逐渐引入温室的冬季增温,使用的燃料由最初的煤炭慢慢升级到石油,70年代初又从石油升级到天然气,使温室的加热系统不断得到改进与提高。一些与温度环境控制相关的锅炉、混合调节阀等装置相继得到普及与应用。从20世纪60年代开始,CO_2施肥技术也开始在温室使用,使作物产量得到了大幅度提高。60年代中期，第一个温室模拟气候控制系统问世，当时虽然仅能控制加热和通风装置，但为后来的计算机控制系统奠定了基础。

Strijbosch在温室模拟气候控制方面进行了开创性的工作，他首次详细记录了荷兰温室顶尖种植户的气候控制策略，为荷兰温室的优化控制提供了宝贵的基础数据和研究方法。20世纪60年代末，镀锌钢结构桁架与铝合金镶嵌框屋顶结构也相继得到应用与推广，温室的采光性能得到进一步提高。70年代以来，无土栽培尤其是岩棉培技术的广泛应用，大大提升了温室管理效率和栽培控制水平，使机械化、自动化逐渐成为现实。80年代初，可移动式保温幕的推广应用，为温室冬季夜晚的保温提供了重要保障。这一时期从温室结构优化、通风开窗机构、天沟保温、采暖系统、营养液控制、CO_2施肥、环境控制到采收包装等方面的技术都得到快速发展，形成了从播种、育苗、栽培到采收、分级包装、贮藏保鲜各个环节的技术配套体系。根据荷兰温室产业信息年报报道，1950年到1990年温室作物产量得到大幅度提高（如表1-3所示），番茄产量增长了5倍，玫瑰产量增长了2倍。

表1-3　　　　　　　　荷兰玻璃温室作物的产量

年代(20世纪)	番茄/(kg/m^2)	玫瑰/(枝/m^2)	菊花/(枝/m^2)
50	7.7	110	
60	9.5	160	
70	20.0	220	90
80	29.0	240	130
90	44.0	320	180

在高度发达的工业化影响下，温室产业也广泛应用现代工业技术进行装备，如传动机械、耕作机械、包装机械、预冷机械、运输机械等机械技术，工程构架材料、工程塑料、覆盖材料、节水工程等工程技术，光、温、水、气、肥等自动化控制的计算机管理技术，生物制剂、生物农药、生物肥料等生物技术，以及技术信息、产品信息、市场信息、生产信息等现代信息技术等广泛渗透到温室产业，逐渐把温室农业推向工厂化农业。

3. 政府调控

政府在温室农业发展的宏观调控和产业导向方面起着重要的推动作用。荷兰政府为了使有限的土地得到高效的利用，避开了需要大量光照和价位低的禾谷类作物，大力发展附加值高的园艺作物、畜牧业和加工业。20世纪60年代以来，荷兰政府采取调整农业结构和生产布局，为温室农户提供大量贷款等措施，大力发展温室产业。1983—1992年的10年间，通过实行补贴政策，使从事温室生产的农户可获得50%的政府资助，导致农民收入成倍上涨，促进了温室农业的发展。农业，即使是温室园艺产业也是一个低利润的行业，必须得到政府的政策扶持才能得到快速发展。

规范有序的市场体系是温室园艺产业发展的重要支撑，是连接农户与消费群体的纽带和桥梁。在荷兰，园艺产品的销售是一个完整的体系，规范化的市场网络在这个体系中扮演了重要角色，花卉拍卖市场、蔬菜拍卖市场和专用产品市场等分工明确，为荷兰温室产品快速进入消费领域提供了优质的服务和保障。荷兰温室企业生产的产品均标有生产户名、注册商标和产品品牌，消费者通过产品品牌从市场上购得自己满意的园艺商品。同时，市场的反馈信息也为温室企业提高产品质量、适应市场需求提供了明确的方向。通过市场体系的建设，把农户与消费对象紧密地结合在一起，有力地促进了温室产业的发展。

网络化的农业科研、教育和推广体系是温室技术不断创新和辐射扩散的重要保证。知识和科技是农业创新的手段，荷兰多年来通过瓦赫宁根（Wageningen）大学、农业研究站和地区研究中心，把温室技术的最新知识和科技成果迅速传播到每个种植户，并很快在全国推广普及。在荷兰，所有温室农户的主体技术差异不大，主要得益于这种技术传播网络。

4. 温室工程公司

荷兰是世界上设施园艺最发达的国家之一，目前有 1.1 万 hm^2 现代温室，全部为玻璃温室，占全世界玻璃温室的 25%，主要用于种植花卉和蔬菜。荷兰温室内生产的蔬菜，占本国蔬菜总产值的 3/4，绝大部分销往世界各地；荷兰的花卉产业也十分发达，主要靠温室栽培，是世界第一大花卉出口国，成为世界花卉贸易中心。荷兰的现代温室，无论从面积、规模、水平都居世界前列，但却没有一家专门生产制造温室的企业，虽然也有一些配件专业生产厂家，但温室及配套设施的生产完全靠一种高度社会化、国际化的市场体系。荷兰温室的覆盖、保温材料等均从比利时、瑞典等国进口；温室建造的运作主要靠温室工程公司，具有国际输出能力的温室工程公司有 7~8 家，其主要作用是"集成组装"而不是"制造"，通过市场调查获得需求信息，按用户要求进行温室设计、工程预算、材料购买、工程发包等，完全体现了温室工程建造的特点。荷兰的温室工程公司已从为荷兰、欧洲地区提供工程服务，向世界各国，特别是发展中国家拓展合作业务。

（二）日本

日本第一座温室是由英国商人 Samuel Cocking 于 1880 年为了出口药材所建造。20 世纪 70 年代为日本温室高速发展期，政府向农户提供大型现代化温室的资助，其中国家资助占 50%，其他资助占 30%~40%，农户自付资金仅占 10%~20%，这大大推动了设施园艺业的发展，使日本温室很快进入世界先进行列。1995 年日本有现代温室 4.88 万 hm^2，主要是塑料薄膜温室。由于农民的老龄化和蔬菜进口量的增加,到 2000 年,防雨棚、塑料大棚和玻璃温室进一步扩大。防雨棚主要用于果树栽培,塑料大棚主要用于蔬菜类生产,玻璃温室则主要用于花卉生产。设施花卉种植面积高于露地种植面积,其中设施盆栽花卉面积约占总种植面积的 84%,花坛用苗约占 76% 以上。一般日本一人经营温室面积为 0.2~0.3hm^2,多者则达到 0.5hm^2 至数公顷(图 1-4)。近年来,日本大力推广温室柑橘栽培技术,使其产品提早上市,在国际市场上很有竞争力,并获得了很高的经济效益。

图 1-4　日本连栋温室

1. 植物工厂

自 1990 年起,日本植物工厂逐渐发展起来。所谓植物工厂,就是不受外部环境影响、完全利用高科技环境自动化控制进行全年作物生产的系统。它是温室设施内的温度、光照、CO_2、培养液等环境条件自动控制设备与播种、移栽、收获、运输等作业工程设备相组合,使作物在最佳环境下生长,达到稳产、高产、优质、省力的生产系统。植物工厂分为两种:利用人工光源的完全封闭型和利用阳光型(包括阳光-补光型)。完全封闭式设施必须覆盖绝热、遮光材料,严格限制系统内外进行气、水、热交换。日本现在从北到南有 20 多家植物工厂,每栋占地面积平均为 0.07hm^2,主要生产叶菜类和少量菌类。阳光型需要根据外界条件进行人为调节,一般每栋占地 0.3hm^2,有的可达 1hm^2,与完全封闭型比较,空间要大得多。封闭型和阳光-补光型温室特点如表 1-4 所示。

表 1-4　封闭型和阳光-补光型温室的比较

项目	封闭型温室	阳光-补光型温室
建筑	外观像工厂和冷库的绝热建筑	以荷兰 Venlo 式温室为主
光源	以 660W 以上高压钠光灯为主,也有日光灯	以 360W 高压钠光灯为主,也有高光量型
温度控制	室内温度恒定在 18~25℃,专用空调	风暖或水暖型温室或冷风式冷房
环境	完全封闭式,控制较容易	受季节、气温的影响,难以控制到最佳状态
栽培	可实现立体栽培,空间利用率高	要提高效率,需调整间距
栽培技术	相对稳定	栽培管理上不容易完全控制
生产性	可全年生产	季节性强
运营费	光照电费高,光源:空调=2:1	夏季降温控制费用较高

植物工厂生产的蔬菜产品成分和日本食品标准规定的指标基本一致，如表1-5所示。

表1-5　　　　　　植物工厂蔬菜产品和食品标准指标的比较

成　分	叶用莴苣		生　菜	
	食品标准指标	植物工厂产品	食品标准指标	植物工厂产品
蛋白质/g	1.4	1.3	1.5	1.4
脂肪/g	0.1	0.3	0.2	0.1
钙/mg	60	34.5	50	35.7
钠/mg	6.0	4.5	5.0	3.8
钾/mg	490	420	370	457
维生素 A/IU	1300	910	780	457
维生素 B_1/mg	0.1	0.03	0.05	0.03
维生素 C/mg	21	15	13	10

图1-5　日本的地下植物工厂

植物工厂在城市也有使用。如在日本金融大楼地下室建了植物工厂（图1-5），光照和温度等由电脑控制，生产有机番茄和莴笋。

植物工厂还可用于观赏、装饰甚至精神治疗，从而进入家庭（图1-6）。

2. 通风方式

日本温室的通风形式有屋顶完全打开式（图1-7）、可转动拱形屋顶打开式（图1-8）、局部打开式、可伸缩处遮阳帘等4种。其中，屋顶完全打开式主要用于Venlo型温室。为了遮阳，日本研制了连栋温室顶部水平可伸缩外遮阳卷帘（图1-9）。

图1-6　家庭园艺植物工厂

3. 室内设施

日本广岛的一座占地约 3.2hm² 的大型温室，约需要50个工人。它是一

图 1-7 屋顶完全打开式温室

图 1-8 可转动拱形屋顶打开式温室

种肩高 5m 的 Venlo 型温室，室内全部用水泥铺设，栽培床是吊挂式的，比通常苗床位置高，工人可以站立操作。栽培通道上铺设加温管道，管道上可以行驶一辆高度为 2.7m 的可升降小车，操作人员可在小车上进行农耕作业（图 1-10）。

图 1-9 顶部水平可伸缩外遮阳帘

图 1-10 温室内操作设备和工人作业

4. 作物栽培形式

（1）立体栽培　为提高空间利用效率，日本栃木县一家农场种植了 0.92hm² 的两层式番茄。从育苗到收获期在上层进行，达到采摘期时移到下面一层进行收获，人工可直接采摘果实，然后再在上层进行育苗。这样就可连续作业，节省了空间和时间。一般这种蔬菜产品 95% 销向餐馆和食堂。

（2）营养液栽培　目前日本有 1000hm² 温室采用营养液种植。营养液栽培分为营养液栽培（水培）、喷雾营养液栽培（雾培）和基质营养液栽培（基质培）三大类，如表 1-6 所示。水培时，营养液以 5～10mm 深度流过植物根部；基质培时，有 20% 营养液成为废液排出，为减少环境污染和降低成本，可将这部分营养液循环再利用，但要经过膜过滤或紫外线消毒，或加热杀菌。

表1-6　日本营养液栽培类型

水培	深液流水培	循环式
		通气式
		液面上下式
	薄膜水培	—
	毛细管水培	上吸附式
		下吸附式
		保水垫式
雾培	—	
基质培	无机基质	沙子
		陶粒
		砾
		岩棉
	有机基质	树皮
		椰壳
		稻壳
		甜菜渣

图1-11　雾培

雾培的一个实例是三角形无土栽培装置（图1-11），其中两个板斜立，呈倒三角形，板面上种植蔬菜（主要是叶菜类蔬菜），在两板的中间有喷雾装置，可以喷洒营养液，为植物根系提供营养。从播种、育苗、定植到收获，只需要30d。光源主要是高压钠灯，为了提高光合效率，加入CO_2，生长速度比露地快2倍。其特点为程序化控制，不需要经验，不使用农药，比露地蔬菜产品的细菌少，为免洗蔬菜，商品率高，生产稳定。

5. 温度控制

在夏季高温时，控制温室内升温的基本方法是通风、遮光、空调降温等。但使用空调的耗能很高，不易普及。日本研制出一种利用水蒸发降低温度的机构，如湿帘-风机降温系统、水雾降温系统等。湿帘-风机降温系统是在温室一侧安装格子状板，水流过格子板，风机将室外空气吸入经湿帘加湿，水蒸发时，依靠汽化热降温，如图1-12所示。湿帘与风机最大间距是40~50m，不适宜于大规模温室。这种方法的缺点是与湿帘距离近的地方降温效果好，远的地方较差，造成室内温度不均匀。水雾降温装置是利用设在温室上部的许多喷嘴，将水喷成细雾进行降温，如图1-13所示。喷雾时间越长，降温效果越好。水雾装置既可降温又可喷洒农药或营养液，这种装置的效率高，已在1000hm^2

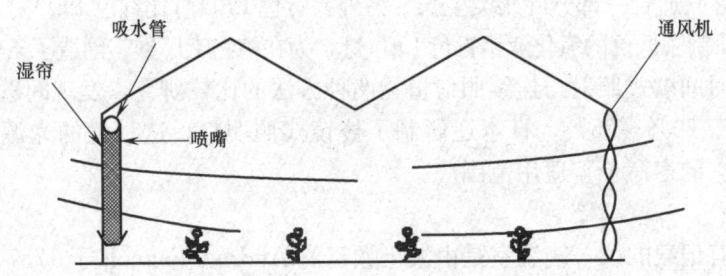

图 1-12 湿帘-风机降温系统示意图

面积上使用。

6. 生物防治病虫害

为减少农药使用，日本从 2006 年以来，采用了 17 种昆虫、2 类线虫、16 类微生物等害虫天敌和生物农药，其中半数用于温室。

7. 节能

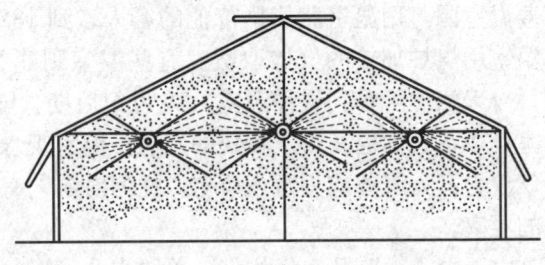

图 1-13 水雾降温示意图

（1）节能温室　为了节能，日本开发出一种由三层透明的塑料膜构成的覆盖材料，外夹层内通入加压空气，以将覆盖层支撑起来，内夹层通过循环水，将吸收的太阳能（白天水温可达 20℃）通过地下管道储存在地下土壤中，夜间将土壤内储存的热量再经过地下管道用于温室加热。随着地区、气候和作物的不同，这种技术节能可达 60%～100%。

（2）节能人工光源　自然光波长在 300～3000nm，其中，植物光合作用需要的波长在 400～700nm。特别是植物的叶绿体吸收的光谱，处于青色（450nm 附近）和红色（660nm 附近）峰值处。发光二极管（LED）可提供特定、狭窄的波长，青色和红色 LED 发出的波长几乎和植物的叶绿体吸收的波长段一致。

发光二极管（LED）由于使用低压电源，比较安全，消耗能量较同光效的白炽灯减少 80%；尺寸小，可以制成各种形状的器件；稳定性好，使用 10 万小时后光衰为初始值的 50%，响应时间短；对环境污染少，无有害金属汞；改变电流可以变色。虽然价格较高，近来也逐渐普及。

由于植物的光吸收率（植物吸收的光量与光源对植物发出的全光量之比）高，利用单一发光的弱发光体 LED 灯，就能满足植物健康生长的需要。一般荧光灯发光能源利用率为 20%～24%，而 LED 发光能源利用率可高达 80%～

95%，并可节能。但是单一利用某一波长的光只能满足某一部分植物的生长需要，如红灯只适合一部分叶菜类生长。另外，青色 LED 灯比红色 LED 灯价格高，最近日本研制了低价的氧化亚铅青色 LED 灯，为在植物工厂推广创造了条件。

通过对间歇式照射与连续照射植物两种方法的比较研究，发现间歇式照射作物可增产 20%～25%。日本还研制了棱镜式照明灯，这种灯的光源和发光体分离，它的寿命长，适用范围广。

(三) 美国

美国有记载的第一座温室是由波士顿富商 Andrew Faneuil 于 1737 年所建造，和他的前辈欧洲人一样，Faneuil 将温室用于种植水果。乔治·华盛顿可能是当时美国最富有的人，他很喜欢菠萝，就命令在 Mt. Vernon 建造了一座菠萝温室园，用温室菠萝招待他的客人。到 1825 年，美国温室已很普遍，许多温室用煤炉加热的气体取暖。有些温室则建在地下，并依靠向南的窗户取暖，今天依然可看到这种温室。19 世纪后期，随着美国东北部重工业的崛起，温室产业在美国也获得了较快的发展，温室观念已经比较大众化和实用化，不再仅仅为富人服务或为富人所有，任何对园艺有兴趣的人都能有一个自己买得起的温室。

由于国土横跨几个气候带，美国农业发展的指导思想是适地栽培，如建有玉米带、小麦带、蔬菜水果带等，通过其发达的公路和空运解决市场均衡供应问题。但由于其经济高度发达，人们消费水平较高，对农产品，特别是蔬菜、水果、花卉等提出了更高的要求，因此设施园艺也有较快的发展。美国的温室面积约有 1.9 万 hm^2，多数是玻璃温室，少数是双层充气塑料薄膜温室，近几年来也建造了少量聚碳酸酯板（PC）温室。美国的塑料温室大多采用半球形结构，骨架用异型钢材，覆盖材料主要是聚乙烯、聚氯乙烯、醋酸乙烯薄膜，还有一部分温室选用玻璃纤维树脂板。在美国，温室主要用于种植花卉，约占温室总面积的 2/3。

美国现代温室的建造也是在高度社会化、专业化、国际化的市场体系下运作，亚利桑那州的 Willcox 温室可能是世界最大的温室，面积达 $106hm^2$，种植番茄和黄瓜。

近些年，由于人们日益关注食品安全和健康，为避免食品污染对健康的危害，美国许多家庭引入园艺技术，在传统园艺基础上增加了一些新理念，使自己的后庭院变成实用种植园。为了一年各种气候下庭院都能产出食物，庭院温室应运而生。在过去 10 年中，美国居民的后花园出现了各种各样的温室，如依附在住房侧墙上的温室（图 1-14）、独立式玻璃温室（图 1-15）、独立式塑料膜温室（图 1-16）、网络半球形温室（图 1-17，图 1-18）等。有的庭院温室建在屋顶或阳台上，或装在轮船甲板上等。

图 1-14 单侧墙依附温室

图 1-15 独立式玻璃温室

图 1-16 独立式塑料膜温室

图 1-17 网络半球形温室

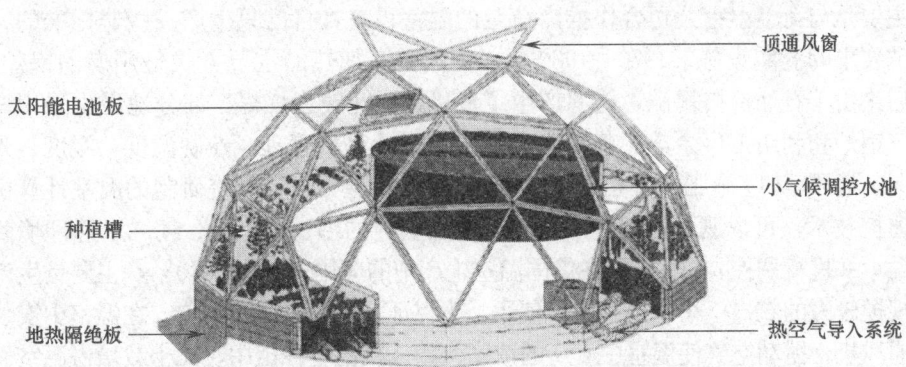
图 1-18 网络半球形温室结构示意图

20世纪出现的网络半球形天穹结构温室具有更大的表面采光面积，可以吸纳更多的光照与太阳能源，比矩形温室从阳光吸收的热量高得多，均匀地反射到植物上的阳光使它们得以良好地生长。温室内部无支柱，比矩形温室有更大的温室表面积与内含空间。它使用的覆盖材料少，热效率高，抗风雪能力强，三角形网络顶可承受208km/h的风速。这种温室不使用电力和燃油，从太阳升起到降落，太阳能总能均匀地辐射到温室内。它覆盖一层聚碳酸酯刚性半透明材料，透光率为65％～85％，可防紫外线和恶劣天气（如冰雹）的破坏，寿命超过20年，表面上光层10年不变黄，不被冰雹破坏。北墙有隔热层，冬天可保持温室内部夜间温暖。在夏天，遮阳和水罐装置可防止室内过热。太阳能控制的通风窗，使热气从拱顶排出（烟筒效果），冷空气从下部通风口进入，通风口可自动开关。温室内设置的大水罐是储存太阳能的装置，冬天对温室加热，夏天降温，一年四季保持室内适宜的温度，水罐可用于种植植物或养殖鱼类。太阳能驱动的风机在冬天将热风送入埋在土壤下的管道内加热土壤，在夏天则送入冷空气，冷却土壤。拱形温室坐落在绝热墙上，墙的高度高于冬季积雪高度。直径15.15m、面积161.9m^2的拱顶温室，每年可收获大约1800kg水果和蔬菜。学校可用这种温室作生态实验室，如种植蔬菜、药材，繁育鱼类，做植物杂交实验等。此外，这种温室还可用作教堂、热浴室、按摩和理疗室、社区活动中心、儿童学习的教室以及餐厅等，还能引起人们关注我们居住的地球。

（四）英国

英国农业部对温室的设计和建造是很重视的，在一些农业工程研究所里进行温室骨架与荷载、温室光照与材料、温室环境（温室小气候、温度、光照、湿度、通风、CO_2施肥等）与生理、温室环境因子的计算机优化、温室节能、温室自动化控制、温室作物栽培与产后处理、无土栽培等课题的研究。但英国主要是与荷兰温室公司合作推广荷兰的温室设备，自己只生产一些非标准的特殊要求的温室设施。1970—1980年，英国温室加热的主要方式是用燃油锅炉，后来由于石油价格暴涨，能源产生了危机，因此改为燃煤，部分地区也采用燃气锅炉和利用工厂余热。英国温室全部采用计算机管理，控制温度、湿度、光照、通风、CO_2施肥、营养液供给及pH等。伦敦大学农学院研制的温室计算机遥控技术，可以观察、遥控50km以外温室内的温、光、湿、气、水等环境状况，并进行调控。CO_2施肥在英国温室生产中的应用占30%~40%，主要是生产规模较大的农户，小农户一般不使用。为保证CO_2浓度分布均匀，在温室中安装通风机，搅动空气使温室中CO_2的浓度一致。在温室种植中，无土栽培占温室面积的30%，主要以岩棉基质栽培为主，约占90%。在英国温室群的建设中，特别注意温室的防风，他们采用树木做屏障，既美化了环境又可防风。

（五）加拿大

2002年加拿大温室蔬菜种植面积为876hm^2。该国温室蔬菜生产主要集中在安大略省、不列颠哥伦比亚省、魁北克省和艾伯塔省。其中安大略省和不列颠哥伦比亚省的温室蔬菜产量占加拿大蔬菜总产量的90%。

不列颠哥伦比亚省的温室主要用于种植蔬菜，每栋温室面积在0.2~18hm^2，而且逐年扩大。温室蔬菜以番茄（牛排型和串结型）、甜椒（红色、黄色和橘黄色）、英式长条形黄瓜及生菜为主。它们的单位面积产量很高，番茄为 73kg/m², 黄瓜为 160kg/m², 甜椒为 27kg/m², 奶油莴苣为 200 头/m²,在全球很有竞争力。上述各种蔬菜的年产量及产值如表 1-7 所示。此外，温室也种植烹调用草本植物、葡萄、樱桃番茄、迷你彩椒和迷你黄瓜。

表 1-7　　　　　　　　加拿大几种温室蔬菜年产量和产值

蔬菜	年产量/万 t	产值/百万美元	蔬菜	年产量/万 t	产值/百万美元
牛排型番茄	26.9	56.7	英式长条形黄瓜	3.12	23.0
串结型番茄	29.9	84.4	生菜	250 万头	1.6
甜椒	1.93	74.7			

2003 年，不列颠哥伦比亚省每公顷玻璃温室需要直接投资 250 万美元（不含土地投资，土地价格为每公顷 4 万～12.5 万美元），包括建筑场地准备、公用设施安装、温室建筑、电脑环境控制系统、加热和灌溉系统等，每公顷温室可创造 13 个工作岗位。不列颠哥伦比亚省现有生产温室超过 240hm²，提供 3000 多个工作岗位，由于温室种植是全年运转，工作人员都是全职。运转成本包括劳动力（25%）、热能（28%）和营销（25%）等费用，每年产值超过 2.2 亿美元。

2001 年，不列颠哥伦比亚省温室种植者销售收入为 2.04 多亿美元，为 5 年前的 2 倍多。不列颠哥伦比亚省的玻璃温室只占本省耕地的 0.01%，但温室产品的产值却占全省的 11%，也就是说相当于同等大田面积蔬菜产量的 10～20 倍。不列颠哥伦比亚省温室蔬菜有健全的营销系统，温室番茄、甜椒、黄瓜以及奶油莴苣生产必须要按《不列颠哥伦比亚省天然产品上市条款》[The Natural Products Marketing (BC) Act] 规范生产。根据市场营销机构的调查信息，每年 8 月对各地温室下达配额。

不列颠哥伦比亚省在低大陆地区主要使用现代荷兰 Venlo 玻璃温室，它很适用于那里温和的气候和不充分的阳光。在北部、内陆和岛屿则使用屋脊天沟式温室，它的保温性能好，成本低，适合寒冷地区和小农户使用。大型温室都有电脑气候综合监控系统，及时调整温度、光照、湿度、灌溉和营养供给，使作物在最佳条件生长。温室加热最常用的方法是天然气加热锅炉，从锅炉燃烧废气冷凝器收集的液态和气态 CO_2，用于补充植物需要的 CO_2。为节约时间，提高工作效率，有许多温室用机械，如电脑控制滴灌施肥和精量灌溉设备、鲜花收获机、扎捆机、喷雾机器人等。温室还设有自动门、轨道车或自动运输系统以及温室一体化病虫害管理体系、培育抗病虫害品种系统、病虫害监控系统、温室卫生管理系统、生物技术消灭虫害设施等。

不列颠哥伦比亚省有两个种植者协会，在研究、推广、信息交流和快速沟通中发挥很大作用。种植者协会是非赢利机构，其作用是提供技术信息、协调研究、推动产业发展和合作，以及支持组织内各成员提高产品质量。该省有几所大学为温室菜农提供一年制和两年制农学专业学习机会。

（六）其他国家

1994年，以色列约有现代温室0.21万hm^2。由于光热资源丰富，水资源紧缺，主要采用大型连栋塑料薄膜温室，充分利用其光热资源的优势和先进的节水灌溉技术，以生产花卉和高档蔬菜为主，产品主要销往西欧市场，年产鲜切花15.8亿支（1998年），花卉出口额居世界第三位。

1996年，意大利有温室1.53万hm^2，法国为0.55万hm^2，葡萄牙为0.20万hm^2，主要是大型连栋塑料薄膜温室。东欧一些国家，如匈牙利有温室0.23万hm^2，捷克为0.36万hm^2，罗马尼亚为0.12万hm^2，主要是玻璃温室，多为Venlo型结构，主体骨架、配套设备、控制技术等总体水平低于荷兰。北欧有温室1.67万hm^2，主要是玻璃温室。

韩国在第二次世界大战后，特别是20世纪80年代后，经济快速发展，设施园艺业也随之高速发展。1997年，韩国温室面积已达4.75万hm^2，主要是塑料薄膜温室，总体水平略低。

2002年，西班牙蔬菜温室面积为7万hm^2，塑料温室占西班牙全国温室面积的60%。

三、我国温室发展状况

我国现代化温室和塑料大棚业起步于20世纪80年代，随着改革开放的逐步深入，我国在引进国外现代化温室和装配式塑料大棚的基础上，逐步消化吸收国外技术，并研究开发了自己的技术产品，到20世纪80年代中后期，初步形成了自己的技术体系，以热镀锌钢管装配式塑料大棚和日光温室为主，形成了工厂化生产的系列产品。1995年以后，随着我国第二次引进国外温室的高潮，带动了温室业的快速发展，全国以日光温室、塑料大棚为主体的设施园艺栽培面积已达139.6万hm^2，成为世界上设施栽培面积最大的国家，全国人均占有设施面积为16m^2，每年人均消费蔬菜量的20%由设施栽培提供。据不完全统计，我国的大型温室面积已超过700hm^2；1000m^2以上的连栋温室，全国32个省、市、自治区无一空白，其中引进国外的产品有200hm^2左右。

（一）引进和研制阶段

我国的现代温室起步较晚。20世纪50年代末，在华北地区曾建造过屋脊式大型玻璃温室，到60年代初，在东北地区建成1hm^2的大型玻璃温室，其骨架为钢筋混凝土结构，构件粗大笨重，遮光面大，玻璃镶嵌也不规范，基本没有配套设备，没有形成有效利用。我国第一栋大型连栋温室于1977年在北京市玉渊潭建成，占地1.9hm^2，由我国自行设计建造。温室骨架为全钢结构，涂防锈漆，镶嵌钢化玻璃覆盖材料，电动开窗，起初燃油，之后改为燃煤，由锅炉热水加温，温室内部配有喷灌装置，主要用于栽培黄瓜、番茄等果蔬。由于结构性能差，缺乏有效的通风降温装置，夏季室内温度过高，无法进行生产；又由于密封、保温等性能不佳，导致冬季能耗较大。此后，在兰州、牡丹江等地也分别建造了占地 1hm^2 的大型玻璃温室，其建造的质量和温室的性能均不及玉渊潭的温室。1979—1987 年，我国从保加利亚、荷兰、罗马尼亚、美国、日本、意大利等国引进现代温室 24 座，分别建造在北京、黑龙江、广东、江苏、上海、新疆等地，其中 60% 用于蔬菜生产，40% 用于花卉生产。引进温室均为大型连栋温室，其结构形式有跨度为 3.2m 和 6.4m 的单屋脊双坡屋面型、跨度 6.4m 的双屋脊双坡屋面型、跨度 12.8m 的单屋脊双坡屋面型、跨度 6m 的锯齿型单坡屋面型和跨度 8～12m 的拱顶型。骨架构件为热镀锌型钢，铝合金门窗框架，覆盖材料有玻璃、玻璃钢、聚丙烯树脂纤维波纹板，用橡胶条密封，内部配套设备较齐全。这次较大规模的引进温室，各地都重视了温室本身，但却忽视了对我国气候的适应性和配套的栽培技术，在运行中存在着冬季能耗高、夏季降温困难等问题，经济效益普遍不佳。但引进的温室基本代表了现代温室的类型和先进水平，对我国现代温室的兴起和现代温室业的发展，都起到了积极的促进作用。1982 年，上海市农业局组织在嘉定县长征大队等处建成我国第一批装配式现代温室，4 座总面积为 4644m^2，骨架采用门式钢架结构，热浸镀锌钢结构件，现场组装，玻璃与玻璃钢覆盖，铝合金门窗框架，橡胶条密封。其中长征大队温室面积为 2880m^2，跨度 6m，开间 3m，10 连跨，16 个开间，全长 60m，总宽 48m，柱高 2.2m，屋脊高 3.8m，屋面角 26.5°，屋脊窗占屋面面积的 30%，侧窗为推拉窗，占侧墙面积的 60.6%。内部设施配有自动开窗机构、土壤加温电热线、喷灌装置和电动保温幕系统。该温室于 1983 年通过上海市技术鉴定，并获颁上海市农业局科技成果二等奖。该温室除内部设施设备还不够完善外，其主体结构、覆盖材料及镶嵌、制作工艺等，都已与国外现代温室基本相同，其加工质量和整体性能都能得到保证，是实际意义上的我国自行设计建造的第一批现代温室。1988 年，中国航天建筑设计研究院参考北京琅山苗圃引进的美国温室，试制了一座 1200m^2 用于林木育苗的拱型温室，包括温室主体结构和加温、降温、自动控制等系统及栽培床，建造在北京琅山苗圃，与引进的美国温室进行对比运转试验，1988 年进行了技术鉴定。

从 20 世纪 80 年代初开始，在消化吸收国外技术的基础上，我国的技术人员对热镀锌钢管装配式塑料大棚、现代温室等进行了开发研究。当时新成立的中国农业工程研究设计院（于 1992 年更名为农业部规划设计研究院）设有"农业环境工程研究室"，1995 年改为"设施农业研究所"，与相关的农业科研单位和院校一起，组织承担了"六五"、"七五"、"八五"国家科技攻关和农业部重点科研项目中的"热浸镀锌钢管装配式塑料大棚的研制"、"地热温室的研究设计"、"自然光照人工气候室的研究"、"塑料大棚综合栽培技术研究"、"无土栽培设备及配套栽培技术研究"、"日光温室结构优化设计"等相关课题，形成一批相关技术成果。20世纪80年代中后期，我国扶植了一批专业定点生产厂家，形成系列产品，先后为安徽、湖北等省市农科院、济南市黄台电厂、中央警卫团等设计建造了一批大型连栋玻璃温室，进行蔬菜、花卉栽培的试验研究和生产。到20世纪80年代末，全国自行设计建造的现代温室达到10hm²以上，加上引进的温室，全国现代温室的总量达到30hm²以上。

（二）快速发展时期

20世纪90年代是我国现代温室快速发展时期。随着改革开放的深入，我国国民经济进入重要的转型期，蔬菜市场的进一步放开，对我国蔬菜的设施栽培和现代温室的发展，带来了更大的动力和活力。90年代中期开始，我国现代温室快速发展。1995年，中国政府与以色列政府合作，在北京市通州区永乐店农场建立"中以示范农场"，引进1.2hm²以色列现代温室成套技术。上海市农委组织从荷兰、以色列等引进15hm²现代温室，分别建在孙桥、马桥等地，设立5个试验示范点进行试验示范。由此，我国又一次大规模引进国外大型现代温室，至1998年，共引进温室175.4hm²。引进的国家有荷兰、法国、以色列、西班牙、美国、日本、韩国以及我国的台湾地区，基本涵盖了现代温室发达的国家和地区。引进和建设的地点北起黑龙江，南至海南岛，东起上海，西到新疆，包括了全国所有的省、市、自治区。引进温室的主要类型包括单屋脊和双屋脊的大型连栋玻璃温室，拱圆形、锯齿形、双层充气和双层结构的塑料膜温室，以及聚碳酸酯板（PC）温室等，代表了现代温室的所有类型。引进温室的配套设备包括遮阳、通风、降温、加温、保温、自动控制和计算机管理，以及栽培床、活动苗床、喷滴灌和自走式喷灌、自走式采摘车、自动化穴盘育苗、水培设备等，也基本包括了所有先进的配套设备。这次大规模的引进温室，特别是北京、上海几个示范园区，在引进温室成套设施硬件的同时，还引进了配套品种、栽培技术、专家系统等软件成套技术，再配合国外相关专家现场指导，总体上取得了很大的成功和良好的效果，对我国现代温室、设施栽培和温室制造业等，都起到了非常明显的促进作用。

"九五"期间，科技部将"工厂化高效农业示范工程"列入"九五"国家科技攻关重大产业化工程项目计划，在北京、上海、沈阳、杭州、广州、天津等地，设立了6个示范区分项组织实施，同时各地也都开展了相关领域较深入的研究，研究内容涉及高效节能日光温室、大型现代温室等设施及其配套设备、作物专用品种和配套栽培技术，以及综合成套技术。总体上取得了突破性进展，获得了一大批相关技术成果。与此同时，包括外资企业和中外合资企业在内，相继成立了一大批温室企业，较广泛深入地对现代温室设施和配套设备进行了开发研究，侧重于消化吸收国外先进技术，并逐渐重视了对我国气候的适应性和国产化问题。经过多年的研究设计、试验示范和大量温室工程建设的实践，已能设计建造具有我国鲜明特色的节能型日光温室和各种类型的现代温室，其设计制作、建造和现代温室的整体性能，总体上基本达到发达国家同类产品的水平，初步形成我国现代温室的技术体系和系列产品，而且在对我国气候的适应性、材料选择、制作工艺、配套设备等方面，以及在加温、保温、通风等方案的选择上更符合我国国情。

第三节 现代温室工程规划的特点

现在，我国温室工程规划问题已提到日程上了。一方面从发达国家特别是荷兰温室园艺业水平来看，现代温室工程已形成一些基本特征，这些基本特征保证了温室可持续、良好的运转，使温室获得了较高的经济效益、社会效益和生态效益。这使我们认识到，要达到这些目的，在温室建设前必须进行规划。另一方面，从我国温室园艺发展的历程以及政府在温室建设方面的政策要求来看，今后也必须结束我国温室建设的随意性，要规划先行。

一、温室园艺业是一个大产业体系

温室园艺业是一个大产业体系，包括温室工程建设（选型、设计、加工、安装等）、温室园艺供应业（容器、薄膜、种子、秧苗、肥料、营养液、包装品等）、温室自动化、温室农业机械、现代化管理、市场运行机制、信息系统、科技队伍、产品标准、果蔬保鲜贮藏等。如何保证这个产业体系各个环节协调发展、相互配合，规划就显得极其重要。

如荷兰，温室已规格化，主要有 Venlo 型和大跨度型两种类型玻璃温室，种植者很容易根据自己种植植物的需要进行选择；温室蔬菜种植者不需要自己播种蔬菜和育苗，有专门公司上门服务；多数种植者都参加了拍卖合作组织，他们不需要自己销售产品，把自己的全部产品送至拍卖处即可，批发商和出口商负责将产品运走。近5年来，另一种产销形式日益增多，即生产相同产品的种植者组织了种植者协会，种植者协会和经销商直接签定产销合同。荷兰温室蔬菜业的研究拥有50余年的经验，研究力量很强，著名的瓦赫宁根（Wagening）大学有近千人参与与温室园艺领域相关的研究工作，涉及几十个学科。他们不断为温室产业体系各个环节提供新技术，促进其发展。

二、温室形成集群、规模性建设

农业发达国家如荷兰，温室已形成集群式、大面积建设（图1-19）。荷兰种植花卉和蔬菜的温室主要是玻璃温室，并集中分布在海牙和鹿特丹 Schipol 机场之间、Westland、Drenthe 省和 Limburg 省（如 Venlo 市）几个地区。在这些地区可以看到大面积的温室群，每座温室一般都在 5hm² 左右，并形成专一蔬菜种植的局面，也就是每座温室只种植一种蔬菜。专一化生产的优点是：便于实现智能化、机械化种植、收获和包装，种植者可积累丰富的经验，提高管理水平和工人操作技能，从而大大提高蔬菜产量（如番茄平均 496t/hm²，为世界最高）、质量和生产效率，降低了产品成本，如 Kwekerij Droppert 甜椒工厂（图 1-20），有 6.4hm² 智能化，机械化玻璃温室（单产甜椒 300t/hm²，图 1-21）和 1000m² 加工车间，自动导向运输车往复于温室和加工车间之间（图 1-21），将装有甜椒的采集箱运到与温室相连的加工车间，行吊将采集箱送到输送带上（图 1-22），依次对甜椒进行清洗（图 1-23）、分级（可分 12 级）、装箱（图 1-24）和码垛。荷兰种植的蔬菜主要是番茄、黄瓜和甜椒，其次是茄子和蘑菇，如表 1-8 所示，这是为了适应欧洲市场的需要，保证产品畅销。温室集群建设的好处是：适应同一地区气候、土壤和环境的温室投建量大，规格、结构类似，成本降低；降低基础设施（道路、供电、供水等）投资；便于供应行业和服务行业送货和服务；易于农民组织农业经济合作组织及开展活动、联合采购农业生产资料、加工和出售农产品以及筹集资金，从而提高产品收益；易于客户对温室生产过程的考察和信息的了解等。因此，温室群建设在什么地区、温室的布局、每座温室的规模和生产哪些农产品、产品的目标市场在哪里等问题需要很好研究、计划，以达到高的经济效益、生态效益和社会效益。

表 1-8　　　　　　　　　荷兰玻璃温室蔬菜面积　　　　　　　　　单位：hm²

蔬菜	1994 年	1995 年	1996 年	1997 年	1998 年	1999 年
番茄	1241	1220	1058	1157	1307	1178
黄瓜	847	808	784	749	710	1119
甜椒	980	996	1012	967	1010	710
茄子	93	89	99	97	83	86
蘑菇	106	109	100	100	98	94

图 1-19　荷兰 Venlo 市郊区温室群

图 1-20　Kwekerij Droppert 甜椒工厂

图1-21 自动导向运输车运输采集箱

图1-22 将采集箱吊放到输送带上

图1-23 甜椒清洗

图1-24 甜椒分级

三、温室的应用范围扩大

温室早已突破在蔬菜种植上的应用，扩展到果树、花卉、药材的种植和鱼类、虾类、蟹类等水产的养殖，还被用于动植物展览、生态餐厅、观光园、家庭庭院、生态教育等方面，而各领域对温室的要求是不同的。

从温室使用地区来看，已不像过去仅限于北方寒冷地区，现在已遍及从南部的海南省到北方的内蒙古自治区、黑龙江省，从西部的新疆维吾尔自治区、西藏自治区，到东部的江苏省、上海市。设施园艺生产有很强的区域性，不同地区的气候条件对设施生产的影响不同。要区分不同地区气候条件对温室影响的差异性，明确温室在不同地区的基本要求，充分合理利用当地气候资源，适应各地不同的生产方式、种养殖传统等特点，有重点地选择设施农业的发展方向，就要因地制宜地制定设施园艺生产的发展规划，布局设施栽培和制定管理规范。

从温室使用目的来看，不同的目的要达到不同的效果。如2004年中国科学院华南植物园筹建的展览温室项目，主要目的是为了更有效地促进我国濒危植物资源保护事业的发展，提升广州国际花园城市的形象和地位，促进旅游业等相关产业的迅速发展。该项目设计规划用地面积近30万m^2，其中展览温室用地约16.7万m^2，展览温室总建筑面积约10万m^2。温室设计的方案是以广州市花——木棉花作为主题进行构思并命名，方案从总体布局、温室建筑造型、功能及工艺、室外园林景观、室内人工造景等各个方面逐步展开，由蜿蜒的水系将一大三小的四朵木棉花造型的温室互相串联，形成了一支婀娜的木棉花枝。四座造型各异的木棉花漂浮在水面上，通过水、陆两套参观线路将各个温室有机地结合，从平面、立面以及三维空间等各个方面展现出其独到的设计理念。

四、温室工程需要融入高科技

如何使温室内种植的植物和养殖的动物在全年产出高效、高产、优质的产品，无论在温室设施的选择、动植物品种的选择和茬口安排、环境监控、管理等方面，都需要融入高新科学技术，如温室工程实现光照、温度、湿度、气体等因素的自动化监测，计算机智能化综合环境控制；在种植方面实施无土栽培技术、营养液调配技术、CO_2施肥技术、蜜蜂授粉、基质消毒技术等。在温室建设前，需要根据所具备的资金、技术、人才、地区等条件，确定温室工程要达到的科技水平，所以，规划必须先行。

五、政府重视温室规划

科技部将"工厂化高效农业示范工程"列入"九五"国家科技攻关重大产业化工程项目计划。《中国农业科技发展规划（2006—2020年）》指出："针对不同区域、不同种类农产品生产需要，以设施农业可持续生产技术为核心，将设施优化构型、新型覆盖材料、优良品种、配方施肥、病虫害防治、设施专用作物商品化育苗、无公害高效栽培、设施土壤障碍控制与改良以及设施环境控制技术等进行组装集成和示范。"

我国农业部2008年7月9日农机发［2008］3号文件《农业部关于促进设施农业发展的意见》中，就明确提出要科学制定发展规划。该文件指出："各地要结合本地区实际，科学制定设施农业发展规划，明确指导思想、目标任务、工作重点、具体措施和保障机制。要注重规划的科学性和可行性，把制定规划与争取各方支持有机结合起来。"

《农业部关于促进设施农业发展的意见》还提出："落实完善促进设施农业发展的政策措施、切实加强对设施农业发展工作的组织领导。坚持优化布局、发挥优势，要发挥区域品种和产业优势，着力优化区域布局。选择基础条件较好的区域，统筹育种、栽培、装备、管理等多方面的力量，发挥本地资源优势，充分挖掘设施农业生产潜能，促进设施农业快速发展。"

另外，从中央到各省市，对投建温室的农民都有财政补贴政策。如北京市2009年对于建设温室大棚的低收入农户，市财政将给予设施造价80%的资金补助。其中，温室每亩最低扶持标准为4万元，大棚每亩最低扶持标准为1.5万元。2008年新疆托克逊县在夏乡赛尔墩村新建了拥有230多座温室大棚的"九天河有机瓜菜基地"，为热销新建的温室大棚，前不久这个县出台了"234"政策：县机关单位和干部职工购买温室大棚，每棚政府补贴2万元；县城居民或搬迁户购买温室大棚，每棚政府补贴3万元；当地农牧民购买温室大棚，每棚政府补贴4万元。

六、多种因素影响温室工程建设

我国建造的温室并不是都发挥了它们应有的作用，有些甚至是失败的。如从1979年至1994年，我国从日本、荷兰、美国等国家引进约20hm² 现代温室，由于不符合中国的气候条件、没有研究配套的种植品种、缺乏现代温室管理经验、温室产品目标市场不明确等原因，导致运转经济效益很低，基本上是失败的。

荷兰Venlo型温室是我国引进温室中数量较多的一种，引进地区跨越东北、华北、长江流域乃至华南地区各大气候带，从大庆、长春、沈阳等寒温带气候带，到广州、深圳等南亚热带气候带。而荷兰Venlo型温室使用的气候带为温带，其结果是我们不得不花费大量的能源用于冬季加温和夏季降温。

双层充气温室由于空气间层的绝热作用，与单层塑料温室相比，其节能率可以达到30%以上，可显著提高温室的保温性能，适用于冬季耗能量较大的北方地区。但引进地由于选择的双层充气塑料膜的质量存在问题，无滴化处理不够，结露现象严重，导致双层充气时透光率仅为30%左右，使室内温度难以维持在使作物正常生长。

北京中以农场、上海孙桥农场成功地引进和运转温室则是正面的例子。他们将国外温室作为一个系统工程引进，就是将硬件和软件全部引进，按照国外专家的种植和管理方法组织。

由以上正反两方面的例子可以说明，温室工程建设前认真、细致地研究方方面面的问题是做好规划的前提。

第四节 温室工程发展趋势

一、规模化和产业化

设施农业是高投入、高产出、高效益的产业，只有形成相当的规模，才有利于规范化、标准化的生产，才可能形成有影响力的品牌，从而占领市场，使资源优势得到有效的开发与持续利用，同时带来巨大的经济效益。因此，各级政府应在搞好规划的基础上，制定优惠政策，加大投入，扶持和培育规模化的温室农业基地，加快设施农业、企业的发展，推进设施农业的产业化。

规模化可降低建设成本。如同型号温室比较，大型连片温室的单位建设成本更低，例如，$2hm^2$的温室建设比$0.3hm^2$温室平均每平米节约20%的成本。

二、工厂化

农产品工厂化生产是农村城市化的重要手段和途径。只有工厂化生产才能使动植物不受地区、气候的限制，按照人们的意愿和要求全年生产，达到优质、安全、高产，而且工人可在舒适的环境下进行省力、轻松的操作。另外，废弃物还可循环利用，保持良好的生态环境。但当前工厂化温室存在的主要问题是建设和运转费用很高，如表1-9所示。这是今后重点解决的问题，也是一个发展方向。

表1-9　　　　　　　　日本植物工厂和常规温室生产费用比较

项目	植物工厂(A)/日元	常规温室生产(B)/日元	A/B
建筑	3.1亿	1800万	17
运营费用	1860万	40万	47

三、降低成本

降低温室成本需要采取综合措施。

1. 温室农业工程规范化、标准化

温室农业工程规范化、标准化包括温室设施、设备与农业生产两方面。设施建筑及配套设施设计、结构、安装、建设、使用等有了规范和标准，就能大大节约建设和运转成本；设施农业生产建立了规范和标准，农产品生产成本降低，可提高农产品质量和销售收入。

2. 研制优质、价廉、耐久的新材料

硬质塑料轻量化，将逐渐代替玻璃，在地震和台风发生灾害受到破坏时，危害性减小。例如，最近研制的塑料薄膜树脂塑料膜（0.1mm厚）使用寿命有了很大提高，寿命可达20年以上。

3. 节能

为了节能，现在已经开发出一种三层透明的塑料膜作为温室覆盖材料，外夹层内通入加压空气，以将覆盖层支撑起来，内夹层通过循环水，将吸收的太阳能（白天水温可达20℃）通过地下管道储存在地下土壤中，夜间将土壤内储存的热能用于温室保温,如图 1-25 所示。随着地区、气候和作物的不同,这种技术节能可达 60%～100%。

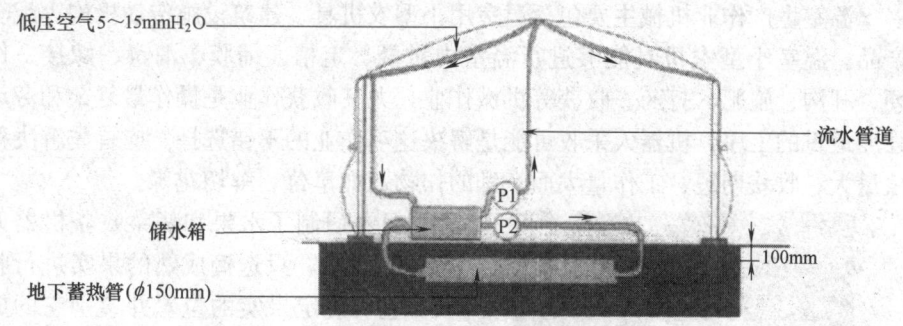

图 1-25　三层两通道充气膜温室示意图

4. 引进、开发新种植技术

如采用无土栽培可大大提高单位面积产量,种植番茄,每年每公顷可产 60.8t,比传统种植方法高 11 倍。以加拿大为例,该国平均每人每年消费 9.1kg 番茄,全国 2000 万人口每年共消费 182000t。若采用无土栽培,520hm² 的土地即可满足全国需要。表 1-10 所示为各种作物使用土栽培和无土栽培的亩产量对比。

表 1-10　　　　　　土栽培和无土栽培作物的亩产量对比

作物	土栽培	无土栽培	作物	土栽培	无土栽培
大豆	272.4kg	703.7kg	甜菜	4t	12t
蚕豆	5t	21t	马铃薯	8t	70t
豌豆	1t	9t	圆白菜	5902kg	8172kg
小麦	272.4kg	1861.4kg	莴苣	4086kg	9534kg
稻	454kg	2270kg	番茄	5～10t	60～300t
燕麦	454kg	1135kg	黄瓜	3178kg	12712kg

现在美国几乎每个州都有相当规模的温室营养液栽培;加拿大不列颠哥伦比亚省 90% 的温室使用锯末作介质的营养液栽培;美国的原子能潜艇、俄国的空间站和海上钻台都有很成熟的营养液栽培系统。我国温室营养液栽培虽有应用,但尚不普及,这是今后的一个方向。

四、改善作业环境

为使员工工作更为舒适,环境要干净卫生。通过作业空间、通气性的改善、温度湿度的稳定,提高作业环境质量,包括环境、作业条件、视觉条件、嗅觉条件、听觉条件等。

五、温室作业机械化

温室生产作业机械主要包括温室用小型农机具、建筑设施传动机构等配套产品。温室小型农机具能够进行温室内耕翻、定植、铺膜、消毒、嫁接、作埂、开沟、施肥、打药、收获等机械作业，尤其收获作业是操作最复杂和劳动强度最重的工序，机器人采收可能是解决这项作业的不错选择。应首先解决种植量大、收获期短、工作量大而辛勤的作物，如草莓、鲜切花等。

图1-26 作业中的采摘草莓机器人

日本研制了水果和蔬菜收获机器人（见图1-26），只选摘成熟的果实进行收获。它可确定果实的位置并鉴别它的成熟度，达到像人工收获一样不损伤果实的效果。例如，用于收获高位结果的草莓收获机器人，可判别果实的大小或成熟度，抓住果实，切断果柄并把它们放到容器内。草莓的成熟期短，采摘量大，收获工作紧张、繁重，机器人夜间可以工作，可大大缓解草莓收获的工作量和运输量。另外，机器人在选果和装盘时，为避免碰伤果实，是抓住果柄进行工作的。

六、多学科共同参与

发展现代设施农业，需要园艺农业、农业生态、植物保护和农业工程等多学科的协作研究，才能开发出一整套过硬装备及配套技术，形成与国际同类产品的强有力的竞争。设施农业的产业化体系包括设备设施与环境工程、种子创新工程、工厂化生产工艺、产后处理与加工工程等部分，是设计、制造、生产、销售一条龙、农科贸一体化的系统。为了使整个系统顺利运转，需要建立社会服务体系、生产组织体系、人才培训体系、商品供求信息体系等，因此，必须加强多行业的协作。

设施农业是现代生物技术和工程技术的集成，是农业高新技术的象征。温室农业不断引进新技术，可使作物的生长速度加快、生长周期缩短、产量增加、质量提高，如无土栽培正在改变着设施栽培的传统种植方法。无土栽培具有不受地区和季节限制、节水、节能、省工、省肥，作物产量高、品质好、效率高、清洁卫生、减轻土壤污染、防止连作障碍、减轻土壤传播病虫害等多方面优点。又如CO_2气肥的采用，可培育壮苗、加速作物生长、增加产量、改善品质、提高作物抗病的能力。穴盘育苗技术省工省本，成本可降低30%～50%，提高了土地利用率，有效增加了保护地生产面积。

第二章 温室工程规划与管理

温室是设施农业中最重要的组成部分,是现代化农业的最主要载体,各种类型的温室及与之配套的各种设施为植物生长提供了相对可控、最适宜的温度、光照、湿度和空气等环境条件,使农业生产在一定程度上摆脱了对自然条件的依赖,提高了土地产出率,创造了巨大的经济效益。经过几十年的发展,我国温室行业在技术和设备上取得了质的飞跃,温室如雨后春笋般出现在全国各地。然而,我国建造的温室并不是都发挥了它们应有的作用。要最大限度的实现温室的功能,创造最高的经济效益,对温室工程进行正确、合理的规划设计是十分必要的。本章主要讲述种植类温室的规划。

第一节 温室建设地区的选择

温室是一种抗逆栽培的生产设施,因此与气候条件关系非常密切。从温室生产的实际过程来看,与光、温、气、水、土等几大环境要素关系极大。那么要搞好温室生产,就应结合以上几大环境要素选择地点,其中最主要的是光、温两大环境要素条件。对于光、温都不能达到作物生长要求的地区就没有必要开展温室生产,特别是在冬春季节光照资源很差的地区不适宜发展温室,虽然也可以采取补光措施,但由于能源消耗太大,在经济上不合算。温室的补温是非常普遍和必要的措施,在长江流域及其以南地区,补温时间短、补温量小,冬春补温的费用约占运行费用的20%~30%,短期的补温效果是显著的。从理论上讲,黄淮流域是最适合发展温室生产的地区,补温的费用约占运行总费用的30%~40%,其投入和产出比是合算的;在东北及西北的高寒地区,一般补温的费用约占运行总费用的50%~60%,正常情况下是不合算的,当然如果能提高温室内产品的价值也是可行的。

一、地区选择

国内产业布局通常按东、中、西部划分,因此设施农业的发展战略布局也大致按东、中、西部划分,但需要兼顾各地自然特征。

(一)东南沿海地区和大城市郊区

这些地区应该重点发展外向型设施农业,以生产高价值的进口替代或出口创汇农产品为主。由于东部地区已经对进口高档农产品具有较高的需求，而且在这一地区的局部资源经济配置中，外汇用量的影子价格大大低于全国平均水平，容易产生用外汇直接进口大量农产品的倾向，这一地区的某些城市早已成为农产品的净输入地，影响中西部地区对东部地区的农产品输出，不利于中西部地区发挥在国内的农业比较优势。因此，从国家安全利益上考虑，东部沿海地区和大城市郊区设施农业的发展方向是形成对可以进行工厂化生产的进口农产品的替代，逐步减少进口规模并形成出口创汇能力。如上海市每年需要从国外进口大量高档农产品及加工品，如甜玉米、豌豆、鲜葡萄、蔬菜汁、番茄汁等，这些产品中，如甜玉米和番茄均可以在上海生长，利用工厂化设施栽培可以提高产品质量，达到替代进口的目的。除了进口替代，东部沿海地区和大城市郊区发展设施农业还有一个目标，就是占领国际市场。东部沿海地区较中西部地区土地资源更短缺，若生产土地密集型的农产品显然不具备竞争优势，也浪费东部沿海地区和大城市的技术资源优势，以及便利的国际航运条件。因此，这一地区需要加紧研究符合当地要求的设施及种质资源，提高产品质量，以期进入国际市场。

（二）西部地区

这一地区应注重生态环境治理，发展生态型和节水型设施农业。其产品可以分为三大类：一类是以解决西部地区自用的蔬菜瓜果为主，在设施农业温室建设方面恪守实用性要求，控制总成本，满足居民的生活需要；另一类是充分发挥光热资源，生产具有国际竞争力的西部特色产品，积极参与国际市场竞争，在设施农业温室建设方面恪守经济性要求，强化技术投入，确保产品质量，赢得国际市场；第三类是维护生态平衡，主要是发展节水型的温室设施生产。

（三）中部地区

中部地区作为农业主产区，粮棉油产品的生产具有很好的基础，加之自然条件优越，设施农业在这一地区的发展动力明显不如东部和西部地区，目前仅仅是作为东、西部地区设施农业的支撑腹地，一旦东西部地区开发出能在国际上占据竞争优势的产品，就向中部地区推广种植。而根据近年来国际上设施农业的发展趋势，充分利用气候等自然条件，降低设施农业的生产运行成本是大势所趋。因此，中部地区优越的气候自然条件本身具有双面性，一方面是能维持当地农民在低投入水平上获得一定产出，这成为设施农业推广的阻碍因素；另一方面是设施农业降低生产运行成本可以依赖的天然条件，政策导向的一个细微变化就能产生巨大的影响，建议对该地区慎重试点示范，根据详实的生产对比状况做出是否推广的政策建议。总结以上所述，表2-1列出了我国东部、西部和中部有关设施农业的地区特征。

表 2-1　　　　　　　　　我国设施农业地区特征

地区	设施特征	作物特性	目标市场	备注
东部				
华东	①节能； ②高采光调节性	喜阴、喜水	①大城市高档蔬菜； ②出口	
东南	①抗暴雨、台风； ②高采光性	热带植物	①高档热带蔬菜瓜果； ②出口	
京津鲁	①节能； ②节水	耐旱、耐高温	①大城市高档蔬菜； ②出口	
东北	①抗暴风雪； ②节能保温	光照足、耐低温	①当地蔬菜； ②特色产品； ③出口	造价不宜高
中部	①节能； ②节水	耐旱	①当地蔬菜； ②出口	造价不宜高
西部				
西北	①抗暴风雪； ②节水	耐旱、耐低温	①当地蔬菜； ②特色产品； ③出口	造价不宜高
西南	①抗多变环境； ②充分利用自然条件降低成本	多样性	①国内外花卉； ②特色产品； ③出口	花卉温室可提高档次

二、气候与环境条件

温室建设的选择有着很强的地域适应性，在很大程度上受到当地气候条件的制约。我国是一个大陆性、季风性气候极强的国家，冬季严寒、夏季酷热。因此，在温室类型的选择上必须因地制宜，选择适宜的类型，避免不利气候因素的影响。我国根据气候特征划分为东北气候区、华北气候区、华中气候区、华南气候区、蒙新气候区、西南气候区、青藏高原气候区等七大气候区，其中太阳辐射、冬季气温、夏季气温、夏季空气相对湿度、风压、雪压等条件是影响温室的安全与经济性的重要因素。

（一）气温

在掌握各个可能建造温室地域的气温变化过程的基础上，着重对冬季可能需要的加温以及夏季需要降温的能源消耗进行估算。无气温变化过程资料时，可着重对其纬度、海拔高度，以及周围的海洋、山川、森林等对气温的主要影响因素进行综合分析评价。

（二）光照

光照强度和光照时数对温室内植物的光合作用和室内温度状况有很重要的影响，它主要受地理位置和空气质量等的影响，因此，温室建设地点的地势要平坦开阔，与高大建筑物或防护林带之间的距离应以不妨碍温室通风、采光为标准。

（三）风速、风向

　　风速、风向以及风带的分布在选址时也必须加以考虑。对于主要用于冬季生产的温室或寒冷地区的温室，应选择背风向阳的地带建造；全年生产的温室还应注意利用夏季的主导风向进行自然通风换气；避免在强风口或强风地带建造温室，以利于温室结构的安全；避免在冬季寒风地带建造温室，以利于冬季的保温节能；避免将温室建设地点选择在峡谷出口、风口等地，防止过于强大的风力或洪水破坏温室，温室过大的风振会降低其使用寿命。由于我国北方冬季多西北风，一般庭院温室应建造在房屋的南面；大规模的温室群要选在北面有天然人工屏障的地方，而其他三面屏障应与温室保持一定的距离，以免影响光照；沿海地区要注意保护温室免受台风的袭击。

（四）降雪量

　　从结构上讲，雪压是温室这种轻型结构的主要荷载，特别是对排雪困难的大中型连栋温室，要避免在降雪量大的地区和地带建造。

（五）雹灾

　　冰雹对普通玻璃温室的安全至关重要，要根据气象资料和局部地区调查研究，确定冰雹的危害性，从而使普通玻璃温室避免建造在可能造成冰雹危害的地区。

（六）环境质量

　　空气质量主要取决于大气的污染程度。大气的污染物主要是臭氧、过氯乙酰硝酸酯类（PAN）以及二氧化硫、二氧化氮、氟化氢、乙烯、氨、汞蒸气等。这些由城市、工矿企业等带来的污染，对植物的不同生长期有严重的危害。为了保证土壤、水源不受污染，从而保证温室产品的高品质，不能将温室建设地点选择在工厂附近、河流下游和城市的下风向。燃烧煤的烟尘、工矿的粉尘以及土路的尘土飘落在温室上，会严重减少透入温室的光照量；寒冷天火力发电厂排入上空的水汽云雾会造成局部的遮光。因此，在选址时，应尽量避开城市污染地区，选在产生上述污染的地区的上风向，以及空气流通良好的地带。调查时，要注意观察该地附近建筑物是否受公路、工矿灰尘影响，并且要检测其影响程度。

三、地形与地质条件

　　任何建筑物的建造对基础的要求都是很严格的，而建筑物的基础又对地质条件有着严格的要求，温室作为农业建筑也不例外。在进行温室的设计与建造时，必须考虑到建设地点冻土层的厚度、地基土性质、受力层位置以及承载强度等基本参数。

　　平坦的地形便于节省造价和管理，同时，同一栋温室内坡度过大会影响室内温度的均匀性，过小的地面坡度又会使温室的排水不畅。一般认为，地面以有不大于1‰的坡度为宜。要尽量避免在向北面倾斜的斜坡上建造温室群，以避免造成遮挡朝夕的阳光和加大占地面积。

对于建造玻璃温室的地址，有必要进行地质调查和勘探，避免因局部软弱带、不同承载能力地基等原因导致不均匀沉降，以确保温室安全。就目前常见的温室坍塌和变形案例来看，绝大多数遭毁坏的温室，在建设前都忽略了地质条件对温室的影响，尤其是冻土层对温室基础的影响。在建造温室时，如果温室基础没有到达冻土层以下，那么，一旦土层受到地下水的冲刷，就会发生不均匀沉降，直接导致温室坍塌或变形。

四、土壤条件

对于进行有土栽培的温室，由于室内要长期高密度种植，因此应选择土壤肥沃、土质疏松、透气性和保肥、保水性好的地区。选择的基本原则是：就土壤的化学性质而言，砂土储藏阳离子的能力较差，养分含量低，但是养分输送快；黏土则相反，它需要的人工总施肥量低。对于现代高密度种植作物而言，需要精确而又迅速地达到施肥效果，因而选用砂土比较合适。土壤的物理性质包括土壤的团粒结构、渗透排水能力、吸水力以及透气性等，都与温室建造后的经济效益有密切的关系。要选择土壤改良费用较低而产量较高的土壤。值得注意的是，排水性能不好的土壤比肥力不足的土壤更难于改良。

五、水电及交通条件

（一）水

水是植物生长不可缺少的条件之一，水资源条件也就成了温室建设地点选择所必须考虑的因素之一。充足的水源、优良的水质，不仅能够满足温室灌溉的需求，同时也保证了温室能够生产高品质的产品。因此，在选择温室建设地点时，应优先考虑地表径流上游，或者地下水丰富且水质优良的地段。除了给水条件外，还应充分考虑排水条件。温室建设地点应选择地势相对较高、地下水位低的地块，使得大雨过后不积水，排水迅速。虽然室内的地面蒸发和作物的叶面蒸腾比露地要小得多，然而用于灌溉、水培、供热、降温等的水量、水质都必须得到保证，特别是对大型温室群，这一点更为重要。要避免将温室置于污染水源的下游，同时还要有排水、灌溉方便的水利设施。

（二）电力

对于大型温室而言，电力是必备条件之一，特别是有采暖、降温、人工光照、营养液循环系统的温室，应有可靠、稳定的电源，以保证不间断供电。

(三) 交通

现代温室不仅具有强大的生产示范功能，还具有旅游服务功能，要实现温室功能持续、良性的发挥，就必须依赖便捷的交通条件，使温室与外界消费市场相衔接。发达的交通网络不仅保证了各种农业生产资料的购置、温室生产的各种高品质产品能及时向外运输、解决农产品销售问题、保证产品的新鲜度、减少保鲜管理的费用，同时也保证了游客能方便、快捷地到达温室观光，体验现代农业。因此，便捷的交通条件对温室建设地点的选择不容忽略，但应避开主干道，以防车来人往扬起的尘土污染覆盖材料。

六、其他条件

温室的场址应远离化工厂、金属制造厂、制药厂、造纸厂等各种污染源，选择在上风向、空气流通良好的地带；为降低温室的运行费用，温室的建设应尽量利用自然资源，靠近无污染而又有余热的地区（如发电厂附近）或具有地热资源的地区，这样可降低温室采暖的运行费用，提高产品品质和竞争力。

第二节 温室类型、用途和规模的确定

传统上，温室主要用于瓜果、蔬菜、花卉、中草药以及食用菌等园艺作物的生产，并且在今后很长一段时间里，园艺作物生产依然是温室的最主要用途。但是随着农业现代化的飞速发展和社会的不断进步，温室的用途也在不断拓展，温室已经开始用作生态餐厅、花卉展销、水产养殖、畜禽养殖甚至昆虫养殖等，并取得了良好的经济效益和生态效益。随着人们消费观念的改变以及社会发展的需要，温室的用途还将进一步扩大，延伸到日常生产、生活的各个方面。

一、温室的类型及其特点

按不同的分类方法，温室可分为各种不同类型，以下分别加以详细地介绍。

（一）按温室立面造型分类

1. 单坡面温室

仅屋脊一侧为采光面的温室称为单坡面温室。单坡面温室又可根据前坡与后坡的投影长度比例划分为1/2式、2/3式、3/4式、全坡式等几种。单坡面温室屋脊东西向，坡面朝南，北面用砖墙承重、保温，在屋面设有苇箔、草帘保温。屋面用玻璃覆盖材料，透光、保温、抗风性能较好，一般跨度为6m左

右。夏季采用竹帘遮阳，冬季采用管道煤火加温，主要用于北方冬季蔬菜或花卉越冬生产或春季提前育苗。采光面投影宽度占温室跨度的比例越大，温室内的光照越均匀，一年四季温室内的固定阴影区越小，但温室的保温性能也越差。由于建造费用高，保温尚不足，在北方冬季不加温时，单坡面温室不能满足一般无土栽培作物生产要求。

2. 双坡面温室

屋脊两侧均为采光面的温室称为双坡面温室，双坡面及侧墙均为玻璃等硬质透光覆盖材料。双坡面温室的屋面型式可以是对称人字型、不对称人字型或折线型，其平面布局可以是单栋温室，也可以是连栋温室。根据跨度的不同，温室结构有门式钢架结构和桁架结构等。相比单坡面温室，双坡面温室室内操作空间大，便于机械化作业，所以发达国家绝大部分温室为双坡面连栋温室，人均管理水平可达 3000～5000m^2。此外，双坡面温室采光面积大，室内光照均匀，通风降温效果好，抗雪载能力强，占地面积小，地面利用率高，净空较高，栽培管理方便，可以实现大跨度，保证温室内的种植有效面积得到充分的利用。但双坡面温室的保温比小，散热面积大，冬季运行采暖负荷大，在冬季严寒地区运行成本高。其主要特点是温室主体结构采用热浸镀锌表面防腐，单位面积用钢量小，投资低，使用寿命长，温室内配置适宜的环境调控设施，主要用于南方科研蔬菜育苗或花卉越冬栽培。

3. Venlo 型温室

Venlo 型温室是一种小屋面双坡面玻璃温室，采用玻璃作覆盖材料，其材料性能、价格比比较理想，透光率可达 90% 以上，而且透光率不随时间衰减，只要不出现破碎，玻璃的使用寿命可达到 20 年以上。Venlo 型温室屋面全部采用小截面铝合金型材，3.2m 小屋面跨度，用桁架支撑小屋面，形成室内大空间，以便于机械化作业。Venlo 型温室除温室透光率高外，钢材用量小也是其一大特点。主体结构只有跨度方向桁架、天沟和支柱采用钢结构，而且由于屋面较小，集水面积不大，天沟也比较小巧，有的厂家甚至将天沟也做成铝合金材料，这使温室的用钢量进一步减小。Venlo 型温室屋面开窗采用屋脊两侧间隔设置，但对于我国大部分地区，由于夏季气候炎热，自然通风很难满足降温需要，所以，Venlo 型温室在我国应用还必须配置降温设施。

（二）按平面布局和组合形式分类

1. 单栋温室

单栋温室就是以一个标准单元作为一个独立的子项进行建设，不需要排水天沟，雪荷载一般能自动滑落，不会对屋面形成太大的压力，在设有侧窗通风时，夏季通风降温效果好。但是，由于单栋温室群占地面积大，温室表面大，所以冬季生产散热量大，室内温度、湿度均匀性差。

2. 连栋温室

为了降低造价，增大温室规模，提高土地利用率，将两栋或两栋以上的单栋温室在屋檐处连在一起，去掉中间隔墙，加上天沟等就构成了连栋温室。连栋温室造价低、占地少、保温性好、便于操作管理，但通风换气效果较差，特别是室内种植高大植株之后更差，需要通过天窗与侧窗间的自然换气或增设机械强制换气，必要时夏季增设湿帘风机降温。连栋温室可分为以下几种。

(1) 双层充气膜普通型连栋温室　为钢管及冷弯型钢组合式拱型框架结构。跨度8~10m，顶高4.5~6m，肩高3.0~4.5m，间距4~5m；覆盖材料全部为双层充气薄膜，内外膜均为长寿无滴膜。我国大部分地区大陆性气候强，冬季寒冷、夏季炎热，靠自然通风降温的连栋温室，以3~5连栋为宜。

(2) 大型玻璃连栋温室　为Venlo式框架结构。温室结构形式为天沟连接多跨连栋，温室屋面设计倾斜角度为20°，跨度9.6m，间距4~5m，肩高3.5~4.5m，顶高4.5~6m；温室框架结构主要由基础、立柱、天沟、铝合金檩条、门、电动式天窗等部件组成；覆盖材料为国产优质4mm浮法玻璃，正常使用寿命25年，抗结露；最大排雨量140mm/h，抗震7级。设有强制通风或湿帘风机降温的温室，连栋数不限，但栋长以40~50m为宜，此时通风降温设备利用率高，较为经济实用，如图2-1所示。

图2-1　玻璃连栋温室

(3) 智能型连栋温室　随着无土栽培生产的现代化、产业化，我国现代化的大型连栋温室，特别是大型连栋塑料温室得到了迅速发展。连栋温室跨度8~10m，顶高4.5~6m，肩高3~4.5m，间距4~5m，多采用异型薄壁型钢、热浸镀锌，卷帘或转轴齿条开闭天窗、侧窗，覆盖材料顶部为双层空气薄膜，阳面墙和侧墙为中空双层PC板，抗风墙为压制复合板；配天窗系统、水帘风机降温通风系统、遮阳保温幕帘系统、采暖系统、滴灌及控制系统等环境调控装置；通风、降温、加温、遮阳、保温、灌溉施肥等实现了自动化。高档温室还实现了微电脑温度、湿度、光照、CO_2浓度、营养液温度、离子浓度等数据的采集、显示、存储、超限报警，以及以光照量为基准的智能化变温管理等温室综合环境智能化控制，可实现高产、优质、高效栽培。智能型连栋温室一次投资与运行管理费用较高，特别是华中以北地区，冬季采暖费用高，一般用于专业化、集约化、创汇农业或特殊品种无土栽培的温室或试验示范温室。

(三) 按温室侧墙（山墙）的形式分类

1. 直壁温室

直壁温室的侧墙或山墙都是直立的。

2. 斜壁温室

斜壁温室一般在侧墙或山墙向地面倾斜，由于侧壁的倾斜，特别有利于抵抗风荷载，可形成温室围护墙体的空气隔热层，对提高温室的总体保温性能和室内环境的均匀性非常有利。为获得斜壁温室的抗风效果，在直壁温室上辅加斜拉索，在生产中使用也有很好的效果，但在斜拉索处必须有明显的标识，以免给生产带来安全隐患。

（四）按温室屋面形式分类

1. 拱圆顶温室

拱圆顶温室一般采用半圆或合理拱轴线屋面形式。这种温室受力合理，用材少，因而得到普遍采用。因为屋面坡度较缓，在温室屋面任何地方开窗对温室的通风影响都不太大，而且开窗机构的齿条也不会过长，有利于开窗机构的平衡传动。

2. 尖屋顶温室

当尖屋顶温室屋面坡度在15℃以上时，冬天有利于大部分积雪直接滑落，夏季有利于温室通风和室内环境的均匀分布，但由于温室体形加大，冬季散热量加大，温室骨架用材也相应增大。如果在室内天沟以下设置水平保温幕，在冬季温室的散热面积将与拱圆屋面温室基本相当，再通过结构优化，其总体用材量也能够达到其他温室的水平。

3. 锯齿形温室

锯齿形温室为垂直立窗，通风窗在天沟处，开窗面积较大，在一定程度上减轻了暴雨对温室排水的压力，但屋檐天沟处的防水必须特别注意，需防止天沟溢流将雨水排进温室。

4. 屋脊窗温室

屋脊窗温室为垂直立窗，通风窗在屋脊处，开窗面积较小。垂直立窗夏季通风时，一般窗口设有防虫网。从通风效果看，由于温室热空气总是向上运动，而且屋脊处外界风力对屋面的负压力也较大，因此，在同样开窗面积的条件下，屋脊窗的通风能力要比其他通风窗强。

（五）按主体结构材料分类

现代温室主体结构材料基本是钢和铝合金。

1. 全钢结构温室

全钢结构温室前屋面和后屋面承重骨架为整体式钢筋（管）桁架结构，或用热浸镀锌钢管通过连接纵梁和卡具形成受力整体，后屋面承重部分或成直线，或成曲线，室内无柱。

2. 铝合金结构温室

铝合金结构温室框架全部采用热镀锌矩形管、C形管,屋顶椽子、天窗均用铝合金,四周配有铝合金推拉窗和固定窗,玻璃为5mm浮法玻璃,透光性极好,也可安装通风机和外遮阳幕。跨距6~10m,间距3m,檐高2.25m,脊高3.6~4m,可任意连栋。

(六) 按覆盖材料分类

1. 软质覆盖材料温室

以塑料薄膜为覆盖材料的各种单层、双层塑料温室,有单栋或连栋塑料温室、日光温室等。使用寿命在3年以上,一般不少于2年,如图2-2所示。

图 2-2 塑料连栋温室

2. 硬质覆盖材料温室

硬质覆盖材料温室包括玻璃板温室、PVC板温室、PE板温室、PC板(单层板、双层板、波浪板等)温室、玻璃钢板温室等。

(1) 玻璃温室 以玻璃为透明覆盖材料的温室统称为玻璃温室。玻璃温室的最大优点是透光率好,可达95%,而且稳定性好,不受时间影响;缺点是较重、易碎、保温性能差、运行成本较高。适用于年温差较小、阴雨多、日照短的地区。

(2) 片材塑料温室 其覆盖材料为硬质波纹板或硬质多孔结构板,波纹板厚度1mm左右,多孔结构板有双层和三层结构,厚度为8~20mm,使用寿命一般在10年以上。由于硬质板一次性投资较大,为降低造价,大部分温室生产者将硬质塑料板与柔韧卷材塑料膜结合使用。一般温室侧墙用硬质板材,屋面用塑料薄膜。由于硬质板材抗冲击能力强,作为温室的侧墙,对生产中的意外撞击和碰撞有很强的承载能力,轻微的日常撞击不会对温室造成局部损伤或破坏。

(3) PC板温室 PC板即聚碳酸酯板,PC板温室的外观基于荷兰Venlo型玻璃温室,跨度8~9m,开间3~4m,肩高3.8m。PC板有单层、双层中空及三层中空3种结构形式,PC板温室综合了双层充气膜温室和玻璃温室的优点于一身。用PC板做覆盖材料的优点是强度好,抗冲击能力强,能抵御结露

（防结露涂层工艺）和人为破坏；寿命长达 15 年以上；透光率好，达 92%；内部空间宽敞，结构轻便；暖气管加热，布置于地沟下，保温性能好；"几"字型材料做檩条，可有效处理冷凝水排放，节能。由于 PC 板有上述诸多优点，因此应用范围较广，多用于高档温室。PC 板的缺点是造价较高。

（七）按功能和用途分类

1. 生产温室

育苗温室、栽培温室（蔬菜栽培温室、花卉栽培温室等）、养殖温室（养鱼、养鳄鱼等）等均属于生产性温室。

2. 试验温室

人工气候室、普通实验温室等属于试验（教育）性温室。这种温室普遍面积较小，对密封要求较高，对环境控制精度要求高。所以，温湿度控制一般由空调机组来实现，采用人工光源。

3. 展览温室

展览温室用以展示多种植物及生态景观，供游人观赏、游览，温室顶部和四周垂面可设置自然通风窗。这种温室具有使用寿命长、外形美观、透光性好、观赏性强等优点。

展览温室是活动的植物博物馆，是植物资源保护和生物多样性研究的基地，是创造人与自然和谐共存的绿色造景艺术，又是融入自然植物景观的绿色建筑。展览温室已成为生态园林城市中的动植物精品屋和内环境可调控的园林建筑。

1988 年，为纪念澳大利亚建国 200 周年而建设的阿德莱德植物园展览温室，向游客介绍自然环境下植物与动物之间的相互依存关系。在温室内，用生物防治病虫害的方法，如用天敌、寄生甲虫、昆虫、白蚁和细菌，以及把本地小鸟放进温室，让小鸟靠寻找树林落叶物中的昆虫为生，加快了落叶的降解速度，完成了营养的自然循环过程。进入 21 世纪，世界上已建成了"超现代"的温室，如德国汉诺威世界博览会上被称为"环保三明治"的荷兰馆，该馆的设计充分体现"人、自然、技术"的主题，具备自给自足的能源和水循环系统，创造了多层次生态公园的自然空间。又如 2001 年 3 月英国建设的伊甸园温室，建筑新颖，面积大，它真实地呈现了现热带雨林和地中海气候条件的植物群落面貌，集植物、生态、历史、文化为一体，展示人类和植物的关系，以及人类如何利用植物来实现可持续发展，成为展览温室的发展方向。展览温室是我国生态园林城市中的植物精品屋，是室内环境可调控的园林建筑。北京植物园展览温室以"绿叶对根的回忆"为设计构想，人工模拟的高温高湿热带雨林环境全部为自动化控制，全面展示了热带雨林中的特有景观。

4. 庭院温室

图 2-3 庭院温室

随着人们生活品质的提高，温室正逐渐走向家庭。这种温室要求个性化和美观，选料相对精良，体积小巧，装卸方便，功能多样，应用领域也较为广泛。庭院温室主要用于家庭花卉、植物种植，水果蔬菜的储藏，兼生产和观赏，如图2-3所示。

（八）按热源分类

1. 日光温室

日光温室是利用太阳辐射热作为热源的温室，它无采暖设备而又可生产越冬植物。日光温室为节能型温室，是目前农村庭院建造的主要温室类型之一。基本结构是东西向延长，东、西、北三面为墙体的结构，材料可就地取材，三面墙由土砌成，其特点是土墙比一般土温室厚，如果用砖砌，要砌成空心墙或夹心墙；日光温室的后坡面为保温层，前坡面为采光面，农膜覆盖，采光性好，较普通连栋温室光照量高30%～40%，透明覆盖物夜间应盖两层草苫或盖棉被。日光温室结构简单、便于建造、投资较省；保温效果好，夜间室内外温差可达25℃左右；结构属立窗式温室，面积适中，便于农户栽培管理。日光温室主要用于冬季、早春和晚秋蔬菜生产和育苗。日光温室主要的缺点是土地利用率较低，管理不太方便。

（1）长坡面日光温室　这一类日光温室跨度5～6m，脊高2.1～2.3m，后墙高0.6m。前坡面呈拱圆型，后坡面长度2.5～3m，有立柱。这种温室的优点是取材方便，造价较低，保温性能好。缺点是采光屋面小，遮光率较高。目前应用不多。

（2）短后坡面日光温室　这种温室是在总结长后坡面日光温室优缺点的基础上加以改进的结构类型。跨度6～7m，脊高2.8m，后墙高1.8m，后坡面长1.5m。由于加长了温室前坡面，缩短了后坡面，采光面加大，透光率提高，但夜间保温能力下降。不过由于采光屋面大，增温效果好，有利于温室增温蓄热，可弥补夜间保温能力的不足。

（3）一斜一立式日光温室　这一类型温室是由一面坡温室发展而来的，只要前坡的形状是一斜一立的两折式日光温室，都称为一斜一立式日光温室。温室跨度7～8m，脊高3m，前屋面角20°左右，前坡面为琴弦状斜面，前立窗高0.8m，墙体2m，有立柱。这种温室的优点是空间大，土地利用率高。但在使用中也发现一些问题，比如采光性能比不上半拱圆型日光温室，温室最前部分比较低矮，不方便作业，后墙建造用土、用工量大等。

（4）半地下式日光温室　这种温室外观造型是一斜一立式，温室内栽培畦在地平面以下0.9～1m。温室前的外侧要挖开1m宽、0.4m深的土层，以防止温室内前沿遮光。后墙高度1.9m，土墙体厚度0.8～1m。这种温室的特点是嵌入地下较深，保温效果较好，冬季可以安全生产喜温果菜。在冬季严寒季节里降雨降雪较少、地下水位低的地区有一定的推广价值。

（5）改良式日光温室　这种温室跨度是8～10m，脊高3.2～3.5m，采用钢拱架、菱镁骨架、塑钢骨架等结构，前坡面为拱圆型，采光性能好，无立柱，温室内空间加大，适合机械化作业。

2. 人工加热温室

塑料连栋、玻璃连栋、智能型连栋温室等都是人工加热温室。

（九）按温室内的环境温度分类

1. 高温温室

这种温室室内温度在18～36℃，用于喜热型蔬菜、花木、苗木及热带植物。

2. 中温温室

这种温室室内温度在12～25℃，用于热带和亚热带相接地带、热带高原植物。

3. 低温温室

这种温室室内温度在5～20℃，用于亚热带和暖温带植物。

4. 冷室

这种温室室内温度在0～5℃，用于暖温带以及原产本地棚栽植物。

（十）按加温方式分类

1. 连续加温温室

这种温室配备采暖设施，冬季室内温度始终保持在10℃以上。温室必须有人值班或有温度报警系统，以备在加热系统出现故障时能及时报警。此外，温室屋面材料的热阻值必须小于0.35℃/W。

2. 间歇加温温室

这种温室配备采暖设施，但不具备连续加温条件。

二、温室类型的确定

目前我国温室的主要类型有塑料大棚、日光温室和玻璃温室。本书重点阐述种植用温室类型的确定，温室栽培的作物主要是蔬菜、花卉和少数矮化果树、中药材等。

（一）日光温室

日光温室是由我国独创、具有鲜明中国特色的种植设施，主要用于黄淮及其以北的华北、西北、东北地区的越冬节能栽培。在北纬40°以南地区，正常年份不加温可以生产喜温果菜，但要有临时补温设备，以防灾害性天气造成损失；在北纬40°以上的高寒地区，要有补温设备才能生产喜温果菜。日光温室最突出的优点是保温性能好，节能效果显著，建造投资较低，是目前我国北方地区越冬生产的主要设施，总体经济效益较好。

（二）玻璃温室

玻璃温室主要用于蔬菜、花卉等作物全天候周年生产以及蔬菜、花卉、果树和苗木的培育。由于其环境控制能力强，可以生产出高品质的产品，其单位面积的产量水平也高。但玻璃温室总体投资较大、采暖能源消耗多、运行费用高、管理复杂，应慎重选择。

（三）塑料大棚

塑料大棚在我国的建设面积仅次于日光温室，其优缺点处于日光温室和玻璃温室之间，在要求环境控制水平较高而投资又不很高时，可考虑选用。

三、温室用途的确定

温室用途的确定需要统筹考虑当地的经济发展水平、农业技术、市场情况以及投资主体等因素。如前所述，按用途温室可分为展览温室、栽培温室（生产温室、培养温室和实验温室）、繁殖温室、杂交育种温室、光照试验和病虫害检疫温室等，以满足生产、科研育种等各种需要。

四、温室规模的确定

（一）温室总体规模

确定温室建设的规模，除上述提到的自然条件外，还需要对整个工程可支配用地进行总体规划，结合投资能力，合理安排温室总体规模。通常情况下，温室面积与露地面积的比例应根据需要安排，不宜过大，一般在4∶6之下为宜。

（二）温室群体规模

目前，国内温室建设的规模大致可分为大型、中型、小型群体三类。大型温室群体通常指温室面积20000m^2以上、投资在千万元以上的温室工程；中型温室群通常在5000～20000m^2、投资大于500万元小于1000万元的温室工程；小型群体通常为5000m^2以下、投资小于500万元的温室工程。如果用作生产，则温室群体规模应尽可能大，以增大生产面积，提高经济收入；如果用作观光展览，则应根据展示内容来确定规模，如北京植物园的展览温室面积就达到9800m^2，是目前亚洲最大、世界单体面积最大的展览温室，而位于广州的华南植物园展览温室群共4座温室，占地面积7600m^2，集科研、科普、旅游为一体，展示热带雨林植物、沙漠植物、高山植物和奇花异草；如果用作科研，则规模不需要太大，满足科研需求即可；若用作生态餐厅，则规模不宜太大，一般在 5000m² 以下为宜，大多在 1000～3000m² 即可。

另外，投资能力、技术力量、经营管理能力和市场需求对温室群体规模的影响也不容忽视。如果市场需求量大，回报率高，能在短期内获得较高的经济效益，而且自身经济能力强，能够保证一次性投资和后续资金，技术人才和经营管理人才也有保证，则可设计规模较大的温室群体，如果不具备上述条件，则应该遵循逐步运作、滚动发展的原则，分阶段一步一步扩大规模，不要贪多贪大，否则会造成规模越大损失越大的严重后果。

第三节 温室工程总体规划

一、温室工程规划原则

（一）优化布局、发挥优势

要发挥区域品种和产业优势，着力优化区域布局。选择基础条件较好的区域，统筹育种、栽培、装备、管理等多方面的力量，发挥本地资源优势，充分挖掘设施农业生产潜能，促进设施农业快速发展。

（二）因地制宜、注重实效

要根据地区气候、资源、生产方式、种养殖传统等特点，有重点地选择设施农业的发展方向。同时坚持效益优先，着力提高种养殖综合生产能力以及经济、社会和生态效益。

（三）改革创新、建立机制

始终以实现设施农业又好又快发展为目标，通过技术创新、管理创新和机制创新来解决发展中的问题，并将行之有效的创新成果加快推广应用，促进技术提升，努力探索建立促进发展的长效机制。

（四）市场引导、政府扶持

坚持市场引导与政府扶持相结合，以解决农民就业、促进农民增收为核心，着力提高农民科学生产素质，提高种养殖科技含量，提高产品竞争力，提高生产过程的机械化、自动化和生态化水平。

二、总平面布局

（一）建筑组成及布局

一定规模的温室群，除了温室种植区外，还必须有相应的辅助设施才能保证温室的正常、安全生产。这些辅助设施主要有水暖电设施、控制室、加工室、保鲜室、消毒室、仓库以及办公休息室等。在进行总体布置时，应优先考虑种植区的温室群，使其处于场地的采光、通风等的最佳位置。辅助设施的仓库、锅炉房、水塔等应建在温室群的北面，以免遮阳；烟囱应布置在其主导风向的下方，以免大量烟尘飘落于覆盖材料上，影响采光；加工、保鲜室及仓库等既要保证与种植区的联系，又要便于交通运输。

建筑组成及布局主要有集中连片和分片布局两种形式，简要介绍如下。

1. 集中连片

在地势地形平坦的地区，如平原，环境条件均一、规划边界简单规整时，可考虑集中连片布局温室，这有利于最大化利用土地，相应道路管线设施铺设便利，提高运作效率。

2. 分片布局

当地形相对平坦，或在一定范围的等高线内地形较平坦，但布局边界不规则，以及现状已形成几个不同属性地块类型（如山区或丘陵地区），温室群应结合地形情况按照不同功能分区布局。这样既可对不同功能区温室进行集中管理，又可有效地避免各种管线重复铺设和相互干扰，减少管线上的能源损失，还能防止出现无法规划利用的空白地块。

（二）温室的间距

为减少占地、提高土地利用率，前后栋相邻的间距不宜过大，但必须保证在最不利的情况下，以不至于前后遮阳为前提。一般以冬至日中午12时前排温室的阴影不影响后排采光为计算标准。纬度越高，冬至日的太阳高度角就越小，阴影就越长，前后栋间距就越大。从提高土地利用率的角度考虑，温室间隔越小越好，但从通风采光的角度考虑，温室间隔不宜过窄。连栋温室采用湿帘-风机降温系统时，当一座温室的风机排风口与另一温室的进风口相对时，二者的距离原则上应不小于15m，以避免一座温室的排气直接进入另一座温室；温室与周围建筑物或防风林的距离，以不妨碍风机正常排风为标准。

（三）温室的方位

在温室群总平面布置中，合理选择温室的建筑方位也是很重要的。温室的建筑方位通常与温室的造价没有关系，但是它与温室形成的光照环境的优劣，以及总的经济效益都有非常密切的关系。所谓温室的建筑方位就是温室屋脊的走向，朝向为南的温室，其建筑方位为东—西。

随着温室所在地理位置的不同，纬度越高则 E—W（东—西）方位温室的日平均透光率比 S—N（南—北）方位的日平均透光率越大。经过分析，大致可以归纳成如下规律：对于以冬季生产为主的玻璃温室（直射光为主），以北纬40°为界，大于40°地区以 E—W 方位建造为佳；相反，在小于40°地区，则一般以 S—N 方位建造为宜。对于 E—W 方位的玻璃温室，为了增加上午的光照，为满足植物在光合作用强度较高时段的需要，建议将朝向略向东偏转5°~10°为宜。

三、道路管线布局

温室工程规划中，道路及管线设施的建设是其重要的组成部分之一。温室工程中道路的布局应在坚持合理、高效、经济的原则下，根据具体地形地块以及温室群总体安排，考虑道路出入、结构、红线、路面净宽、行驶速度及交通方式等方面内容。如地形平坦、规则，集中布局的温室群工程的道路系统，一般采用直线式布局，道路宽度应能允许小型车辆顺利通行，一般为3m左右，场地内时速应控制在20km/h内，路面做简易铺装即可；而地势复杂、分区分块建设的温室群工程的道路系统，可结合地形安排曲线式布局，在各分块中间有直线布局，道路宽度根据实际情况和需要确定。同时管线的铺设应结合整体工程和场地的道路交通设计，尽量安排在阴影范围之内，在节约用地的前提下，保证生产、流通以及安全对道路、管线设施的数量和规格的要求。

四、绿化布局

温室周边的绿化有利于改善场地环境，增加温室与周边环境的融合和美观，提高绿化质量。通过建设林木、经济林和花卉苗木，形成绿化、美化、香化、彩化和园林化的绿化景观，对温室建设和区域设施建设的品质有所提升。

（一）布局原则

温室工程绿化应遵循以温室为主、因地制宜、科学合理的原则进行布局安排。

1. 以温室为主

温室工程绿化要自始至终突出温室的主体地位，所以所选树种、林种不能影响温室的正常生产，不能给温室造成遮阳，应分清主次，做到主次分明。

2. 经济、生态兼备

温室群绿化不同于一般的造林绿化，在绿化的大原则确定后，要高起点、高标准运作，做到绿化、美化齐抓，经济、生态并重。

3. 科学合理

在绿化树种的选择及布局上，要精心设计、科学、合理搭配树种，根据温室的周边环境及特点，选择与之相适应的树种，确定适宜密度及栽植规格。一般应掌握东西走向林带栽植位置，在南北相邻温室间，距前一座温室后墙1~1.5m处，株距3m；南北走向的林带栽植在东西相邻温室间，距温室墙1.5m处，株距3~4m；双排定植的，配置方式为三角形。

（二）绿化模式

温室工程绿化不同于园林及城市广场绿化，又区别于街道及田园绿化，有其独有的特点与模式，温室群绿化可选择以下5种模式。

1. 花灌木型

树种以红枣、桃、油桃、杏、李子、梨、葡萄、枸杞等为主，株距2.5～3.0m，合理整形、科学修剪，控制树高与冠幅在适宜范围内。

2. 常青树型

对有条件的温室群，可选择栽植生长慢、防护期长、绿化档次高的常青树，如刺柏、云杉、桧柏、圆柏、花柏、洒金柏等树种，株距以4～5m为宜。

3. 混交型

可选择经济林与常青树、花灌木与常青树或经济林与花灌木混交，具体栽植时可行株间混交或群内混交。

4. 其他型

可利用原有林网更新后的伐桩采用萌芽方式培养小径材矮林；也可选择栽植垂榆、红花槐、龙爪槐等城市绿化树种；或栽植白榆、侧柏绿篱。不论何种方式，必须注意控制树高与树冠。

第四节 温室工程管理

对于温室工程的管理，政府部门首先应要了解温室工程的现状和发展趋势，建立各级工作机构，明确专人管理；及时收集和发布市场信息，指导农民及时调整种植计划，减少盲目性，以稳定农民的收入；制定适合各地区不同气候条件、不同档次的各种温室设施规格及技术参数，同时规范各生产厂家的生产；建立固定的监督检测机构，加强检测，以保护农民的利益；各级管理机构应同时承担技术咨询的任务，完善社会服务体系，包括生产资料市场、产品市场，产品采后处理、运销等；鼓励有条件的重点龙头企业通过兼并、收购、划转、合资等方式进行资本扩张和资产重组，鼓励他们参与现代设施农业建设；鼓励中外合资农产品流通企业利用自身销售网络协助温室销售；对从事设施农业建设的龙头企业，各级主管部门要积极会同金融部门制定扶持办法，作为信贷重点，在资金政策上给予倾斜；鼓励农业科技人才向重点工程项目和设施园区流动；各地区应有适用不同档次的温室类型及标准参数，对农民自制温室提出指导建议，规范农民的自发行为，使建成的设施经济适用。"六五"、"七五"、"八五"期间，我国在塑料大棚、日光温室的结构优化方面做了不少研究工作，而且取得了许多成果，但目前只有钢管装配式塑料大棚国家标准，玻璃温室的结构标准尚未批准公布。至于日光温室标准、温室配套设备的标准，至今仍然空白。所以，在温室和设备的标准化方面还有许多工作要做。对设施的生产厂家不仅要制订一系列质量标准，还必须成立专门质量监督和检测机构，经过检测，方能进入市场。为此需要政府部门制定检测规范，包括使用仪器、测试标准和方法等，以保护农民的利益，使其不受劣质产品的侵害。

温室工程相对投入较高，存在较大的市场风险，应建立信息管理机构，及时向农民提供较准确的各种产品供求信息，并做一些科学的预测，指导企业和农民及时调整种植计划，以获取较多的收益。技术咨询具有同样的重要性，技术的提高是设施农业能否持续发展的关键之一，先进的技术必须由农民掌握后才能发挥其应有的作用。这就要求加强本学科领域的科研和培训工作，不仅要提高管理者的水平，也要提高劳动者的素质。

第三章 温室主体结构强度设计计算

当前温室主体结构多数靠经验进行设计。一般情况下这种方法还是可靠的,但从发展来看,为了优化温室结构和更加合理地利用材料,应逐步融入数值计算方法。为此,本书特别在本章阐述了用计算机数值方法(有限元法)设计温室主体结构强度问题。

第一节 温室结构强度概述

一、温室结构强度设计的任务

温室结构的强度或力学设计,包括结构的强度、刚度和稳定性三种要素的计算。结构是由构件结合而成的,所以确保整体结构的强度、刚度和稳定性意味着所有构件的应力、变形和稳定性都应符合相应的要求。

温室的主体结构属于典型的杆系结构,杆类构件占绝大多数。杆件是长度方向尺寸显著大于两个横向尺寸的构件,单杆的力学分析需要材料力学知识。而很多个杆件通过不同联结方式组成结构后,就需要用基于(杆系)结构力学理论的数值方法,利用计算力学软件在计算机上求出各杆的受力-变形状态,进而用材料力学计算出可能的危险截面上的应力,然后根据温室结构相关规范判定其安全性。本章将简要介绍适合温室结构计算的有限元法,读者如欲理解本章内容,应具备材料力学、结构力学和矩阵代数的有关知识,实施计算分析还需要计算机应用的知识和技能。

二、温室结构强度设计的方法

目前,国内温室结构的强度设计有经验设计和数值计算两种方法。

(一)经验设计

所谓经验设计,就是参照国内外在用温室的结构形式和尺寸复制或仿制。必要时也会根据实际条件做一些调整,或者根据设计规范在对结构做大幅度简化后进行简单的强度和稳定性估算。这种方法依赖于参照物的承载实践和过去的经验,一般情况下还是可靠的。

但是,经验设计有很大的局限性。现代的连栋温室是大型的空间复杂结构,不可能靠手工来计算。巨对结构做过度简化后再估算,则结果难免失真。由于地域、地貌不同，风力、风向和降雪量会有很大区别；另外，用途不同，设计要求也各异。所以，靠模仿的经验设计无法满足温室多样性和技术创新的要求。

（二）计算机数值方法（有限元法）设计

计算机数值方法是科学的定量化的计算方法。目前，各工程结构领域已经普遍利用计算机和有限元软件进行力学计算，并发展成计算机辅助设计和制造技术（CAD和CAM）。这种先进技术对批量生产的新型、系列化温室产品具有广阔的应用前景，可以优化温室结构和最大限度节省原材料。对于非标准造型的观光型温室，由于其外部造型和内部结构还需要满足景观学的要求，也有必要进行专门计算。

三、温室结构的力学模型

解决温室结构的承载问题，首先要略去对结构承载影响很小的元器件，留取起承载作用的骨架部分，建立力学模型，即把温室简化成标准的杆系结构。这就需要根据结构的具体联结方式进行合理简化。这里简要介绍杆系结构类型和简化原则。

（一）杆间的联结和约束类型

杆间的联结大体上分铰结和刚结两种。铰结的杆端只传递力而不能传递力矩，铰结的杆端与相联结对象的线位移保持一致；刚结的杆端同时传递力和力矩，刚结的杆端与相联结对象的线位移和角位移保持一致。杆端的约束类型也有铰结和刚结两种，铰结只约束线位移，而刚结同时约束角位移。

（二）杆件的类型

杆系结构的杆件有如下类型。

1. 二力杆

结构中只受拉压力作用的直杆，两端铰结，拉索可看作不承压的拉杆。

2. 平面梁

平面结构中可受拉压和单平面弯曲作用的直梁，两端刚结或一端刚结、一端铰结。

3. 空间梁

空间结构中可受拉压力和两个平面弯曲作用的直梁，两端刚结或一端刚结、一端铰结。

（三）杆系结构的模型

根据杆间的联结特性和单元的力学模型，杆系可分为桁架、刚架和混合结构。

1. 桁架

桁架是全部由二力杆铰结而成的结构，所以二力杆有时也简称桁元。

2. 刚架

刚架是完全由直梁刚性联结组成的结构，所以每个梁也简称梁元。结构中还常见到曲梁（曲杆）或拱，如一面坡大棚和弧形屋顶的温室。曲梁和拱可以分段近似成若干个直梁，形成折线形的刚架，这样近似计算的精度与细分程度相关，一段直梁也可以分为若干个梁元刚结在一起。

3. 混合结构

混合结构是部分铰结、部分刚结的结构，一般由桁元和梁元组成。

根据宏观几何形态和受力方位情况，杆系可分为空间结构或平面结构。实际上，大多数结构都是空间结构，平面结构只是空间结构的简化和特例，如平面桁架是空间桁架的特例。在平面桁架中，所有桁元的轴线共面，所有作用力也在这个平面内。又如，平面刚架是空间刚架的特例，所有梁元的一组主轴共面，所有作用力也在这个平面内。

四、有限元法（矩阵位移法）简介

在力学分析方法中，根据选定的基本未知量是力还是位移，分为力法和位移法。当杆件数量较多时，力法和位移法手算都十分困难，对空间结构更是如此。随着计算机技术的发展，数值计算方法有了长足的进步。力学家们把力学理论、能量原理和矩阵代数相结合，创立和发展了有限元法，使靠手算难以解决的问题在计算机上顷刻间就得到满意解答。杆系的有限元法是其中最简单的内容，实质上就是在计算机上按照结构力学的矩阵位移法求解杆系结构。

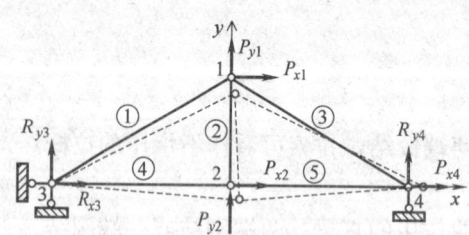

图3-1 屋架的结点-单元划分与受力-变形状态

杆系有限元法通常把单根杆件看作一个单元，对结构所有的结点和单元统一编号。用矩阵位移法求解时，基本未知量是结点位移。现以图3-1所示的屋架（平面桁架）为例说明。

整个屋架结构的基本未知量可以用一组向量表示，称为结构位移向量，其分量是各结点可能发生的一组位移值。假设结构受力后发生图示的变形状态，各结点位移分量的数值（单位为m）为：

$u_1=0.01$，$v_1=-0.04$，$u_2=0.03$，$v_2=-0.04$，$u_3=0$，$v_3=0$，$u_4=0.06$，$v_4=0$

则结点位移向量可写成：

$$\Delta=[0.01 \quad -0.04 \quad 0.03 \quad -0.04 \quad 0 \quad 0 \quad 0.06 \quad 0]^T$$

在一般情况下，该屋架的结点位移向量 Δ 可以表示为：

$$\Delta=[u_1 \quad v_1 \quad u_2 \quad v_2 \quad u_3 \quad v_3 \quad u_4 \quad v_4]^T$$

与 Δ 相对应的各结点承受的外力状态同样可用一组向量表示，这个向量的分量就是各结点可能受的外力分量，称为结构外力（荷载和反力）向量，用 P 来表示：

$$P=[P_{x1}\ P_{y1}\ P_{x2}\ P_{y2}\ R_{x3}\ R_{y3}\ P_{x4}\ R_{y4}]^T$$

注意这里用符号 R_{xi} 和 R_{yi} 取代 P_{xi} 和 P_{yi} 表示结点 i 的未知约束反力（以下同）。

对于有充分约束的几何不变体系结构的某一特定受力状态，必然有一种确定的变形状态与之对应，反之也一样。这就是说，结构外力向量和结构位移向量之间存在确定的（互逆）关系。通过分析这种关系可以求出结点位移向量，从而确定每根杆件的杆端结点位移，由此进一步确定杆端以至全杆的内力和应力。这就是矩阵位移法的基本思路。

第二节 平面桁架

一、平面桁架模型概述

组成平面桁架的各杆均在同一平面内且以铰相联结，载荷也作用在同一平面内，并且可简化为集中力作用在铰结点上，这样每根杆（单元）都可以按二力杆分析，整个结构可以划分或剖分为有限数量的单元和结点，这种数值方法就称为有限单元法或者有限元法。在进行有限元法分析的时候，首先要为所研究的桁架结构建立一个总体的结构坐标系 $x-y$，把结构分为若干个单元并逐一编号，所有的结点也以适当顺序逐个编号，然后选取各结点的位移分量为基本未知量。例如，图 3-1 所示的平面桁架（屋架）可分成 4 个结点和 5 个单元，结点总数 $NJ=4$，单元总数 $NE=5$。任意一个结点 k 有位移分量 u_k 和 v_k，即有 2 个自由度，整个结构具有总自由度数 $NDF=NJ\times 2$。

二、平面桁架分析

要把平面桁架每个单元的方位确定下来，就需要建立一个局部的单元坐标系 $\bar{x}-\bar{y}$（简称单元系，为了与结构系 $x-y$ 下的物理量相区别，在本章中在单元系 $\bar{x}-\bar{y}$ 下的物理量都在相应符号上带一横杠）。规定其中一个杆端为始端（i 端），另一杆端为终端（j 端），单元系的正向是从 i 端指向 j 端。杆端可以理解为与相连的结点无限接近的该杆件的截面，杆端的位移就是该相连结点的位移，杆端力就是该杆件端部的内力。分析单元杆端位移和杆端力之间的关系，称为单元分析。

根据结构整体和局部力的平衡和变形（位移）的协调要求，建立结构未知位移和外力之间的关系，这一过程称为整体分析。在整体分析基础上引入约束条件，求解由此形成的线性方程组得到结构的未知位移。由求出的结点位移根据坐标变换关系得到单元系位移，利用杆端力-杆端位移关系得到杆端内力。

（一）单元杆端变量

如图 3-2（1）所示，在单元系 $\bar{x}-\bar{y}$ 下，单元的基本未知量是杆端位移向量 $\bar{\Delta}^e$，与其对应的是杆端力向量 $\bar{F}^e$，它们分别是 i 端和 j 端两个子向量的集合。

$$\bar{\Delta}^e = \left\{ \begin{array}{c} \bar{\Delta}_i^e \\ \bar{\Delta}_j^e \end{array} \right\} = \left\{ \begin{array}{c} \bar{u}_i^e \\ \bar{v}_i^e \\ \bar{u}_j^e \\ \bar{v}_j^e \end{array} \right\} \qquad \bar{F}^e = \left\{ \begin{array}{c} \bar{F}_i^e \\ \bar{F}_j^e \end{array} \right\} = \left\{ \begin{array}{c} \bar{F}_{xi}^e \\ \bar{F}_{yi}^e \\ \bar{F}_{xj}^e \\ \bar{F}_{yj}^e \end{array} \right\}$$

杆端位移和杆端力取在截面形心上，符号以与单元系坐标正向同向为正，相反为负。为了明晰起见，凡是反映单元的物理量的向量其右上标用符号 e 或该单元号标注。在结构系 $x-y$ 下，基本未知量是结构系下的杆端位移向量，相对应的是杆端力向量。

$$\Delta^e = \left\{ \begin{array}{c} \Delta_i^e \\ \Delta_j^e \end{array} \right\} = \left\{ \begin{array}{c} u_i^e \\ v_i^e \\ u_j^e \\ v_j^e \end{array} \right\} \qquad F^e = \left\{ \begin{array}{c} F_i^e \\ F_j^e \end{array} \right\} = \left\{ \begin{array}{c} F_{xi}^e \\ F_{yi}^e \\ F_{xj}^e \\ F_{yj}^e \end{array} \right\}$$

结构系下单元杆端位移和杆端力定义在截面形心上，符号以与结构系坐标正向同向为正，反之为负，如图 3-2（2）所示。

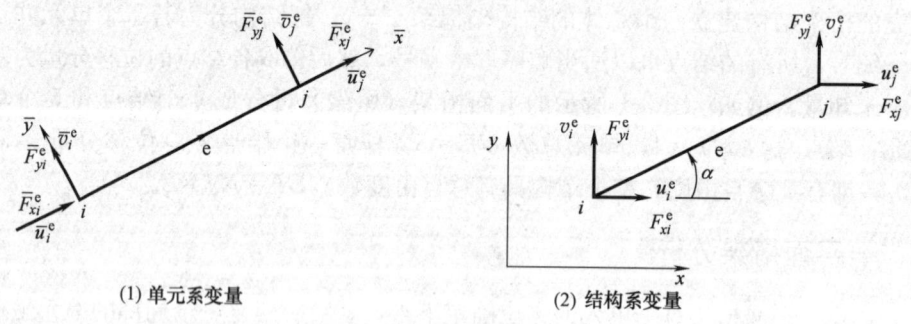

(1) 单元系变量　　　　　　　　(2) 结构系变量

图 3-2　平面桁架的单元变量

在单元系下，根据胡克定律，单元杆端位移和单元杆端力之间的关系可以表述为

$$\left\{ \begin{array}{c} \bar{F}_{xi}^e \\ \bar{F}_{yi}^e \\ \bar{F}_{xj}^e \\ \bar{F}_{yj}^e \end{array} \right\} = \left[\begin{array}{cccc} \dfrac{EA}{L} & 0 & -\dfrac{EA}{L} & 0 \\ 0 & 0 & 0 & 0 \\ -\dfrac{EA}{L} & 0 & \dfrac{EA}{L} & 0 \\ 0 & 0 & 0 & 0 \end{array} \right] \left\{ \begin{array}{c} \bar{u}_i^e \\ \bar{v}_i^e \\ \bar{u}_j^e \\ \bar{v}_j^e \end{array} \right\} \qquad (3-1)$$

简写为
$$\overline{F}^e = \overline{K}^e \overline{\Delta}^e$$

称为单元刚度式,其中,$\overline{K}^e$ 是单元系单元刚度矩阵,为

$$\overline{K}^e = \begin{bmatrix} \dfrac{EA}{L} & 0 & -\dfrac{EA}{L} & 0 \\ 0 & 0 & 0 & 0 \\ -\dfrac{EA}{L} & 0 & \dfrac{EA}{L} & 0 \\ 0 & 0 & 0 & 0 \end{bmatrix} \tag{3-2}$$

(二) 单元变量的坐标变换

各单元坐标系和结构坐标系的坐标轴之间一般存在一个夹角,称为旋转角或方向角 α。规定由结构系 $x-y$ 反时针旋转 α 角后与单元系 $\overline{x}-\overline{y}$ 相重合时旋转角为正,参见图 3-2 (2)。在结构系下的单元杆端力向量可以转换到单元系下度量,单元系下的单元杆端力向量与前者有如下关系

$$\begin{Bmatrix} \overline{F}^e_{xi} \\ \overline{F}^e_{yi} \\ \overline{F}^e_{xj} \\ \overline{F}^e_{yj} \end{Bmatrix} = \begin{bmatrix} \cos\alpha & \sin\alpha & 0 & 0 \\ -\sin\alpha & \cos\alpha & 0 & 0 \\ 0 & 0 & \cos\alpha & \sin\alpha \\ 0 & 0 & -\sin\alpha & \cos\alpha \end{bmatrix} \begin{Bmatrix} F^e_{xi} \\ F^e_{yi} \\ F^e_{xj} \\ F^e_{yj} \end{Bmatrix} \tag{3-3}$$

可简写为
$$\overline{F}^e = T F^e$$

其中
$$T = \begin{bmatrix} \cos\alpha & \sin\alpha & 0 & 0 \\ -\sin\alpha & \cos\alpha & 0 & 0 \\ 0 & 0 & \cos\alpha & \sin\alpha \\ 0 & 0 & -\sin\alpha & \cos\alpha \end{bmatrix} \tag{3-4}$$

称为坐标变换矩阵,它是单位正交矩阵。由线性代数知,其逆阵等于其转置,即

$$T^{-1} = T^T$$

当已知单元系下的杆端力向量时,结构系下的杆端力向量可以通过坐标逆变换求出

$$F^e = T^T \overline{F}^e \tag{3-5}$$

同理,杆端位移向量由结构系变换到单元系公式为

$$\overline{\Delta}^e = T \Delta^e \tag{3-6}$$

即
$$\begin{Bmatrix} \overline{u}^e_i \\ \overline{v}^e_i \\ \overline{u}^e_j \\ \overline{v}^e_j \end{Bmatrix} = \begin{bmatrix} \cos\alpha & \sin\alpha & 0 & 0 \\ -\sin\alpha & \cos\alpha & 0 & 0 \\ 0 & 0 & \cos\alpha & \sin\alpha \\ 0 & 0 & -\sin\alpha & \cos\alpha \end{bmatrix} \begin{Bmatrix} u^e_i \\ v^e_i \\ u^e_j \\ v^e_j \end{Bmatrix}$$

其逆变换即由单元系向结构系转换，需左乘它的逆阵

$$\Delta^e = T^T \overline{\Delta}^e \tag{3-7}$$

即

$$\begin{Bmatrix} u_i^e \\ v_i^e \\ u_j^e \\ v_j^e \end{Bmatrix} = \begin{bmatrix} \cos\alpha & -\sin\alpha & 0 & 0 \\ \sin\alpha & \cos\alpha & 0 & 0 \\ 0 & 0 & \cos\alpha & -\sin\alpha \\ 0 & 0 & \sin\alpha & \cos\alpha \end{bmatrix} \begin{Bmatrix} \overline{u}_i^e \\ \overline{v}_i^e \\ \overline{u}_j^e \\ \overline{v}_j^e \end{Bmatrix}$$

单元刚度式（3-1）反映的物理关系也可以表达成在结构系下单元向量 F^e 和 Δ^e 之间的关系

$$F^e = K^e \Delta^e \tag{3-8}$$

其中 K^e 称作结构系下单元刚度矩阵。根据式（3-5）、式（3-1）和式（3-6）可得到

$$F^e = T^T \overline{F}^e = T^T \overline{K}^e \overline{\Delta}^e = T^T \overline{K}^e T \Delta^e$$

与式（3-8）比较可得

$$K^e = T^T \overline{K}^e T \tag{3-9}$$

由上式和式（3-2）、式（3-4）做矩阵乘法可以求得结构系单刚的各个系数，即

$$K^e = \begin{bmatrix} S_1 & S_2 & -S_1 & -S_2 \\ S_2 & S_3 & -S_2 & -S_3 \\ -S_1 & -S_2 & S_1 & S_2 \\ -S_2 & -S_3 & S_2 & S_3 \end{bmatrix} \tag{3-10}$$

式中，

$$S_1 = \frac{EA}{L}\cos^2\alpha, \quad S_2 = \frac{EA}{L}\sin\alpha\cos\alpha, \quad S_3 = \frac{EA}{L}\sin^2\alpha$$

（三）整体刚度方程

1. 结构位移向量和结构力向量

定义任意结点 k 的位移子向量（自由度为2）和外力子向量

$$\Delta_k = \begin{Bmatrix} u_k \\ v_k \end{Bmatrix} = \begin{Bmatrix} \delta_{2k-1} \\ \delta_{2k} \end{Bmatrix}, \quad P_k = \begin{Bmatrix} p_{xk} \\ p_{yk} \end{Bmatrix} = \begin{Bmatrix} p_{2k-1} \\ p_{2k} \end{Bmatrix}$$

将 NJ 个结点的位移向量放在一起，就组成结构位移向量。令 n 为总自由度数，则有

$$\begin{aligned} \Delta &= [\Delta_1 \quad \Delta_2 \quad \cdots \quad \cdots \quad \cdots \quad \Delta_{NJ}]^T \\ &= [u_1 \quad v_1 \quad u_2 \quad v_2 \quad \cdots \quad u_{NJ} \quad v_{NJ}]^T \\ &= [\delta_1 \quad \delta_2 \quad \delta_3 \quad \delta_4 \quad \cdots \quad \delta_{n-1} \quad \delta_n]^T \end{aligned}$$

同理可以定义结构外力向量

$$\begin{aligned} P &= [P_1 \quad P_2 \quad \cdots \quad \cdots \quad \cdots \quad P_{NJ}]^T \\ &= [p_{x1} \quad p_{y1} \quad p_{x2} \quad p_{y2} \quad \cdots \quad p_{xNJ} \quad p_{yNJ}]^T \\ &= [p_1 \quad p_2 \quad p_3 \quad p_4 \quad \cdots \quad p_{n-1} \quad p_n]^T \end{aligned}$$

2. 整体刚度式（方程）

一个结点位移向量所表示的位移状态，必有一确定的结点外力向量对应，其关系按结点的子向量（2个元素）和刚度子块（2×2个元素）可表示为

$$\begin{Bmatrix} P_1 \\ P_2 \\ P_3 \\ \vdots \\ \vdots \\ P_{NJ} \end{Bmatrix} = \begin{bmatrix} K_{11} & K_{12} & K_{13} & \cdots & \cdots & K_{1,NJ} \\ K_{21} & K_{22} & K_{23} & \cdots & \cdots & K_{2,NJ} \\ K_{31} & K_{32} & K_{33} & \cdots & \cdots & K_{3,NJ} \\ \vdots & \vdots & \vdots & \ddots & \vdots & \vdots \\ \vdots & \vdots & \vdots & \vdots & \ddots & \vdots \\ K_{NJ,1} & K_{NJ,2} & K_{NJ,3} & \cdots & \cdots & K_{NJ,NJ} \end{bmatrix} \begin{Bmatrix} \Delta_1 \\ \Delta_2 \\ \Delta_3 \\ \vdots \\ \vdots \\ \Delta_{NJ} \end{Bmatrix}$$

如按元素写出就是

$$\begin{Bmatrix} p_1 \\ p_2 \\ \vdots \\ p_i \\ \vdots \\ p_j \\ \vdots \\ p_n \end{Bmatrix} = \begin{bmatrix} k_{11} & k_{12} & \cdots & k_{1i} & \cdots & k_{1j} & \cdots & \cdots & k_{1n} \\ k_{21} & k_{22} & \cdots & k_{2i} & \cdots & k_{2j} & \cdots & \cdots & k_{2n} \\ \vdots & \vdots & \ddots & \vdots & & \vdots & & & \vdots \\ k_{i1} & k_{j2} & \cdots & k_{ii} & \cdots & k_{ij} & \cdots & \cdots & k_{in} \\ \vdots & \vdots & & \vdots & \ddots & \vdots & & & \vdots \\ k_{j1} & k_{j2} & \cdots & k_{ji} & \cdots & k_{jj} & \cdots & \cdots & k_{jn} \\ \vdots & \vdots & & \vdots & & \vdots & \ddots & & \vdots \\ k_{n1} & k_{n2} & \cdots & k_{ni} & \cdots & k_{nj} & \cdots & \cdots & k_{nn} \end{bmatrix} \begin{Bmatrix} \delta_1 \\ \delta_2 \\ \vdots \\ \delta_i \\ \vdots \\ \delta_j \\ \vdots \\ \delta_n \end{Bmatrix}$$

简写为

$$P = K\Delta \tag{3-11}$$

式（3-11）称作整体刚度式，矩阵 K 称为整体刚度矩阵或总刚度矩阵（总刚）。注意我们称其为表达式而不是方程的原因在于它在形式上是用结点位移向量来表达结点外力向量分量，每个力的分量都是各位移分量的线性组合。它不反映互逆的关系，同一种外力状态可以对应无数种位移状态，所以不能求解。

3. 后处理法形成整体刚度矩阵

整体刚度矩阵的集成规律将通过下面的一个例子说明。

[例 3-1] 一屋架简化为平面桁架，如图 3-3（1）所示。已知各杆杨氏模量、截面积均相同，分别表示为 E 和 A，屋架承受均匀雪载荷集度为 q。试根据结构几何和受力特征进行简化并求整体刚度矩阵和刚度方程。

解：根据该屋架的对称性和受雪载的对称性可简化为如图 3-3（2）所示的 3 杆平面桁架结构，注意单元编号和对称杆截面积的改变。结点总数 $NJ=3$，整体刚度矩阵为 $6×6$。各单元的主要参数如表 3-1 所示。

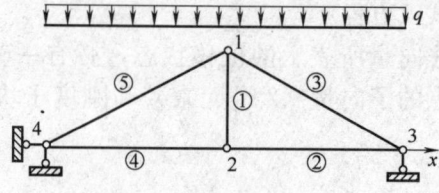

(1) 整体结构

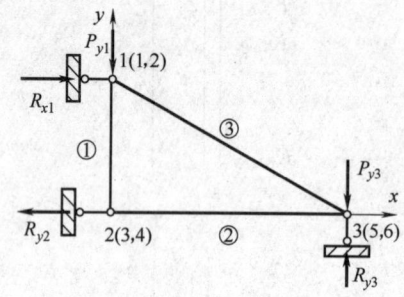

(2) 对称性简化（后处理法）

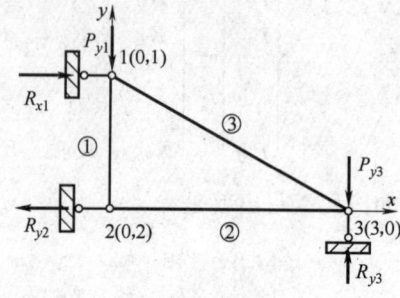

(3) 对称性简化（先处理法）

图 3-3 屋架的计算模型

表 3-1 各单元主要参数

单元	杆端 i	杆端 j	定位向量	方向角 α	$\sin\alpha$	$\cos\alpha$	弹模 E	截面积	杆长 L	EA/L
1	2	1	(3,4,1,2)	90°	1	0	E	$A/2$	$L_0/\sqrt{3}$	$\dfrac{\sqrt{3}EA}{2L_0}$
2	2	3	(3,4,5,6)	0	0	1	E	A	L_0	EA/L_0
3	1	3	(1,2,5,6)	$-30°$	$\sqrt{3}/2$	$-1/2$	E	A	$2L_0/\sqrt{3}$	$\sqrt{3}EA/(2L_0)$

根据公式（3-10）可计算出各单元的单元刚度矩阵如下，

单元 1：

$$S_1=0,\ S_2=0,\ S_3=\sqrt{3}EA/(2L_0)$$

$$K^1=\begin{bmatrix} K^1_{22} & K^1_{21} \\ K^1_{12} & K^1_{11} \end{bmatrix}=\frac{\sqrt{3}EA}{2L_0}\begin{bmatrix} 0 & 0 & 0 & 0 \\ 0 & 1 & 0 & -1 \\ 0 & 0 & 0 & 0 \\ 0 & -1 & 0 & 1 \end{bmatrix}\begin{matrix}3\\4\\1\\2\end{matrix} \quad (1)$$

$$\phantom{K^1=\begin{bmatrix} K^1_{22} & K^1_{21} \\ K^1_{12} & K^1_{11} \end{bmatrix}=\frac{\sqrt{3}EA}{2L_0}}\ \ 3\ \ 4\ \ 1\ \ 2$$

单元 2：

$$S_1=EA/L_0,\ S_2=0,\ S_3=0$$

$$\overline{K}^2=\begin{bmatrix} \overline{K}^2_{22} & \overline{K}^2_{23} \\ \overline{K}^2_{32} & \overline{K}^2_{33} \end{bmatrix}=\frac{EA}{L_0}\begin{bmatrix} 1 & 0 & -1 & 0 \\ 0 & 0 & 0 & 0 \\ -1 & 0 & 1 & 0 \\ 0 & 0 & 0 & 0 \end{bmatrix}\begin{matrix}3\\4\\5\\6\end{matrix} \quad (2)$$

$$\phantom{\overline{K}^2=\begin{bmatrix} \overline{K}^2_{22} & \overline{K}^2_{23} \\ \overline{K}^2_{32} & \overline{K}^2_{33} \end{bmatrix}=\frac{EA}{L_0}}\ \ 3\ \ 4\ \ 5\ \ 6$$

因单元 2 是水平杆，结构系和单元系重合，可直接用单元系单元刚度矩阵公式（3-2）计算。

单元 3：

$$S_1 = \frac{3\sqrt{3}EA}{8L_0}, \quad S_2 = -\frac{3EA}{8L_0}, \quad S_3 = \frac{\sqrt{3}EA}{8L_0}$$

$$K^3 = \begin{bmatrix} K_{11}^3 & K_{13}^3 \\ K_{31}^3 & K_{33}^3 \end{bmatrix} = \frac{EA}{8L_0} \begin{bmatrix} 3\sqrt{3} & -3 & -3\sqrt{3} & 3 \\ -3 & \sqrt{3} & 3 & -\sqrt{3} \\ -3\sqrt{3} & 3 & 3\sqrt{3} & -3 \\ 3 & -\sqrt{3} & -3 & \sqrt{3} \end{bmatrix} \begin{matrix} 1 \\ 2 \\ 5 \\ 6 \end{matrix} \quad (3)$$

$$\qquad\qquad\qquad 1 \quad\ 2 \quad\ 5 \quad\ 6$$

由于每个结点（杆端）有 2 个自由度，即 2 个位移分量，把两杆端的自由度号合并就形成所谓单元定位向量，用它来确定每个刚度元素在整体刚度矩阵中的行和列的位置。在列出这 3 个单元刚度矩阵时，已经标出了每个刚度元素的行和列，所以只要把每个刚度元素对号入座搬动或累加到 6×6 矩阵中，就形成整体刚度矩阵。它也可以根据每个单元杆端的结点号把每个刚度子块对号入座搬动形成，将这种组装过程称为整体刚度矩阵的组集。组集好的整体刚度矩阵为

$$K = \begin{bmatrix} K_{11}^1 + K_{11}^3 & K_{12}^1 & K_{13}^3 \\ K_{21}^1 & K_{22}^1 + K_{22}^2 & K_{23}^2 \\ K_{31}^3 & K_{32}^2 & K_{33}^2 + K_{33}^3 \end{bmatrix} = \frac{EA}{L_0} \begin{bmatrix} \frac{3\sqrt{3}}{8} & -\frac{3}{8} & 0 & 0 & -\frac{3\sqrt{3}}{8} & \frac{3}{8} \\ -\frac{3}{8} & \frac{5\sqrt{3}}{8} & 0 & -\frac{\sqrt{3}}{2} & \frac{3}{8} & -\frac{\sqrt{3}}{8} \\ 0 & 0 & 1 & 0 & -1 & 0 \\ 0 & \frac{\sqrt{3}}{2} & 0 & \frac{\sqrt{3}}{2} & 0 & 0 \\ -\frac{3\sqrt{3}}{8} & \frac{3}{8} & -1 & 0 & 1+\frac{3\sqrt{3}}{8} & -\frac{3}{8} \\ \frac{3}{8} & -\frac{\sqrt{3}}{8} & 0 & 0 & -\frac{3}{8} & \frac{\sqrt{3}}{8} \end{bmatrix}$$

$$\qquad\qquad\qquad\qquad\qquad\qquad\qquad\qquad\qquad\qquad (4)$$

把这个矩阵和结点位移向量与结点力向量组合到一起，就形成整体刚度式（方程）

$$\frac{EA}{L_0} \begin{bmatrix} 3\sqrt{3}/8 & -3/8 & 0 & 0 & -3\sqrt{3}/8 & 3/8 \\ -3/8 & 5\sqrt{3}/8 & 0 & -\sqrt{3}/2 & 3/8 & -\sqrt{3}/8 \\ 0 & 0 & 1 & 0 & -1 & 0 \\ 0 & -\sqrt{3}/2 & 0 & \sqrt{3}/2 & 0 & 0 \\ -3\sqrt{3}/8 & 3/8 & -1 & 0 & 1+3\sqrt{3}/8 & -3/8 \\ 3/8 & -\sqrt{3}/8 & 0 & 0 & -3/8 & \sqrt{3}/8 \end{bmatrix} \begin{Bmatrix} u_1(=0) \\ v_1 \\ u_2(=0) \\ v_2 \\ u_3 \\ v_3(=0) \end{Bmatrix} = \begin{Bmatrix} R_{x1} \\ P_{y1} \\ R_{x2} \\ P_{y2} \\ P_{x3} \\ R_{y3} \end{Bmatrix} \quad (5)$$

右端项的结点外力向量中,已知的外力分量有3个,根据均布载荷作用合力 $W=qL$ 可以平均地分布到结点上,为

$$P_{y1}=P_{y3}=-qL/2, \quad P_{x3}=0$$

(四)整体刚度方程的改造——后处理法

到现在为止,还不能从集成的整体刚度式(5)求出结构位移向量,因为还没有对结构施加任何约束。结构整体可以在空间的任何位置移动,用数学术语说,就是对应于一组已知外力向量可以有无穷多组结点位移向量(因此整体刚度矩阵被称为奇异矩阵)。只有根据结构的实际情况引入足够约束后,结构的位移状态才能唯一地确定(这时的刚度矩阵就成为非奇异矩阵了)。好比两个人用同样大小的拉力拔河,在地面上可以有无数种相对位置,只有先把方位确定下来并且让一个人站定,另一个人把握绳端的位移才能唯一地确定。我们把这种处理叫做整体刚度方程的改造,把先形成后改造刚度方程的方法叫做后处理法。

对于例3-1,在已得到的整体刚度方程中,已知受约束的位移分量 $u_1=u_2=v_3=0$,所以相应的方程1、方程3和方程6无须求解应当剔除(注意右端的约束反力未知也不能求解,而其余3个方程中的第1、3、6列系数乘以零没有意义),这样可以划去第1、3、6行和第1、3、6列的系数(称为划行划列法),而只保留第2、4、5个方程形成有效方程组(结构刚度方程组)。

$$\frac{EA}{L}\begin{bmatrix} 5\sqrt{3}/8 & -\sqrt{3}/2 & 3/8 \\ -\sqrt{3}/2 & \sqrt{3}/2 & 0 \\ 3/8 & 0 & 1+3\sqrt{3}/8 \end{bmatrix}\begin{Bmatrix} v_1 \\ v_2 \\ u_3 \end{Bmatrix}=\begin{Bmatrix} -qL/2 \\ 0 \\ 0 \end{Bmatrix} \tag{6}$$

但是,在计算机上不可能像手算那样划行划列,在编制采用后处理法求解程序时,需要根据约束条件把整体刚度方程组的那些行和列的系数进行复杂的等价于划行划列的处理,使得奇异矩阵变为非奇异矩阵。改造后的结构刚度方程组才是真正意义上的可解方程组,一般形式为

$$K\Delta=P \tag{3-12}$$

(五)直接形成有效刚度方程的先处理法

上述从改造前的整体刚度方程组(3-11)或式(5)演变到有效方程组(3-12)或式(6)的处理过程可以解释为把未知位移分量(与已知载荷对应)的行和列经过换行换列提到前面并分块表示的方程组

$$\begin{bmatrix} K_{AA} & K_{AB} \\ K_{BA} & K_{BB} \end{bmatrix}\begin{Bmatrix} \Delta_A \\ \Delta_B^0 \end{Bmatrix}=\begin{Bmatrix} P_A^0 \\ R_B \end{Bmatrix} \tag{3-13}$$

降阶成为

$$K_{AA}\Delta_A=P_A-K_{AB}\Delta_B^0$$

式中 Δ_A 和 Δ_B^0 分别是未知和已知位移分量子块,P_A^0 和 R_B 分别是已知载荷

和未知约束反力子块，子块中上标的 0 表示已知量。有效方程组（3-12）或式（6）实际上就是方程组（3-13）降低后的算式。现在采用先处理法求解例 3-1，可以把图 3-3（2）中的结点位移分量排序中约束位移分量从结点位移向量中删去，即编号为零，如图 3-3（3）所示，这样问题的基本未知量未知位移分量从 6 减少为 3，并相应地修改各单元定位向量和列出单元刚度矩阵。

单元 1：单元定位向量（0，2，0，1）

$$K^1 = \frac{\sqrt{3}EA}{2L_0} \begin{bmatrix} 0 & 0 & 0 & 0 \\ 0 & 1 & 0 & -1 \\ 0 & 0 & 0 & 0 \\ 0 & -1 & 0 & 1 \end{bmatrix} \begin{matrix} 0 \\ 2 \\ 0 \\ 1 \end{matrix}$$
$$\quad\quad 0 \ 2 \ 0 \ 1$$

单元 2：单元定位向量（0，2，3，0）

$$\overline{K}^2 = \frac{EA}{L_0} \begin{bmatrix} 1 & 0 & -1 & 0 \\ 0 & 0 & 0 & 0 \\ -1 & 0 & 1 & 0 \\ 0 & 0 & 0 & 0 \end{bmatrix} \begin{matrix} 0 \\ 2 \\ 3 \\ 0 \end{matrix}$$
$$\quad\quad 0 \ 2 \ 3 \ 0$$

单元 3：单元定位向量（0，1，3，0）

$$K^3 = \frac{EA}{8L_0} \begin{bmatrix} 3\sqrt{3} & -3 & -3\sqrt{3} & 3 \\ -3 & \sqrt{3} & 3 & -\sqrt{3} \\ -3\sqrt{3} & 3 & 3\sqrt{3} & -3 \\ 3 & -\sqrt{3} & -3 & \sqrt{3} \end{bmatrix} \begin{matrix} 0 \\ 1 \\ 3 \\ 0 \end{matrix}$$
$$\quad\quad 0 \ 1 \ 3 \ 0$$

把各单元刚度矩阵中相应于单元定位向量中非零的行和列的元素累加到相应 3 阶矩阵的行和列，就形成了有效方程组式（6）。

（六）**方程组求解**

对于未知位移分量多的方程组，可采用适当的线性代数方程组解法在计算机上求解出结构位移向量。对于简单的方程可以先求逆，然后得到结构位移：

$$\Delta = K^{-1}P$$

或者可以按矩阵乘法展开成为方程组：

$$\frac{5\sqrt{3}}{8}v_1 - \frac{\sqrt{3}}{2}v_2 + \frac{3}{8}u_3 = -\frac{qL^2}{2EA}$$

$$-\frac{\sqrt{3}}{2}v_1 + \frac{\sqrt{3}}{2}v_2 = 0$$

$$\frac{3}{8}v_1 + \left(1 + \frac{3\sqrt{3}}{8}\right)u_3 = 0$$

然后按照多元一次方程组解法求出：

第三章 温室主体结构强度设计计算

$$v_1 = v_2 = -\left(\frac{3}{2} + \frac{4\sqrt{3}}{3}\right)\frac{qL^2}{EA}$$

$$u_3 = \frac{\sqrt{3}}{2}\frac{qL^2}{EA}$$

得到结构位移向量为:

$$\Delta = [u_1 \quad v_1 \quad u_2 \quad v_2 \quad u_3 \quad v_3]^T$$

$$= \left[0 \quad -\left(\frac{3}{2} + \frac{4\sqrt{3}}{3}\right)\frac{qL^2}{EA} \quad 0 \quad -\left(\frac{3}{2} + \frac{4\sqrt{3}}{3}\right)\frac{qL^2}{EA} \quad \frac{\sqrt{3}}{2}\frac{qL^2}{EA} \quad 0\right]^T$$

(七) 内力和反力的计算

求解后按照简支梁求弯曲应力,求得结点位移向量:

$$\Delta = [\delta_1 \quad \delta_2 \quad \delta_3 \quad \delta_4 \quad \cdots \quad \cdots \quad \delta_{n-1} \quad \delta_n]^T$$

根据结点号和自由度(位移分量)编号的关系

$$\Delta_k = \begin{Bmatrix} u_k \\ v_k \end{Bmatrix} = \begin{Bmatrix} \delta_{2k-1} \\ \delta_{2k} \end{Bmatrix}$$

得到每个单元的杆端位移向量

$$\Delta^e = \begin{Bmatrix} \Delta_i^e \\ \Delta_j^e \end{Bmatrix} = \begin{Bmatrix} u_i^e \\ v_i^e \\ u_j^e \\ v_j^e \end{Bmatrix} = \begin{Bmatrix} \delta_{2i-1} \\ \delta_{2i} \\ \delta_{2j-1} \\ \delta_{2j} \end{Bmatrix}$$

利用结构系单元刚度式 $F^e = K^e \Delta^e$ 可得杆端力向量,再经坐标变换可得单元系下杆端力向量

$$\overline{F}^e = TF^e = TK^e\Delta^e \tag{3-14}$$

对于平面桁架,杆端轴力 $F_N = \overline{X}_j^e$,做矩阵乘法可得

$$F_N = \overline{X}_j^e = \frac{EA}{L}[(u_j^e - u_i^e)\cos\alpha + (v_j^e - v_i^e)\sin\alpha] \tag{3-15}$$

现在继续求解例 3-1 的内力如下:

单元 1:

$$\alpha = 90°, \quad \sin\alpha = 1, \quad \cos\alpha = 0$$

$$F_{N1} = \frac{\sqrt{3}EA}{2L_0}[(u_1 - u_2)\cos\alpha + (v_1 - v_2)\sin\alpha]$$

$$= \frac{\sqrt{3}EA}{2L_0}\left\{0 + \left[-\left(\frac{3}{2} + \frac{4\sqrt{3}}{3}\right) + \left(\frac{3}{2} + \frac{4\sqrt{3}}{3}\right)\right]\frac{qL_0^2}{EA} \times 1.0\right\} = 0$$

单元 2:

$$\alpha = 0, \quad \sin\alpha = 0, \quad \cos\alpha = 1$$

$$F_{N2} = \frac{EA}{L_0}[(u_3 - u_2)\cos\alpha + (v_3 - v_2)\sin\alpha]$$

$$= \frac{EA}{L_0}\left[\left(\frac{\sqrt{3}}{2}\frac{qL_0^2}{EA} - 0\right) \times 1.0 + 0\right] = \frac{\sqrt{3}}{2}qL_0$$

单元3：

$$\alpha = -30°, \ \sin\alpha = -\frac{1}{2}, \ \cos\alpha = \frac{\sqrt{3}}{2}$$

$$F_{N3} = \frac{EA}{L}[(u_3-u_1)\cos\alpha + (v_3-v_1)\sin\alpha]$$

$$= \frac{\sqrt{3}EA}{2L_0}\left\{\left(\frac{\sqrt{3}}{2}\frac{qL^2}{EA}-0\right)\times\frac{\sqrt{3}}{2} + \left[0+\left(\frac{3}{2}+\frac{4\sqrt{3}}{3}\right)\frac{qL_0^2}{EA}\right]\times\left(-\frac{1}{2}\right)\right\}$$

$$= \frac{\sqrt{3}}{2}\times\frac{2\sqrt{3}}{3}qL_0 = qL_0$$

所得解答与材料力学相同。

求出内力以后，求反力并不困难。对于单根杆被约束的情况，反力就是该单元约束端的杆端力。对于多杆约束在一点的情况，可以从各单元在约束端的杆端力，根据力的平衡条件得到。

三、在计算机上进行有限元法计算

目前，国内外流行许多商业化的大型有限元软件系统，有 ANSYS、NASTRAN 和 ABACUS 等。这些软件功能强大，涵盖的物理力学模型众多，应用领域十分广泛。但对于最简单的杆系有限元的静强度计算，并没有特别的优势，更不便于针对专业性领域进行功能扩充。本章根据温室等轻型钢结构强度计算的需要，参考有关文献编写了杆系有限元程序系统 FTAC（Frame-Truss Analysis Code，刚架桁架分析程序），最近又在强大的 Visual Basic 环境下进行了全面系统的改造。本章将采用程序中的相应模块进行计算。

（一）FTAC 程序的使用方法

杆系有限元程序系统 FTAC 包括平面结构分析程序 FTAC-2D 和空间结构分析程序 FTAC-3D 两个部分，其中 FTAC-2D 包括平面桁架 TAC-2D 和混合结构 FAC-2D 两个模块。本节结合平面桁架模块 TAC-2D 的使用，介绍其在计算机上实现有限元法计算的一般方法和步骤。

首先，需要准备数据文件。数据文件包括用户提供给计算机的待求解问题的全部信息，它必须准确无误地被计算机读取，才能得到正确结果。所以，在编辑数据文件时，必须严格按照所用程序的要求填写，既要保证每个数据正确，也要确保填写格式的正确，多一个逗号或少一个空格都会导致计算失败。

运行程序时，首先要求给定数据文件和计算结果文件的文件名，建议同一个算题采用同一个文件主名，用扩展名来区分是数据文件还是结果文件，例如桁架数据文件用"T2＊.da1"或"T2＊.dat"，结果文件用"T2＊.da2"或"T2＊.res"，这里"＊"是缺省的可用字符。由于在程序中采取读入每条数据立即输出到结果文件的方法,当程序出错时,可以立即打开结果文件核对找出数据文件中的出错数据,然后修改数据文件重新计算。

在程序运行过程中,显示器屏幕上会及时提示用户给出当前计算指令,并反馈当前算题进展和结构的网格剖分或变形(位移)以及内力等图形信息,计算出的具体位移和内力数值都写在结果文件中。

(二)平面桁架程序 TAC-2D 的数据文件填写规则

1. 说明性信息内容

如计算对象名称、算题人姓名等,限一行。

以下数据必须不留空行和空格填写,数据之间由英文逗号隔开。除控制参数外,每类数据都有一条由 4 个规定字符(全大写或全小写)组成的宏指令打头,独占一行。然后逐行按规矩填写数据。

2. 控制参数

NJ, NE, NM, NS, NPJ, NPF

标符意义和填写说明:NJ——结点总数;NE——单元总数;NM——材料组数(截面刚度 E 和 A 全相同的才算一组);NS——支座结点数(按支座结点计数);NPJ——荷载和给定位移分量数(按荷载分量计数);NPF——非结点荷载数,暂填零。

3. 结点坐标

COOR

$k, x(k), y(k)$ ($k=1, NJ$)

k 为结点号;$x(k)$、$y(k)$ 分别是结点 k 的 x 坐标和 y 坐标。

4. 单元信息

ELEM

$ie, mat(ie), je(1, ie), je(2, ie)$ ($ie=1, NE$)

依次为:单元号,单元的材料组号,单元的杆端 i 和 j 的结点号。

5. 材料数组

MATE

$im, ama(1, im), ama(2, im), ama(3, im)$ ($im=1, NM$)

依次为:材料组号,杨氏模量 E,横截面积 A,截面惯性矩 I(此参数用于稳定性检查)。

6. 约束信息

约束信息为 js (4, NS)。

FFIX

$js(1, i), js(2, i), js(3, i)$ ($i=1, NS$)

依次为:约束结点号,u 方向的约束信息,v 方向的约束信息。

约束信息的规定是：被约束赋值为 1 或 −1；自由或给定位移赋值为 0。支座方位信息包含在约束信息之中，当支杆固定面法向同坐标轴正向时取正号，反之取负。

7. 结点荷载或给定位移信息
JFOR
$PJ(1,j), PJ(2,j), PJ(3,j)$ 　　 $(j=1, NPJ)$

给定荷载为：结点号，方向码，荷载值；给定位移为：结点号，负方向码，位移值。

方向码的规定是：1——x 向；2——y 向；荷载值为 P_x 或 P_y，位移值为 u 或 v 值。

8. 数据结束宏指令
DEND

（三）一般计算过程和结果分析

1. 示例

[**例 3-2**] 图 3-4 所示是一个单跨温室按平面桁架简化的简图，在结点 1、2、3 处分别作用水平载荷 5kN、10kN 和 2.5kN，各杆的横截面面积均为 3.732cm²，截面惯性矩 $I=28.26$cm⁴，杨氏模量 $E=2$e11N/m²，利用程序在计算机上求解。

2. 填写数据

根据程序对数据文件的填写规则，填写的数据文件如下：
Mr Li Shuwei Plane Truss
6,6,1,3,4,0
coor
1,2.0,5.0
2,0.0,3.5
3,4.0,3.5
4,−2.0,0.0
5,0.0,0.0
6,4.0,0.0
elem
1,1,2,1
2,1,1,3
3,1,2,3
4,1,4,2
5,1,5,2

```
6,1,6,3
mate
1,2.06e11,3.732e-4,28.26e-8
ffix
4,1,1
5,1,1
6,1,1
jfor
2,1,10000.0
1,1,5000.0
3,1,2500.0
3,2,2500.0
dend
```

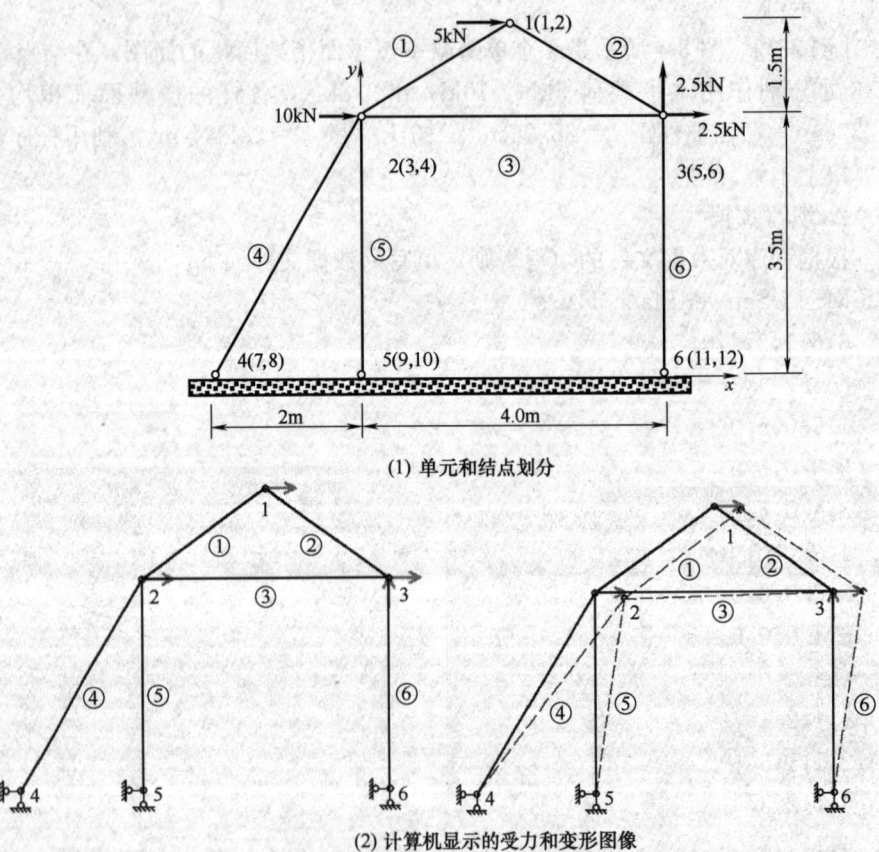

(1) 单元和结点划分

(2) 计算机显示的受力和变形图像

图 3-4 按平面桁架计算单跨温室

3. 打印结果

计算机打印出的结果文件如下：

Finite Element Program for Plane Truss TAC-2D
Mr Li Shuwei Plane Truss
DATE： 2009-2-2 TIME： 下午 03：45：50

(1) 结点数 $NJ=6$，单元数 $NE=6$，材料组数 $NM=1$，约束结点数 $NS=3$，结点荷载分量数 $NPJ=4$，非结点荷载数 $NPF=0$

(2) 结点坐标 coor

结点 Node	x	y
1	2.000	5.000
2	0.000	3.500
3	4.000	3.500
4	−2.000	0.000
5	0.000	0.000
6	4.000	0.000

(3) 单元信息 elem

单元 Elem	材料号	端点-i	端点-j
1	1	2	1
2	1	1	3
3	1	2	3
4	1	4	2
5	1	5	2
6	1	6	3

(4) 材料和截面信息 mate

材料号	杨氏模量 E	截面积 A	惯性矩 $I\min$
1	2.06e+11	3.73e−04	2.826e−07

(5) 自由度约束信息 ffix

结点号	u 信息	v 信息
4	1	1
5	1	1
6	1	1

(6) 结点荷载 PJ (1, j), jfor

结点	方向代码	荷载或给定位移值
2	1	10000.00000
1	1	5000.00000
3	1	2500.00000
3	2	2500.00000

(7) 结点位移

结点	u	v
1	57.7390e-04	−81.3641e-05
2	60.1829e-04	−13.0887e-04
3	62.7844e-04	28.4537e-06
4	00.0000e+00	00.0000e+00
5	00.0000e+00	00.0000e+00
6	00.0000e+00	00.0000e+00

(8) 轴力和应力

单元	轴力 F_N	应力	稳定临界应力	长细比
1	3.1250e+03	8.3735e+06		
2	−31.2499e+02	−83.7351e+05	24.6330e+07	90.8500e+00
3	5.0000e+03	1.3398e+07		
4	3.5272e+04	9.4513e+07		
5	−28.7500e+03	−77.0364e+06	12.5679e+07	12.7190e+01
6	6.2500e+02	1.6747e+06		

(9) 支座反力

结点	水平 R_x	铅垂 R_y
4	−17.5000e+03	−30.6250e+03
5	00.0000e+00	28.7500e+03
6	00.0000e+00	−62.4999e+01

4. 计算结果分析

本例实际上是静定问题，读者完全可以用材料力学得到相同解答。从结果来看，应力较大的杆有：杆 4 为 94.51MPa（拉应力），杆 5 为 −77.04MPa（压应力），所以能满足强度要求。

但是杆 5 是压应力，还需要考虑压杆的稳定性问题。根据 $\lambda = \mu l/i$（其中 $i = \sqrt{I/A}$），计算得出 $\lambda = 127.2$，为大柔度杆。按照两端铰支压杆的欧拉公式

$$\sigma_{cr} = \frac{\pi^2 E}{\lambda^2}$$

求出 $\sigma_{cr} = 125.68$MPa，稳定安全系数为 $n_w = 125.68/77.04 = 1.63$，满足一般的稳定性要求。

四、小结

由以上计算可知，杆系有限元法比材料力学的力法求解要烦琐，但其优点

是无须区分静定还是静不定问题,计算程式标准规范,特别适合在计算机上计算杆数很多的情况,因为有限元法解算的自由度数几乎是没有限制的。

杆系有限元法的优点还表现在不同力学模型的普遍适用性。例如空间桁架问题的计算公式与平面桁架除结点自由度由 2 变成 3（考虑第 3 方向的位移和力的分量）之外,几乎是完全相同的。所以在学习完平面桁架以后,读者完全可以举一反三地利用计算机软件分析空间桁架问题（限于篇幅,空间桁架的内容本书略去）。同理,在后面将集中分析平面刚架及平面混合结构,对于空间刚架和空间混合结构将只介绍其与平面结构的不同点,而略去其共性的部分。

第三节 平面刚架和平面混合结构

平面刚架的单元是梁元。杆除了受到轴力拉压变形外,主要考虑剪力引起的弯矩发生的弯曲变形。基本量包括结点或杆端的 2 个线位移和 1 个角位移,结点自由度为 3。受载需考虑非结点的杆间荷载。由于混合结构的结点处联结方式的复杂性和计算量的增加,采用先处理法。

一、平面刚架单元分析

平面刚架单元分析如图 3-5 所示。

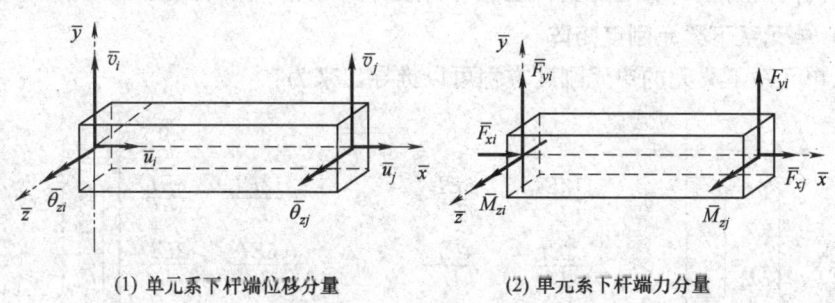

(1) 单元系下杆端位移分量　　　(2) 单元系下杆端力分量

图 3-5　单元系下的平面刚架梁元

（一）坐标系和单元杆端变量

首先,建立整体坐标系即结构系 x-y-z 和各单元的局部坐标系 $\bar{x}$-$\bar{y}$-$\bar{z}$,称单元坐标系或单元系,它们都服从右手系。结构系取水平轴为 x 轴,立轴为 y 轴,z 轴取力矩和转角的矢量方向。x-y 平面为各杆件共同的主惯性平面,外力作用在 x-y 平面内。单元系的 $\bar{x}$ 轴为梁元轴线,从始端 i 指向末端 j,$\bar{y}$ 轴为剪力和挠度方向，$\bar{y}$-$\bar{z}$ 轴平行于梁元主惯性轴，单元系 $\bar{z}$ 轴和结构系 z 轴平行。

在单元系下，基本未知量是杆端位移，其向量形式是

$$\bar{\Delta}^e = [\bar{\Delta}_i^e \mid \bar{\Delta}_j^e]^T = [\bar{u}_i^e \quad \bar{v}_i^e \quad \bar{\theta}_{zi}^e \mid \bar{u}_j^e \quad \bar{v}_j^e \quad \bar{\theta}_{zj}^e]^T \tag{3-16}$$

与杆端位移向量相对应的是杆端力（内力）向量

$$\bar{F}^e = [\bar{F}_i^e \mid \bar{F}_j^e]^T = [\bar{F}_{xi}^e \quad \bar{F}_{yi}^e \quad \bar{M}_{zi}^e \mid \bar{F}_{xj}^e \quad \bar{F}_{yj}^e \quad \bar{M}_{zj}^e]^T \tag{3-17}$$

杆端位移和杆端力取在截面形心上，无论始端还是末端，杆端的位移和力的符号一律以与单元系坐标轴正向同向为正，反之为负，转角 $\bar{\theta}_z$ 和力矩 $\bar{M}_z$ 以矢量方向指向 $\bar{z}$ 轴正向（离开纸面）为正，反之为负，如图 3-5 所示。这意味着计算出的杆端力在数值上就是轴力、剪力和弯矩，但需要按照材料力学的符号规定重新判定这些内力分量的符号和计算应力。

在结构系下，基本未知量是结构坐标系下的杆端位移向量

$$\Delta^e = [\Delta_i^e \mid \Delta_j^e]^T = [u_i^e \quad v_i^e \quad \theta_{zi}^e \mid u_j^e \quad v_j^e \quad \theta_{zj}^e]^T \tag{3-18}$$

与杆端位移向量相对应的是杆端力向量

$$F^e = [F_i^e \mid F_j^e]^T = [F_{xi}^e \quad F_{yi}^e \quad M_{zi}^e \mid F_{xj}^e \quad F_{yj}^e \quad M_{zj}^e]^T \tag{3-19}$$

结构系单元杆端位移和杆端力仍定义在截面形心上，符号以与结构系坐标轴正向同向为正，反之为负。正值的转角 θ_z 和力矩 M_z 按右手系指向 z 轴正向。

（二）单元系下梁元刚度矩阵

单元系下梁元的单元刚度方程可以推导出来为：

$$\begin{Bmatrix} \bar{F}_{xi}^e \\ \bar{F}_{yi}^e \\ \bar{M}_{zi}^e \\ \bar{F}_{xj}^e \\ \bar{F}_{yj}^e \\ \bar{M}_{zj}^e \end{Bmatrix} = \begin{bmatrix} \frac{EA}{L} & 0 & 0 & -\frac{EA}{L} & 0 & 0 \\ 0 & \frac{12EI_z}{L^3} & \frac{6EI_z}{L^2} & 0 & -\frac{12EI_z}{L^3} & \frac{6EI_z}{L^2} \\ 0 & \frac{6EI_z}{L^2} & \frac{4EI_z}{L} & 0 & -\frac{6EI_z}{L^2} & \frac{2EI_z}{L} \\ -\frac{EA}{L} & 0 & 0 & \frac{EA}{L} & 0 & 0 \\ 0 & -\frac{12EI_z}{L^3} & -\frac{6EI_z}{L^2} & 0 & \frac{12EI_z}{L^3} & -\frac{6EI_z}{L^2} \\ 0 & \frac{6EI_z}{L^2} & \frac{2EI_z}{L} & 0 & -\frac{6EI_z}{L^2} & \frac{4EI_z}{L} \end{bmatrix} \begin{Bmatrix} \bar{u}_i^e \\ \bar{v}_i^e \\ \bar{\theta}_{zi}^e \\ \bar{u}_j^e \\ \bar{v}_j^e \\ \bar{\theta}_{zj}^e \end{Bmatrix} \tag{3-20}$$

即

$$\bar{F}^e = \bar{K}^e \bar{\Delta}^e$$

其中 $\bar{K}^e$ 是单元系下的单元刚度矩阵

$$\overline{K}^e = \begin{bmatrix} \dfrac{EA}{L} & 0 & 0 & -\dfrac{EA}{L} & 0 & 0 \\ 0 & \dfrac{12EI_z}{L^3} & \dfrac{6EI_z}{L^2} & 0 & -\dfrac{12EI_z}{L^3} & \dfrac{6EI_z}{L^2} \\ 0 & \dfrac{6EI_z}{L^2} & \dfrac{4EI_z}{L} & 0 & -\dfrac{6EI_z}{L^2} & \dfrac{2EI_z}{L} \\ -\dfrac{EA}{L} & 0 & 0 & \dfrac{EA}{L} & 0 & 0 \\ 0 & -\dfrac{12EI_z}{L^3} & -\dfrac{6EI_z}{L^2} & 0 & \dfrac{12EI_z}{L^3} & -\dfrac{6EI_z}{L^2} \\ 0 & \dfrac{6EI_z}{L^2} & \dfrac{2EI_z}{L} & 0 & -\dfrac{6EI_z}{L^2} & \dfrac{4EI_z}{L} \end{bmatrix} \tag{3-21}$$

梁元的单元刚度矩阵与桁元一样是对称和奇异矩阵。

（三）平面刚架的坐标变换矩阵

梁元在单元系下的杆端位移或杆端力向量转换到结构系下表达，或者结构系下的杆端位移或杆端力向量转换到在单元系下度量，都用到坐标变换矩阵。设由结构系 $x\text{-}y$ 反时针旋转 α 角后与单元系 $\overline{x}\text{-}\overline{y}$ 相重合，因 z 轴和 $\overline{z}$ 轴是平行或重合的，变换前后角位移和力矩的大小不变，故可由平面桁架单元的坐标变换矩阵直接得到平面刚架的坐标变换矩阵

$$T = \begin{bmatrix} R_\alpha & 0 \\ 0 & R_\alpha \end{bmatrix} = \begin{bmatrix} \cos\alpha & \sin\alpha & 0 & 0 & 0 & 0 \\ -\sin\alpha & \cos\alpha & 0 & 0 & 0 & 0 \\ 0 & 0 & 1 & 0 & 0 & 0 \\ 0 & 0 & 0 & \cos\alpha & \sin\alpha & 0 \\ 0 & 0 & 0 & -\sin\alpha & \cos\alpha & 0 \\ 0 & 0 & 0 & 0 & 0 & 1 \end{bmatrix} \tag{3-22}$$

其中 R_α 是坐标变换矩阵对 i 端或 j 端坐标变换的矩阵子块，即：

$$R_\alpha = \begin{bmatrix} \cos\alpha & \sin\alpha & 0 \\ -\sin\alpha & \cos\alpha & 0 \\ 0 & 0 & 1 \end{bmatrix}$$

以杆端位移向量为例，有：

$$\begin{Bmatrix} \overline{u}_i^e \\ \overline{v}_i^e \\ \overline{\theta}_{zi}^e \\ \overline{u}_j^e \\ \overline{v}_j^e \\ \overline{\theta}_{zj}^e \end{Bmatrix} = \begin{bmatrix} \cos\alpha & \sin\alpha & 0 & 0 & 0 & 0 \\ -\sin\alpha & \cos\alpha & 0 & 0 & 0 & 0 \\ 0 & 0 & 1 & 0 & 0 & 0 \\ 0 & 0 & 0 & \cos\alpha & \sin\alpha & 0 \\ 0 & 0 & 0 & -\sin\alpha & \cos\alpha & 0 \\ 0 & 0 & 0 & 0 & 0 & 1 \end{bmatrix} \begin{Bmatrix} u_i^e \\ v_i^e \\ \theta_{zi}^e \\ u_j^e \\ v_j^e \\ \theta_{zj}^e \end{Bmatrix} \tag{3-23}$$

$$\overline{\Delta}^e = T\Delta^e$$

反之，单元系变量向结构系转换需左乘它的逆阵，如对位移向量有

$$\begin{Bmatrix} u_i^e \\ v_i^e \\ \theta_{zi}^e \\ u_j^e \\ v_j^e \\ \theta_{zj}^e \end{Bmatrix} = \begin{bmatrix} \cos\alpha & -\sin\alpha & 0 & 0 & 0 & 0 \\ \sin\alpha & \cos\alpha & 0 & 0 & 0 & 0 \\ 0 & 0 & 1 & 0 & 0 & 0 \\ 0 & 0 & 0 & \cos\alpha & -\sin\alpha & 0 \\ 0 & 0 & 0 & \sin\alpha & \cos\alpha & 0 \\ 0 & 0 & 0 & 0 & 0 & 1 \end{bmatrix} \begin{Bmatrix} \bar{u}_i^e \\ \bar{v}_i^e \\ \bar{\theta}_{zi}^e \\ \bar{u}_j^e \\ \bar{v}_j^e \\ \bar{\theta}_{zj}^e \end{Bmatrix}$$ (3-24)

$$\Delta^e = T^T \bar{\Delta}^e$$

显然杆端位移向量换成杆端力向量同样成立，简写为

$$\bar{F}^e = TF^e$$ (3-25)

（四）结构坐标系下的单元刚度矩阵

和平面桁架一样，在结构系下对平面刚架有刚度方程

$$F^e = K^e \Delta^e$$

其中

$$K^e = T^T \bar{K}^e T$$

结构系单元刚度的各个系数可由矩阵乘法求得为

$$K^e = \begin{bmatrix} S_1 & S_2 & -S_3 & -S_1 & -S_2 & -S_3 \\ & S_4 & S_5 & -S_2 & -S_4 & S_5 \\ & & 2S_6 & S_3 & -S_5 & S_6 \\ & & & S_1 & S_2 & S_3 \\ & 对称 & & & S_4 & -S_5 \\ & & & & & 2S_6 \end{bmatrix}$$ (3-26)

式中

$$S_1 = \frac{EA}{L}\cos^2\alpha + \frac{12EI_z}{L^3}\sin^2\alpha, \quad S_2 = \left(\frac{EA}{L} - \frac{12EI_z}{L^3}\right)\sin\alpha\cos\alpha, \quad S_3 = \frac{6EI_z}{L^2}\sin\alpha$$

$$S_4 = \frac{EA}{L}\sin^2\alpha + \frac{12EI_z}{L^3}\cos^2\alpha, \quad S_5 = \frac{6EI_z}{L^2}\cos\alpha, \quad S_6 = \frac{2EI_z}{L}$$

二、结构综合分析

（一）用先处理法组集结构刚度方程

1. 主-从结点和主-从自由度

要直接得到平面刚架或混合结构的有效刚度方程，就需要根据先处理法事先剔除非独立的位移分量的自由度，使得刚度方程可解，其必要条件是：刚度矩阵是非奇异矩阵，全部结点位移向量分量都是未知的，全部结点外力向量分量都是已知的。

要满足这些条件，必须把受约束结点的已知位移分量所对应的自由度排除在方程的独立未知量-结点位移向量之外；对于混合结构，除了排除约束位移

分量之外，还需要考虑梁元-桁元之间、梁元-梁元之间铰接结点处的自由度耦合问题。现结合图 3-6 所示平面混合结构进行讨论，其目的是正确确定该结构的结点编号和单元定位向量，如表 3-2 所示。

如果梁元-桁元杆端之间是铰接结点，一个梁元结

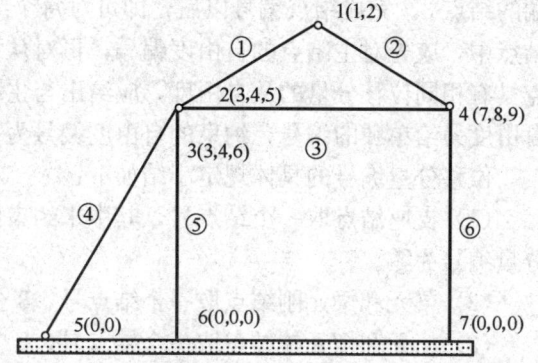

图 3-6　用先处理法分析简化的单跨温室的平面模型

表 3-2　　　　　　　单跨温室模型的结点和单元定位向量

单元	杆类别	始端	终端	单元定位向量
①	桁元	2	1	3,4,　1,2
②	桁元	1	4	1,2,　7,8
③	梁元	2	4	3,4,5,7,8,9
④	桁元	5	2	0,0,　3,4
⑤	梁元	6	3	0,0,0,3,4,6
⑥	梁元	7	4	0,0,0,7,8,9

点的 3 个自由度（u，v，θ）的前 2 个已经足够描述桁元杆端的位移。如果是两个梁元杆端之间存在铰结点，那么除了铰结的各梁元杆端具有相同的 u、v 之外，还会有各自的角位移 θ，它们也是独立的未知量，这就出现同一个结点位置上独立自由度多于 3 的情况，就要相应地定义主-从结点。主结点首先安排 3 个自由度，对从结点需要确定哪些自由度是独立的自由度，哪些自由度是"服从"主结点的所谓"从自由度"（耦合自由度），然后按照结点号次序对自由度依次编号。对每个单元建立两杆端位移分量与自由度编号的联系，用单元定位向量表示，使得采用后处理法时需要删去的刚度元素不进入刚度矩阵。

2. 混合结构的自由度编号方法

现结合图 3-6 的平面单跨温室结构讨论混合结构的自由度编号方法。

这里杆元①、②、④是桁元，两杆端各需要 2 个自由度。杆元③、⑤、⑥是梁元，两杆端各需要 3 个自由度。固定支座结点 5、6、7 位移已知为零，不需要计算，自由度编号为 0，其余自由结点都需要自由度编号。梁元③和⑥两杆之间刚结，二者在结点处具有相同的线位移和角位移，所以只要 1 个结点编号（3 个位移分量 u、v、θ）；而梁元③和梁元⑤之间以铰连接，它们在铰结点处具有相同的线位移和不同的角位移，需要 4 个位移分量来描述。方法是设 2 个结点，主结点可设单元③靠近铰一端的结点 2，从结点则是单元⑤靠近铰一

端的结点 3。完成结点编号以后，即可对每个结点的自由度进行编号。在主从结点中，应先对主结点的自由度编号，再对从结点的自由度作出编号。与主结点具有相同位移分量的从自由度，应给出与主结点相同的自由度编号；独立的自由度另给单独的编号；约束的自由度编号为零，如图 3-6 所示。

位移分量编号的具体规定小结如下：

(1) 支座结点取一个结点号，其中未约束的位移分量要编号，约束的位移分量编号为零。

(2) 梁元和梁元刚结点取一个结点号，3 个位移分量，写做 (u, v, θ)。

(3) 桁元和桁元铰结点取一个结点号，2 个位移分量，写做 (u, v)。

(4) 梁元和梁元的铰结点分为以下情况：

a. 多个梁元铰结于一点，每个梁元的铰结端设一个结点号，其中一个结点选为主结点，其他为从结点。各杆端具有相同的线位移分量 u、v，给出与主结点相同的自由度编号，而各自有不同的转角，给出独立的自由度编号。

b. 一梁元铰结于其他梁元的刚结点上，刚结点设为主结点，铰结的梁元杆端设为从结点。从结点上与主结点相同的线位移给出相同的自由度编号，与主结点不同的角位移应给出独立的自由度编号。

(5) 桁元铰结于刚结点处，不设从结点。桁元杆端取与刚结点相同的线位移分量 u 和 v 的编号。

(6) 刚结和铰结之外的其他自由度耦合情形，参照上述原则具体处理。

3. 先处理法组集和求解有效刚度方程的步骤

(1) 参照上述原则对结构的未知独立位移分量编号。

(2) 根据编号，列出每个单元两端自由度在整体编号中位置的单元定位向量。

(3) 生成各个单元的刚度矩阵，依据单元定位向量对矩阵的行和列进行自由度编号。

(4) 根据单元刚度元素的行列定位编号，把每个元素向有效刚度矩阵组集。行定位号决定该元素在刚度矩阵中的行，列定位号决定该元素在刚度矩阵中的列。零编号的行列元素不进入刚度矩阵。

4. 示例

通过以下例题说明组集有效刚度矩阵的方法。

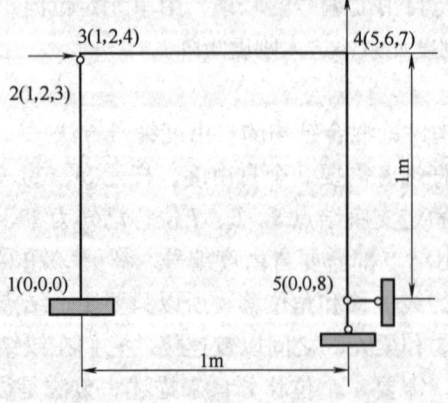

图 3-7 门形结构几何和网格剖分

[**例 3-3**] 求图 3-7 所示门形结

构的结构刚度矩阵。

已知：单元①：$EA=5.0\times 10^6$ kN，$EI=2.5\times 10^6$ kN·m²；单元②：$EA=4.0\times 10^6$ kN，$EI=2.0\times 10^6$ kN·m²；单元③：$EA=1.0\times 10^6$ kN，$EI=1.0\times 10^6$ kN·m²。

解：(1) 首先在图上列出各结点的独立自由度，如表3-3所示。

表3-3　　　　　　　　　各结点的独立自由度

单元	I	J	单元定位向量	L/m	α	sin α	cos α	EA/km	EI_z/(kN·m²)
①	3	4	(1,2,4,5,6,7)	1	0	0	1	5.0×10⁶	2.5×10⁶
②	1	2	(0,0,0,1,2,3)	1	90°	1	0	4.0×10⁶	2.0×10⁶
③	5	4	(0,0,8,5,6,7)	1	90°	1	0	1.0×10⁶	1.0×10⁶

(2) 根据公式可求得各单元的结构系刚度矩阵如下：

$$K^1 = \begin{bmatrix} 50 & 0 & 0 & -50 & 0 & 0 \\ 0 & 30 & 15 & 0 & -30 & 15 \\ 0 & 15 & 10 & 0 & -15 & 5 \\ -50 & 0 & 0 & 50 & 0 & 0 \\ 0 & -30 & -15 & 0 & 30 & -15 \\ 0 & 15 & 5 & 0 & -15 & 10 \end{bmatrix} \times 10^5 \begin{matrix} 1 \\ 2 \\ 4 \\ 5 \\ 6 \\ 7 \end{matrix}$$
$$\quad\quad\quad 1\quad 2\quad 4\quad 5\quad 6\quad 7$$

$$K^2 = \begin{bmatrix} 24 & 0 & -12 & -24 & 0 & -12 \\ 0 & 40 & 0 & 0 & -40 & 0 \\ -12 & 0 & 8 & 12 & 0 & 4 \\ -24 & 0 & 12 & 24 & 0 & 12 \\ 0 & -40 & 0 & 0 & 40 & 0 \\ -12 & 0 & 4 & 12 & 0 & 8 \end{bmatrix} \times 10^5 \begin{matrix} 0 \\ 0 \\ 0 \\ 1 \\ 2 \\ 3 \end{matrix}$$
$$\quad\quad\quad 0\quad 0\quad 0\quad 1\quad 2\quad 3$$

$$K^3 = \begin{bmatrix} 18 & 0 & -9 & -18 & 0 & -9 \\ 0 & 30 & 0 & 0 & -30 & 0 \\ -9 & 0 & 6 & 9 & 0 & 3 \\ -18 & 0 & 9 & 18 & 0 & 9 \\ 0 & -30 & 0 & 0 & 30 & 0 \\ -9 & 0 & 3 & 9 & 0 & 6 \end{bmatrix} \times 10^5 \begin{matrix} 0 \\ 0 \\ 8 \\ 5 \\ 6 \\ 7 \end{matrix}$$
$$\quad\quad\quad 0\quad 0\quad 8\quad 5\quad 6\quad 7$$

(3) 根据"对自由度号入座，元素搬家"的方法可组集成结构刚度矩阵，如下：

$$K = \begin{bmatrix} 74 & 0 & 12 & 0 & -50 & 0 & 0 & 0 \\ 0 & 70 & 0 & 15 & 0 & -30 & 15 & 0 \\ 12 & 0 & 8 & 0 & 0 & 0 & 0 & 0 \\ 0 & 15 & 0 & 10 & 0 & 15 & 5 & 0 \\ -50 & 0 & 0 & 0 & 68 & 0 & 9 & 9 \\ 0 & -30 & 0 & 15 & 0 & 60 & -15 & 0 \\ 0 & 15 & 0 & 5 & 9 & -15 & 16 & 3 \\ 0 & 0 & 0 & 0 & 9 & 0 & 3 & 6 \end{bmatrix} \times 10^5$$

（二）外力向量的组集和刚度方程求解

荷载是结构受力外部因素，如风荷载和自重等。无论是平面或空间的桁架、刚架或混合结构，除受结点上作用的荷载外，通常还受非结点荷载作用，如图 3-8 所示。因此，非结点荷载的处理就显得十分重要。这里集中介绍非结点荷载转化为结点荷载的方法。

1. 固端反力

假定把梁元的两端固定，在杆间荷载作用下，固定的两端产生的反力称为固端反力。不同荷载类型下的固端反力（包括限定位移），可以从结构力学教科书中的载常数表查到，表 3-4 列出了两种最常见固端反力。

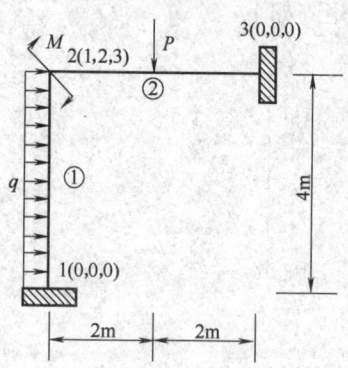

图 3-8 刚架结构受载荷作用下的单元内力

表 3-4　　　　　　　　平面刚架单元最常见固端反力

固端梁荷载简图	i 端固端反力	j 端固端反力
均布荷载 q，长度 L	$\overline{F}^e_{Fxi}=0$ $\overline{F}^e_{Fyi}=-\dfrac{ql}{2}$ $\overline{M}^e_{Fzi}=-\dfrac{ql^2}{12}$	$\overline{F}^e_{Fxj}=0$ $\overline{F}^e_{Fyj}=-\dfrac{ql}{2}$ $\overline{M}^e_{Fzj}=\dfrac{ql^2}{12}$
集中荷载 P 于跨中 $L/2$	$\overline{F}^e_{Fxi}=0$ $\overline{F}^e_{Fyi}=-\dfrac{P}{2}$ $\overline{M}^e_{Fzi}=-\dfrac{Pl}{8}$	$\overline{F}^e_{Fxj}=0$ $\overline{F}^e_{Fyj}=-\dfrac{P}{2}$ $\overline{M}^e_{Fzj}=\dfrac{Pl}{8}$

2. 等效结点荷载

非结点荷载的处理原则是先研究作用在杆单元上的固端反力，然后把非结点荷载转换为等效的结点荷载，和结点荷载一起形成结构荷载向量。非结点荷载的转换步骤如下：

（1）求固端反力 $\overline{F}_F^e$ 和求单元系下的等效结点荷载

$$\overline{P}_E^e = -\overline{F}_F^e$$

（2）坐标变换得结构系下的等效结点荷载

$$P_E^e = T^T \overline{P}_E^e = -T^T \overline{F}_F^e \tag{3-27}$$

（3）利用单元定位向量组集全结构等效结点荷载

$$P_E = \sum_{e=1}^{NE} P_E^e$$

（4）等效结点荷载与结点荷载 P_J 叠加得结构荷载向量

$$P = P_J + P_E$$

同理，支座移动或变温问题也可参考结构力学的形常数表转换成等效结点荷载。

非结点荷载的具体转换步骤见例 3-4。

用同样方法组集结点荷载向量（如存在杆间荷载，本步骤需要在形成等效结点荷载后方能完成），可形成有效刚度方程，然后求解得到结点位移向量。

（三）结构内力计算

在结构刚度方程求解之后，依据单元定位向量，从求解出的结点位移向量中取出单元杆端位移，即可进一步求出内力分量。

1. 内力公式

对于不存在杆间荷载的情况，杆端内力可直接通过单元系下单元刚度表达式

$$\overline{F}^e = \overline{K}^e \overline{\Delta}^e$$

求出。

对于存在杆间荷载的情况，杆端真正受到的内力应当把杆间荷载处理时外加的等效结点荷载除去，即

$$\overline{F}^e = \overline{K}^e \overline{\Delta}^e - \overline{P}_E$$

因此有

$$\overline{F}^e = \overline{K}^e \overline{\Delta}^e + \overline{F}_F \tag{3-28}$$

杆端力 $\overline{F}^e$ 本质上是梁元端部内力，只是符号与材料力学或结构力学的规定不同。通常平面刚架在支座处没有多根杆相联结，从杆端力即可知道反力，

无须专门计算。

2. 内力图

根据叠加原理，在杆端内力做出的内力图上叠加简支梁受杆间载荷作用的内力图，就是该梁实际内力图，各杆内力图组合在一起就是整个结构的内力图，详细步骤见例 3-4。

平面或空间桁架非结点荷载的处理原则与上述方法相同，只是固端反力中不考虑固端反力矩。如例 3-1 平面桁架的桁元③的等效结点荷载就只有 $P_{y1}=P_{y3}=-qL/2$ 而没有力矩，计算内力时该杆除了轴力以外，还要考虑向下均匀荷载对它产生的内力和应力。

3. 算例分析

[例 3-4] 试求图 3-8 所示刚架结构受载荷作用下各单元的内力和内力图，已知 $q=15\text{kN/m}$，$P=20\text{kN}$，$M=30\text{kN}\cdot\text{m}$。

解：单元基本数据和单元定位向量如表 3-5 所示。

表 3-5　　　　　刚架结构基本数据和单元定位向量

单元	i	j	L/m	$\sin\alpha$	$\cos\alpha$	EA/kN	$EI_z/(\text{kN}\cdot\text{m}^2)$	单元定位向量
①	1	2	4	1	0	4.8e6	1.6e5	(0,0,0,1,2,3)
②	2	3	4	0	1	4.8e6	1.6e5	(1,2,3,0,0,0)

(1) 等效结点荷载

单元①：

$$\alpha=90°,\ \cos\alpha=0,\ \sin\alpha=1,\ q=-15\text{kN/m},\ L=4\text{m}$$

$$R=\begin{bmatrix}\cos\alpha & \sin\alpha & 0\\ -\sin\alpha & \cos\alpha & 0\\ 0 & 0 & 1\end{bmatrix}=\begin{bmatrix}0 & 1 & 0\\ -1 & 0 & 0\\ 0 & 0 & 1\end{bmatrix}$$

由表 3-2 得单元上的固端反力

$$\overline{F}_F^1=[0\ \ 30\ \ 20\ \ 0\ \ 30\ \ -20]^T$$

单元系等效结点荷载

$$\overline{P}_E^1=[0\ \ -30\ \ -20\ \ 0\ \ -30\ \ 20]^T$$

$$P^1=T^T\overline{P}_E^1=\begin{bmatrix}0 & -1 & 0 & 0 & 0 & 0\\ 1 & 0 & 0 & 0 & 0 & 0\\ 0 & 0 & 1 & 0 & 0 & 0\\ 0 & 0 & 0 & 0 & -1 & 0\\ 0 & 0 & 0 & 1 & 0 & 0\\ 0 & 0 & 0 & 0 & 0 & 1\end{bmatrix}\begin{Bmatrix}0\\ -30\\ -20\\ 0\\ -30\\ 20\end{Bmatrix}=\begin{Bmatrix}30\\ 0\\ -20\\ 30\\ 0\\ 20\end{Bmatrix}\begin{matrix}0\\ 0\\ 0\\ 1\\ 2\\ 3\end{matrix}$$

单元②：

$$\alpha = 0°, \cos\alpha = 1, \sin\alpha = 0, P = 20\text{kN}, L = 4\text{m}$$

$$\overline{F}_F^2 = [0 \quad 10 \quad 10 \quad 0 \quad 10 \quad -10]^T$$

$$P_E^2 = \overline{P}_E^2 = -\overline{F}_F^e = [\underset{1}{0} \quad \underset{2}{-10} \quad \underset{3}{-10} \quad \underset{0}{0} \quad \underset{0}{-10} \quad \underset{0}{10}]^T$$

结点荷载向量 $\quad P_J = [0 \quad 0 \quad -30]^T$

$$P = P_J + P_E^1 + P_E^2 = \begin{Bmatrix} 0 \\ 0 \\ -30 \end{Bmatrix} + \begin{Bmatrix} 30 \\ 0 \\ 20 \end{Bmatrix} + \begin{Bmatrix} 0 \\ -10 \\ -10 \end{Bmatrix} = \begin{Bmatrix} 30 \\ -10 \\ -20 \end{Bmatrix} \begin{matrix} 1 \\ 2 \\ 3 \end{matrix}$$

(2) 组集有效结构刚度矩阵

单元①：由公式（3-7）可得单元刚度矩阵为：

$$K^1 = \begin{bmatrix} 30 & 0 & -60 & -30 & 0 & -60 \\ 0 & 1200 & 0 & 0 & -1200 & 0 \\ -60 & 0 & 160 & 60 & 0 & 80 \\ -30 & 0 & 60 & 30 & 0 & 60 \\ 0 & -1200 & 0 & 0 & 1200 & 0 \\ -60 & 0 & 80 & 60 & 0 & 160 \end{bmatrix} \times 10^3 \begin{matrix} 0 \\ 0 \\ 0 \\ 1 \\ 2 \\ 3 \end{matrix}$$

单元②：由公式（3-2）可得单元刚度矩阵为：

$$K^2 = \begin{bmatrix} 1200 & 0 & 0 & -1200 & 0 & 0 \\ 0 & 30 & 60 & 0 & -30 & 60 \\ 0 & 60 & 160 & 0 & -60 & 80 \\ -1200 & 0 & 0 & 1200 & 0 & 0 \\ 0 & -30 & -60 & 0 & 30 & -60 \\ 0 & 60 & 80 & 0 & -60 & 160 \end{bmatrix} \times 10^3 \begin{matrix} 1 \\ 2 \\ 3 \\ 0 \\ 0 \\ 0 \end{matrix}$$

组集有效结构刚度矩阵为：

$$K = 10^3 \times \begin{bmatrix} 1230 & 0 & 60 \\ 0 & 1230 & 60 \\ 60 & 60 & 320 \end{bmatrix}$$

(3) 有效方程及求解

有效方程为：

$$10^3 \times \begin{bmatrix} 1230 & 0 & 60 \\ 0 & 1230 & 60 \\ 60 & 60 & 320 \end{bmatrix} \begin{Bmatrix} u_2 \\ v_2 \\ \theta_2 \end{Bmatrix} = \begin{Bmatrix} 30 \\ -10 \\ -20 \end{Bmatrix}$$

用刚度矩阵求逆或其他解法可得结点位移向量：

$$\Delta = \begin{Bmatrix} u_1 \\ v_1 \\ \theta_1 \end{Bmatrix} = \begin{Bmatrix} 27.652 \\ -4.783 \\ -66.770 \end{Bmatrix} \times 10^{-6} \text{m}$$

(4) 求杆端内力

单元①：

$$\overline{F}_F^1 = \begin{bmatrix} 0 & 30 & -20 & 0 & 30 & 20 \end{bmatrix}^T$$

$$F^1 = K^1 \Delta^1$$

$$= 10^3 \times \begin{bmatrix} 30 & 0 & -60 & -30 & 0 & -60 \\ 0 & 1200 & 0 & 0 & -1200 & 0 \\ -60 & 0 & 160 & 60 & 0 & 80 \\ -30 & 0 & 60 & 30 & 0 & 60 \\ 0 & -1200 & 0 & 0 & 1200 & 0 \\ -60 & 0 & 80 & 60 & 0 & 160 \end{bmatrix} \begin{Bmatrix} 0 \\ 0 \\ 0 \\ 27.652 \\ -4.873 \\ -66.770 \end{Bmatrix} \times 10^{-6} = \begin{Bmatrix} 3.177 \\ 5.848 \\ -3.683 \\ -3.177 \\ -5.848 \\ -9.024 \end{Bmatrix}$$

$$\overline{F}^1 = TF^1 + \overline{F}_F^1$$

$$= \begin{bmatrix} 0 & 1 & 0 & | & 0 & 0 & 0 \\ -1 & 0 & 0 & | & 0 & 0 & 0 \\ 0 & 0 & 1 & | & 0 & 0 & 0 \\ - & - & - & | & - & - & - \\ 0 & 0 & 0 & | & 0 & 1 & 0 \\ 0 & 0 & 0 & | & -1 & 0 & 0 \\ 0 & 0 & 0 & | & 0 & 0 & 1 \end{bmatrix} \begin{Bmatrix} 3.177 \\ 5.848 \\ -3.683 \\ -- \\ -3.177 \\ -5.848 \\ -9.024 \end{Bmatrix} = \begin{Bmatrix} 5.848 \\ -3.177 \\ -3.683 \\ -- \\ -5.848 \\ 3.177 \\ -9.024 \end{Bmatrix}$$

$$+ \begin{Bmatrix} 0 \\ 30 \\ 20 \\ -- \\ 0 \\ 30 \\ -20 \end{Bmatrix} = \begin{Bmatrix} 5.848 \\ 26.823 \\ 16.137 \\ --- \\ -5.848 \\ 33.177 \\ -29.024 \end{Bmatrix} \begin{matrix} (-F_{Ni}) \\ (F_{Syi}) \\ (-M_{zi}) \\ \\ (F_{Nj}) \\ (-F_{Syj}) \\ (M_{zj}) \end{matrix}$$

简支梁杆间最大弯矩：$M_{max} = \dfrac{qL^2}{8} = \dfrac{15 \times 4^2}{8} = 30 \text{kN} \cdot \text{m}$

单元②：

$$\overline{F}_F^2 = \begin{bmatrix} 0 & 10 & 10 & 0 & 10 & -10 \end{bmatrix}^T$$

$$\overline{F}^2 = TF^2 + \overline{F}_F^2$$

$$= 10^3 \times \begin{bmatrix} 1200 & 0 & 0 & -1200 & 0 & 0 \\ 0 & 30 & 60 & 0 & -30 & 60 \\ 0 & 60 & 160 & 0 & -60 & 80 \\ -1200 & 0 & 0 & 1200 & 0 & 0 \\ 0 & -30 & -60 & 0 & 30 & -60 \\ 0 & 60 & 80 & 0 & -60 & 160 \end{bmatrix} \begin{Bmatrix} 27.652 \\ -4.873 \\ -66.770 \\ 0 \\ 0 \\ 0 \end{Bmatrix} + \begin{Bmatrix} 0 \\ 10 \\ 10 \\ 0 \\ 10 \\ -10 \end{Bmatrix}$$

$$= \begin{Bmatrix} -33.180 \\ -4.150 \\ -10.980 \\ -33.180 \\ 4.150 \\ -5.634 \end{Bmatrix} + \begin{Bmatrix} 0 \\ 10 \\ 10 \\ 0 \\ 10 \\ -10 \end{Bmatrix} = \begin{Bmatrix} 33.177 \\ 5.848 \\ -0.980 \\ -33.177 \\ 14.150 \\ -15.634 \end{Bmatrix} \text{kN} \quad \begin{matrix} (-\overline{F}_{Ni}) \\ (F_{Syi}) \\ (-M_{zi}) \\ (F_{Nj}) \\ (-F_{Syj}) \\ (M_{zj}) \end{matrix}$$

简支梁杆间最大弯矩：$M_{max} = \dfrac{PL}{4} = \dfrac{20 \times 4}{4} = 20 \text{kN} \cdot \text{m}$

根据杆端力结果和简支梁杆间最大弯矩，可以绘出刚架结构的内力图，如图 3-9 所示。注意杆端力后面的括号内容表示该内力分量分别是轴力、剪力或弯矩，并表示按照材料力学的符号规定，该分量的代数值括起来后应当乘以该符号，也可以根据有限元的符号规定自行判断。

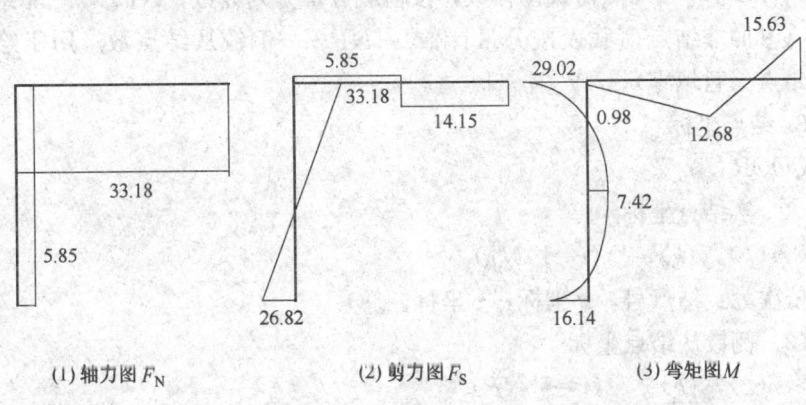

图 3-9 刚架结构内力图

根据各单元的截面集合尺寸、杆端力和轴力弯矩图，很容易判断出可能的危险截面在立杆的上端和水平杆的右端，由材料力学拉压和弯曲组合应力公式计算出最大应力。

对于对称截面，有：

$$\sigma_{max} = \pm \dfrac{F_N}{A} \pm \dfrac{M_{zmax}}{W_z}$$

对于非对称截面，有：

$$\sigma_{max} = \sigma_N + \sigma_M = \pm \frac{F_N}{A} \pm \frac{M_{max} y_{max}}{I_z} \qquad (3\text{-}29)$$

三、用有限元程序计算平面结构

与前面平面桁架问题一样，有限元或矩阵位移法的目的是在理解理论和方法的基础上，正确地填写数据并在计算机上依靠有限元程序计算，然后能正确地分析结果，做出强度计算的结论。这里进一步介绍平面混合架的计算。

（一）平面混合结构程序 FTAC-2D 数据文件填写规则

1. 说明性信息

限一行。内容：算题来源、算题人班级、姓名等。

2. 控制参数

NJ，*NE*，*NM*，*NS*，*NPJ*，*NPF*，*NP*

标符意义和填写说明：*NJ*——结构实结点数；*NE*——结构实单元数；*NM*——材料组数，杨氏模量 E，横截面积 A，截面惯性矩 I 和截面上下边缘高 Y_{max} 全相同的才算一组；*NS*——特殊结点数（支座结点，从结点，桁元铰结点）；*NPJ*——结点荷载位移数，按荷载分量分列计数；*NPF*——非结点荷载数（参照非结点荷载表按分量计数），*NP*——侧铰从结点数，用于绘制侧铰从结点（暂填零）。

3. 结点坐标

COOR

（1）实结点坐标

$k, x(k), y(k)$　　　($i=1, NJ$)

依次为：结点号，x 坐标，y 坐标。

（2）侧铰从结点坐标

$k, x(k), y(k)$　　　($i=1, NP$)

依次为：侧铰从结点号，x 坐标，y 坐标。

注意：由于主从结点连接形式复杂，在图形检查时为不影响全局通常不画出来，但对侧铰从结点可以画出来。侧铰从结点坐标要相对于主点有一小的偏移量，本坐标仅用于画图用，不影响单刚计算。$NP=0$ 时侧铰从结点免画。

（3）单元信息

ELEM

$ie, mat(ie), je(1,ie), je(2,ie)$　　　($ie=1, NE$)

依次为：单元号，材料组号，端点 i，端点 j。

(4) 材料数组

MATE

$im, ama(1,im), ama(2,im), ama(3,im), ama(4,im)$　　$(im=1, NM)$

依次为：材料组号，杨氏模量 E，横截面积 A，截面惯性矩 I，截面上下边缘高 Y_{max}。

(5) 特殊结点（支座结点，桁架单元铰结点，从结点）信息 js $(4, NS)$

FFIX

$js(1,j), js(2,j), js(3,j), js(4,j), js(5,j)$　　$(j=1, NS)$

依次为：特殊结点号，u 信息，v 信息，θz 信息，支座方位信息。

① 支座结点信息：支座结点号，u 信息，v 信息，θz 信息，支座方位信息。

其中，约束信息：1——约束，0——自由，-1——给定位移。

支座方位信息：1——左侧，2——右侧，3——上方，4——下方。

② 桁元铰结点信息

铰结点号，0，0，1，0

③ 从结点信息

从结点号，u 主从信息，v 主从信息，θ_y 主从信息，0

其中主从信息填写规则是：与主结点同位移时填该主结点号，与主结点不同位移时填0，最末一个0用于识别本行信息是从结点信息。

(6) 结点荷载位移信息（无者不填）

JFOR

$PJ(1,j), PJ(2,j), PJ(3,j)$　　$(j=1, NPJ)$

给定荷载为：结点号，方向码，荷载值；给定位移为：结点号，负方向码，位移值。（给定位移）

规定方向码：1——x 方向　2——y 方向　3——θ_z 方向

对应荷载值：　P_x　　P_y　　M_z

对应位移值：　u　　v　　θ_z（转角，单位弧度）

(7) 非结点荷载信息（无者不填）

EFOR

$PF(1,j), PF(2,j), PF(3,j), PF(4,j)$　　$(j=1, NPF)$

依次为：单元号，类型码 ind，a 值，荷载值（P, q, M）。

类型码 ind 是程序为非结点荷载确定的类型代号，参照表3-6；a 值为单元坐标系下，从 i 点起算，集中力作用位置或分布力终点位置。

表 3-6　　平面刚架程序的非结点荷载类型表

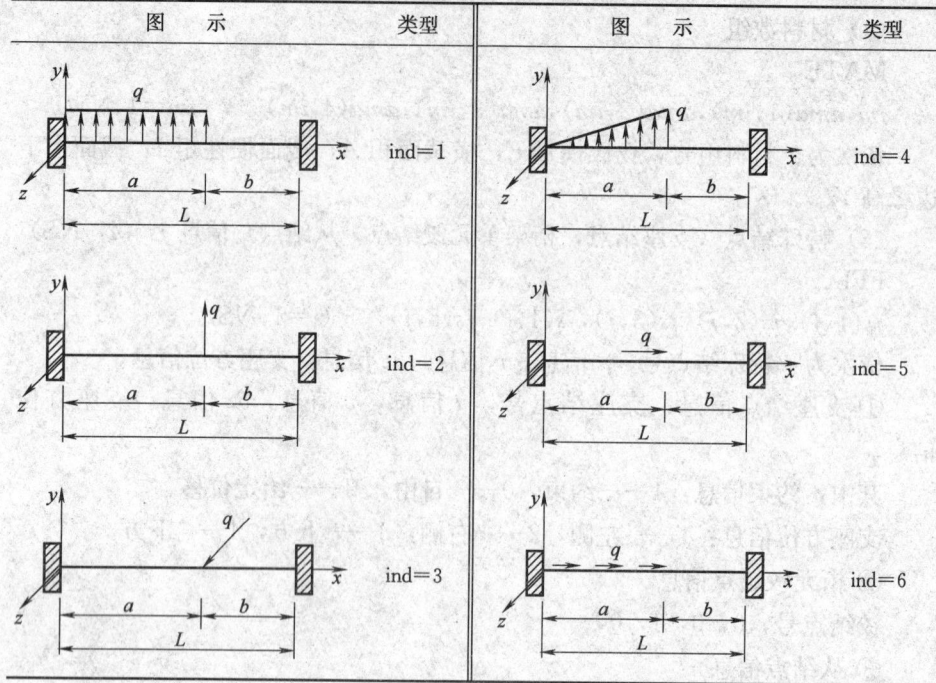

(8) 数据文件结束
DEND

(二) 平面混合结构实例

1. 例 3-4 的计算机练习

(1) 数据文件

FTAP-2D Example 3-4
3,2,1,2,1,2,0
coor
1,0,0
2,0,4
3,4,4
elem
1,1,1,2
2,1,2,3
mate
1,1.0e11,4.8e-5,1.6e-6,0.025
ffix

1,1,1,1,4
3,1,1,1,2
jfor
2,3,−30
efor
1,1,4,−15
2,2,2,−20
dend

(2) 计算结果打印文件

FTAP-2D　Example 3-4
杆系有限元平面混合结构分析 FTAC-2D 算题
DATE：　　　　2009-2-2　　　TIME：　　　　下午 05：51：19

① 结点数 $NJ=3$，单元数 $NE=2$，材料组数 $NM=1$，特殊结点数 $Ns=2$，结点荷载数 $NPJ=1$，非结点荷载数 $NPF=2$，侧铰从结点数 $NP=0$

② 结点坐标 coor

结点号	x	y
1	0.000	0.000
2	0.000	4.000
3	4.000	4.000

③ 单元信息 elem

单元	材料号	端点 i	端点 j
1	1	1	2
2	1	2	3

④ 材料和截面信息 mate

材料号	杨氏模量 E	截面积 A	立弯惯性矩 I_z	Y_{max}
1	1.00e+11	4.80e−05	1.600e−06	2.500e−02

⑤ 结点约束信息（从结点，支座，桁元铰结点，支座方位 js(8,NS)ffix

结点号	u 信息	v 信息	θ_z 信息	支座方位信息
1	1	1	1	4
3	1	1	1	2

⑥ 结点荷载 $PJ(1,j)$, for

结点	方向代码	荷载值
2	3	−3.000e+01

⑦ 非结点荷载 efor

单元号	类型码 IND	a 值	荷载值 q

| | 1 | 1 | 4.0 | −1.500e+01 |
| | 2 | 2 | 2.0 | −2.000e+01 |

⑧ 结构荷载向量 P

自由度号	荷载值
1	3.000e+01
2	−1.000e+01
3	−2.000e+01

⑨ 结点位移

结点	x 向位移 u	y 向位移 v	角位移 θ_z
1	0.000e+00	0.000e+00	0.000e+00
2	2.765e−05	−4.873e−06	−6.677e−05
3	0.000e+00	0.000e+00	0.000e+00

⑩ 各单元杆端力（数值等于内力，符号已按材料力学规定判定）

单元	轴力 F_{Ni}	切力 F_{Si}	弯矩 M_{Zi}	轴力 F_{Nj}	切力 F_{Sj}	弯矩 M_{Zj}
1	5.848e+00	2.682e+01	1.632e+01	−5.848e+00	3.3177e+01	−2.9024e+01
2	3.318e+01	5.848e+00	−9.756e−01	−3.318e+01	1.4152e+01	−1.5634e+01

⑪ 单元杆端应力，单位 MPa（轴力和弯曲应力分开，杆间载荷引起的非杆端应力应另行计算）

单元	SigNi	SigMi	Sigi	SigNj	SigMj	Sigj
1	−1.218e−01	−2.550e−01	−3.768e−01	−1.218e−01	−4.5351e−01	−5.7533e−01
2	−6.912e−01	1.524e−02	−7.064e−01	−6.912e−01	−2.4428e−01	−9.3546e−01

(3) 显示器屏幕显示出的图形 如图 3-10 所示。

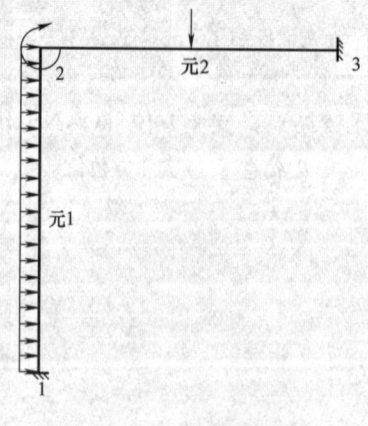

(1) 结构与荷载图

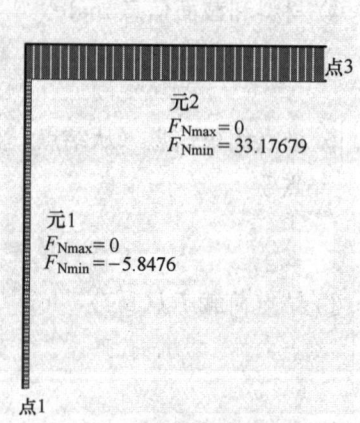

(2) 轴力图 F_N

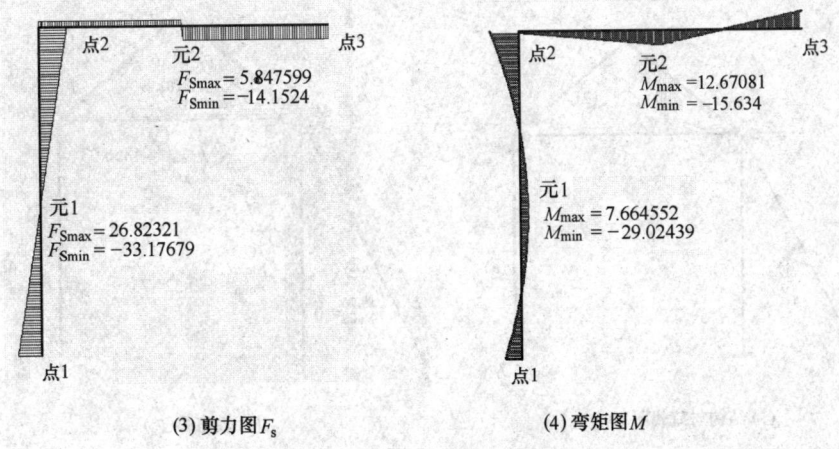

(3) 剪力图 F_s (4) 弯矩图 M

图 3-10 计算机输出的图形

2. 计算机计算例 3-5 平面屋架

图 3-11 所示为单跨平面屋架简图。已知 $E=2.06\times10^{11}\,\text{N/m}^2$，拉杆（单元④） $A_2=3.732\times10^{-4}\,\text{m}^2$，$I_{z2}=0$（不考虑弯曲），其余各杆 $A_1=3.732\times10^{-4}\,\text{m}^2$，$I_{z1}=28.26\times10^{-8}\,\text{m}^4$，结点 1、2、3 处分别作用水平载荷 5kN、10kN 和 2.5kN。试编写数据文件计算内力。

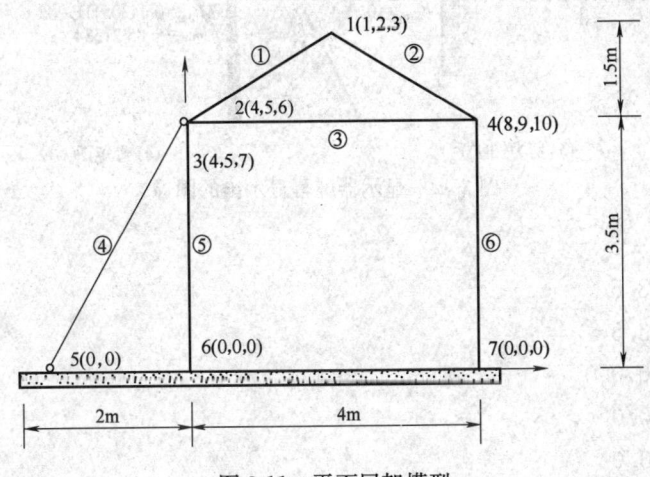

图 3-11 平面屋架模型

(1) 数据文件

Mr Li Green house 2-D Frame
7,6,2,4,4,0,0
coor
1,2.0,5.0

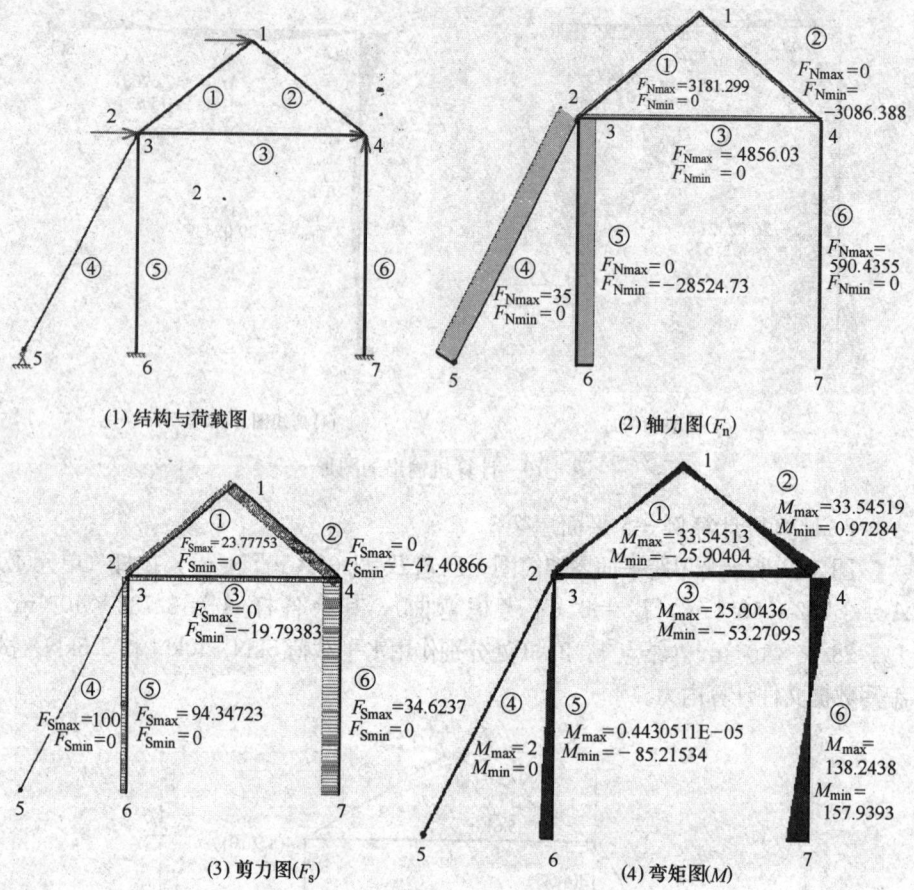

(1) 结构与荷载图　(2) 轴力图(F_n)

(3) 剪力图(F_s)　(4) 弯矩图(M)

图 3-12　显示器屏幕显示出的图像

2,0.0,3.5
3,0.0,3.5
4,4.0,3.5
5,-2.0,0.0
6,0.0,0.0
7,4.0,0.0
elem
1,1,2,1
2,1,1,4
3,1,2,4
4,2,5,2
5,1,6,3

```
6,1,7,4
mate
1,2.06e11,3.732e-4,28.26e-8,0.0375
2,2.06e11,3.732e-4,1e-12,0.0
ffix
5,1,1,0,4
6,1,1,1,4
7,1,1,1,4
3,2,2,0,0
jfor
2,1,10000.0
1,1,5000.0
4,1,2500.0
4,2,2500.0
dend
```

(2) 计算结果打印文件

杆系有限元平面混合结构分析 FTAC-2D 算题。
Mr Li Green house 2-D Frame
DATE: 2009-2-3   TIME: 下午 07：01：45

① 结点数 $NJ=7$，单元数 $NE=6$，材料组数 $NM=2$，特殊结点数 $NS=4$，结点荷载数 $NPJ=4$，非结点荷载数 $NPF=0$，侧铰从结点数 $NP=0$

② 结点坐标 coor

结点号	x	y
1	2.000	5.000
2	0.000	3.500
3	0.000	3.500
4	4.000	3.500
5	−2.000	0.000
6	0.000	0.000
7	4.000	0.000

③ 单元信息 elem

单元	材料号	端点 i	端点 j
1	1	2	1
2	1	1	4
3	1	2	4
4	2	5	2
5	1	6	3
6	1	7	4

④ 材料和截面信息 mate

材料号	杨氏模量 E	截面积 A	立弯惯性矩 I_z	Y_{max}
1	2.06e+11	3.73e−04	2.826e−07	3.750e−02
2	2.06e+11	3.73e−04	1.000e−12	0.000e+00

⑤ 结点约束信息 [(从结点,支座,桁元铰结点,支座方位 js(8,NS)]ffix

结点号	u 信息	v 信息	θ_z 信息	支座方位信息
5	1	1		4
6	1	1	1	4
7	1	1	1	4
3	2	2		

⑥ 结点荷载 PJ(1,j)jfor

结点	方向代码	荷载值
2	1	1.000e+04
1	1	5.000e+03
4	1	2.500e+03
4	2	2.500e+03

⑦ 结构荷载向量 {P}

自由度号	荷载值
1	5.000e+03
2	0.000e+00
…	…

⑧ 结点位移

结点	x 向位移 u	y 向位移 v	角位移 θ_z
1	5.734e−03	−8.017e−04	5.122e−04
2	5.977e−03	−1.299e−03	3.481e−04
3	5.977e−03	−1.299e−03	−2.562e−03
4	6.230e−03	2.688e−05	−5.921e−04
5	0.000e+00	0.000e+00	−2.345e−03
6	0.000e+00	0.000e+00	0.000e+00
7	0.000e+00	0.000e+00	0.000e+00

⑨ 各单元杆端力(数值等于内力,符号已按材料力学规定判定)

单元	轴力 F_{Ni}	切力 F_{Si}	弯矩 M_{Zi}	轴力 F_{Nj}	切力 F_{Sj}	弯矩 M_{Zj}
1	−3.181e+03	2.378e+01	2.590e+01	3.181e+03	−2.3778e+01	3.3545e+01
2	3.086e+03	−4.741e+01	−3.355e+01	−3.086e+03	4.7409e+01	−8.4973e+01
3	−4.856e+03	−1.979e+01	−2.590e+01	4.856e+03	1.9794e+01	−5.3271e+01
4	−3.505e+04	1.003e−03	−1.334e−11	3.505e+04	−1.0028e−03	2.7524e−04
5	2.852e+04	2.435e+01	8.522e+01	−2.852e+04	−2.4347e+01	1.3356e−05
6	−5.904e+02	8.462e+01	1.579e+02	5.904e+02	−8.4624e+01	1.3824e+02

⑩ 单元杆端应力，单位 MPa（轴力和弯曲应力分开，杆间载荷引起的非杆端应力应另行计算）

单元	SigNi	SigMi	Sigi	SigNj	SigMj	Sigj
1	8.524e+00	−3.437e+00	1.196e+01	8.524e+00	4.4513e+00	1.2976e+01
2	−8.270e+00	4.451e+00	−1.272e+01	−8.270e+00	−1.1276e+01	−1.9546e+01
3	1.301e+01	3.437e+00	1.645e+01	1.301e+01	−7.0689e+00	2.0081e+01
4	9.392e+01	0.000e+00	9.392e+01	9.392e+01	0.0000e+00	9.3925e+01
5	−7.643e+0	−1.131e+01	−8.774e+01	−7.643e+00	1.7722e−06	−7.6433e+01
6	1.582e+00	−2.096e+01	2.254e+01	1.582e+00	1.8344e+01	1.9927e+01

（三）讨论

现在比较例 3-2 和例 3-5 的结果，以便得出有益的结论。

首先，二者计算模型和公式是不同的，例 3-2 是平面桁架，杆之间在结点处可以自由转动；而例 3-5 是平面刚架，杆之间基本用刚结点连接。毫无疑问，如果杆之间在结点处是固接（例如焊接）的时候，平面刚架更接近实际情况。

表 3-7 列出了按照平面桁架模型（例 3-2）与按照平面刚架模型（例 3-5）计算的正应力结果比较。考察发现，按照桁架模型计算的结果与刚架模型结果中的拉压应力差别很小，弯曲应力数值相比于拉压应力也比较小。原因是杆件比较细长，弯曲刚度 EI 与拉压的线刚度 EA/L 比较相对要小，导致弯曲变形引起的应力不大，这在温室一类轻钢结构中是比较常见的现象。所以按照桁架模型来估算也是可以的，但是如果按照平面桁架模型简化不能满足机动分析的几何不变原则，就必须按照平面刚架或混合架来计算，否则手算时会遇到解方程错误，计算机计算将出现溢出错误，无法得到正确结果。所以，在可能的条件下按照平面刚架和混合架计算更加精确和可靠，特别是对存在杆间分布载荷的情况更为相宜。

表 3-7　　平面桁架与刚架模型正应力的比较

单元	桁架模型的拉压应力 σ_N	刚架模型的拉压应力 σ_N	刚架弯曲应力 σ_N	刚架拉压与弯曲的合应力 σ_N
①	8.373529	8.524383	4.451318	12.9757
②	−8.373508	−8.270064	−11.276	−19.54565
③	13.39763	13.01187	−7.068863	20.08073
④	94.51329	93.9248	0	93.9248
⑤	−77.0364	−76.43283	−11.30777	−87.7406
⑥	1.674704	1.582089	−20.95798	22.54007

第四节 空间刚架和混合结构分析

空间刚架和空间混合结构是最普遍的结构，其组成单元是空间的梁元和桁元。温室结构大多数都应按照这类结构进行分析。它除了复杂程度和计算自由度（基本未知量）大大增加之外，计算的基本方法与平面结构没有本质区别。本节在前面对平面结构讨论的基础上，对空间结构与前者不同的内容做简单叙述和讨论，并结合实例介绍其一般计算原理。

一、单元系下的梁单元刚度方程

空间梁元的每个杆端具有 3 个线位移和 3 个角位移分量，相对应地也有 3 个杆端力分量和 3 个力矩分量，这 6 个广义力分量与梁的拉压和双向弯曲组合应力相联系。

在单元坐标系下，基本未知量是杆端位移，如图 3-13（1）所示，其向量形式为：

$$\overline{\Delta}^e = [\overline{\Delta}_i^e \mid \overline{\Delta}_j^e]^T$$
$$= [\overline{u}_i^e \ \overline{v}_i^e \ \overline{w}_i^e \ \overline{\theta}_{xi}^e \ \overline{\theta}_{yi}^e \ \overline{\theta}_{zi}^e \ \overline{u}_j^e \ \overline{v}_j^e \ \overline{w}_j^e \ \overline{\theta}_{xj}^e \ \overline{\theta}_{yj}^e \ \overline{\theta}_{zj}^e]^T \quad (3-30)$$

对应的杆端力（内力）量为：

$$\overline{F}^e = [\overline{F}_i^e \mid \overline{F}_j^e]$$
$$= [\overline{F}_{xi}^e \ \overline{F}_{yi}^e \ \overline{F}_{zi}^e \ \overline{M}_{xi}^e \ \overline{M}_{yi}^e \ \overline{M}_{zi}^e \ \overline{F}_{xj}^e \ \overline{F}_{yj}^e \ \overline{F}_{zj}^e \ \overline{M}_{xj}^e \ \overline{M}_{yj}^e \ \overline{M}_{zj}^e]^T \quad (3-31)$$

规定杆端广义位移和杆端广义力取在截面形心上，横向广义位移和广义力方向与形心主轴重合，符号均以与单元系坐标正向同向为正，反之为负。例如转角 θ_{yi} 和力矩 M_{yi} 按右手法则以指向 y 轴正向为正，如图 3-13（2）所示。

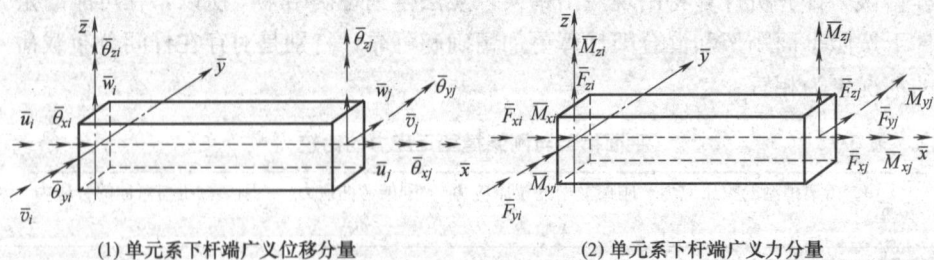

(1) 单元系下杆端广义位移分量　　(2) 单元系下杆端广义力分量

图 3-13　空间梁元

单元系下空间梁元的单元刚度表达式具有与平面桁架和刚架完全相同的形式：

$$\overline{F}^e = \overline{K}^e \overline{\Delta}^e$$

其中，单元刚度矩阵是 12×12 的方阵，将其写做 6×6 的子块形式，即

$$\overline{K}^e = \begin{bmatrix} \overline{K}_{II} & \overline{K}_{IJ} \\ \overline{K}_{JI} & \overline{K}_{JJ} \end{bmatrix} \tag{3-32}$$

其中，

$$\overline{K}^e_{II} = \begin{bmatrix} \frac{EA}{L} & 0 & 0 & 0 & 0 & 0 \\ 0 & \frac{12EI_z}{L^3} & 0 & 0 & 0 & \frac{6EI_z}{L^2} \\ 0 & 0 & \frac{12EI_y}{L^3} & 0 & -\frac{6EI_y}{L^2} & 0 \\ 0 & 0 & 0 & \frac{GI_P}{L} & 0 & 0 \\ 0 & 0 & -\frac{6EI_y}{L^2} & 0 & \frac{4EI_y}{L} & 0 \\ 0 & \frac{6EI_z}{L^2} & 0 & 0 & 0 & \frac{4EI_z}{L} \end{bmatrix}, \quad \overline{K}^e_{IJ} = \begin{bmatrix} -\frac{EA}{L} & 0 & 0 & 0 & 0 & 0 \\ 0 & -\frac{12EI_z}{L^3} & 0 & 0 & 0 & \frac{6EI_z}{L^2} \\ 0 & 0 & -\frac{12EI_y}{L^3} & 0 & -\frac{6EI_y}{L^2} & 0 \\ 0 & 0 & 0 & -\frac{GI_P}{L^2} & 0 & 0 \\ 0 & 0 & \frac{6EI_y}{L^2} & 0 & \frac{2EI_y}{L} & 0 \\ 0 & -\frac{6EI_z}{L^2} & 0 & 0 & 0 & \frac{2EI_z}{L^2} \end{bmatrix}$$

$$\overline{K}^e_{JI} = \begin{bmatrix} -\frac{EA}{L} & 0 & 0 & 0 & 0 & 0 \\ 0 & -\frac{12EI_z}{L^3} & 0 & 0 & 0 & \frac{6EI_z}{L^2} \\ 0 & 0 & -\frac{12EI_y}{L^3} & 0 & \frac{6EI_y}{L^2} & 0 \\ 0 & 0 & 0 & -\frac{GI_P}{L^2} & 0 & 0 \\ 0 & 0 & -\frac{6EI_y}{L^2} & 0 & \frac{2EI_y}{L} & 0 \\ 0 & \frac{6EI_z}{L^2} & 0 & 0 & 0 & \frac{2EI_z}{L} \end{bmatrix}, \quad \overline{K}^e_{JJ} = \begin{bmatrix} \frac{EA}{L} & 0 & 0 & 0 & 0 & 0 \\ 0 & \frac{12EI_z}{L^3} & 0 & 0 & 0 & -\frac{6EI_z}{L^2} \\ 0 & 0 & \frac{12EI_y}{L^3} & 0 & \frac{6EI_y}{L^2} & 0 \\ 0 & 0 & 0 & \frac{GI_P}{L} & 0 & 0 \\ 0 & 0 & \frac{6EI_y}{L^2} & 0 & \frac{4EI_y}{L} & 0 \\ 0 & -\frac{6EI_z}{L^2} & 0 & 0 & 0 & \frac{4EI_z}{L} \end{bmatrix}$$

二、结构系下的梁单元刚度方程

（一）结构系下的基本量

在结构系下，基本未知量是结构坐标下的杆端位移，其向量形式为

$$\Delta^e = [\Delta^e_i \mid \Delta^e_j]^T$$
$$= [u^e_i \quad v^e_i \quad w^e_i \quad \theta^e_{xi} \quad \theta^e_{yi} \quad \theta^e_{zi} \quad u^e_j \quad v^e_j \quad w^e_j \quad \theta^e_{xj} \quad \theta^e_{yj} \quad \theta^e_{zj}]^T \tag{3-33}$$

与杆端位移向量相对应的是杆端力向量为

$$F^e = [F^e_i \mid F^e_j]^T$$
$$= [F^e_{xi} \quad F^e_{yi} \quad F^e_{zi} \quad M^e_{xi} \quad M^e_{yi} \quad M^e_{zi} \quad F^e_{xj} \quad F^e_{yj} \quad F^e_{zj} \quad M^e_{xj} \quad M^e_{yj} \quad M^e_{zj}]^T \tag{3-34}$$

结构系单元杆端广义位移和杆端广义力仍定义在截面形心上，符号以与结构系坐标正向同向为正，反之为负，如图 3-13（2）所示。

（二）坐标变换

空间刚架的坐标变换非常复杂，具体推导从略，这里只介绍基本思想。

要实现结构系下的某一向量，例如 $[u \quad v \quad w]^T$ 或 $[F_x \quad F_y \quad F_z]^T$ 从结构系到单元系的坐标变换，要求该向量从结构系 $x-y-z$ 下经过 3 次旋转（每

次固定一个坐标轴）转换到单元坐标系 $\bar{x}-\bar{y}-\bar{z}$。前两次坐标变换包括正转 β 角和反转 γ 角（图 3-14）。

1. 正转 β 角

$x-y$ 绕 z 轴按右手法则正转 β 角，使原 x 轴重合于 $\bar{x}$ 轴，在 $x-y$ 面的投影成为 x_β 轴，同时原 y 轴也转到 y_β 轴，z 轴原地自转成 z_β 轴。本次变换等于该向量左乘一个坐标变换矩阵子块 R_β［与平面刚架公式（3-22）的 R_α 类似］；

2. 反转 γ 角

$x_\beta-z_\beta$ 绕 y_β 轴按右手法则反转 γ 角，使 x_β 轴重合于 $\bar{x}$ 轴成 $x_{\gamma\beta}$ 轴，z_β 轴转到 $z_{\gamma\beta}$ 轴，y_β 轴原地自转成 $y_{\gamma\beta}$ 轴。本次变换等于该向量在左乘变换矩阵子块 R_β 后，又左乘了变换矩阵子块 R_γ。

经过 2 次坐标变换，新的 $x_{\gamma\beta}$ 轴已经与单元系下的 $\bar{x}$ 轴重合，得到了空间桁架的坐标变换矩阵子块 $R_{\gamma\beta}=R_\gamma R_\beta$。但 $y_{\gamma\beta}$ 和 $z_{\gamma\beta}$ 轴与空间梁元的形心主轴 $\bar{y}$ 和 $\bar{z}$ 轴通常还未重合，所以第 3 次坐标旋转要求 $y_{\gamma\beta}-z_{\gamma\beta}$ 轴与形心主轴 $\bar{y}-\bar{z}$ 轴完全重合，从 $y_{\gamma\beta}$ 轴到 $\bar{y}$ 轴，或者从 $z_{\gamma\beta}$ 轴到 $\bar{z}$ 轴，还需要再正转角度 α 才能完全重合，这一角度 α 称为自旋角（图 3-15）。

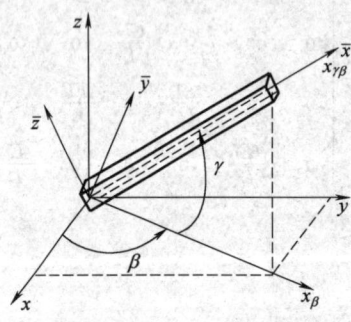

图 3-14　前两次坐标变换

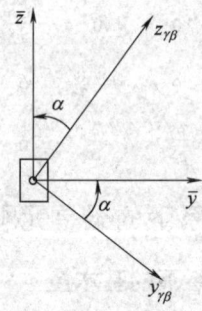

图 3-15　坐标变换的自旋角

在材料力学中，双向弯曲都是按照梁的形心主惯性轴来取方向分析的。在分析平面刚架的梁元时，默认 $\bar{z}$ 轴是 $\bar{x}-\bar{y}$ 面内平面弯曲的形心主惯性轴，所

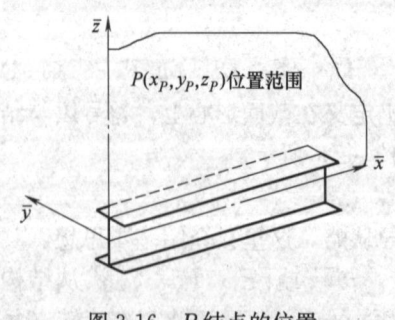

图 3-16　P 结点的位置

以单元坐标系由梁的始端和终端 2 点即可自动确定。空间结构的梁元前两次坐标变换只要 2 个杆端的空间坐标值即可确定，而确定形心主惯性平面就必须由给定形心主惯性平面 $\bar{x}-\bar{y}$ 或 $\bar{x}-\bar{z}$ 上的一点 P（x_P, y_P, z_P）或自旋角 α 来确定。人工确定自旋角十分烦琐，而前者即给定一点坐标值的方法（也称 P 结点法）。由于可以通过计算机程序方便

地自动求出自旋角，在笔者研制的程序中，规定给定 $\bar{x}-\bar{z}$ 形心主惯性平面的正向半平面（$\bar{z}>0$）上的任意一点作为 P 结点，如图3-16所示。如果可能，也可以"借用"其他结点作为 P 结点。

（三）空间刚架有单元刚度方程

和平面刚架一样，在结构系下对空间刚架有单元刚度方程，如下：

$$F^e = K^e \Delta^e \tag{3-35}$$

其中 K^e 是结构系空间刚架单元的刚度矩阵，其系数可由单元系的单元刚度矩阵通过矩阵乘法 $K^e = T^T \bar{K}^e T$ 求得。

三、结构刚度方程的求解和内力计算

（一）组装结构刚度矩阵

计算出结构坐标系下各单元的刚度矩阵以后，即可进一步采用先处理法根据单元定位向量，按照"对号入座，元素搬家"的方法组集结构刚度方程：

$$K\Delta = P \tag{3-36}$$

其中，结构位移向量的形式为：

$$\Delta = [u_1 \ v_1 \ w_1 \ \theta_{x1} \ \theta_{y1} \ \theta_{z1} \ \cdots \ \cdots \ u_{NJ} \ v_{NJ} \ w_{NJ} \ \theta_{xNJ} \ \theta_{yNJ} \ \theta_{zNJ}]^T$$
$$= [\delta_1 \ \delta_2 \ \delta_3 \ \delta_4 \ \delta_5 \ \delta_6 \ \cdots \ \cdots \ \delta_{n-5} \ \delta_{n-4} \ \delta_{n-3} \ \delta_{n-2} \ \delta_{n-1} \ \delta_n]^T \tag{3-37}$$

而结构荷载向量的形式为：

$$P = [P_{x1} \ P_{y2} \ P_{z3} \ M_{x1} \ M_{y1} \ M_{z1} \ \cdots \ \cdots \ P_{xNJ} \ P_{yNJ} \ P_{zNJ} \ M_{xNJ} \ M_{yNJ} \ M_{zNJ}]^T$$
$$= [p_1 \ p_2 \ p_3 \ p_4 \ p_5 \ p_6 \ \cdots \ \cdots \ p_{n-5} \ p_{n-4} \ p_{n-3} \ p_{n-2} \ p_{n-1} \ p_n]^T \tag{3-38}$$

由于采用了先处理法，上述向量只是形式的表达，因为约束的自由度和从自由度事先已略去了，后面的分量顺序逐个向前提。

（二）等效结点荷载和结构荷载向量

在杆间荷载作用下，空间梁元的固端反力向量为：

$$\bar{F}_F^e = [\bar{F}_{Fi}^e \mid \bar{F}_{Fj}^e]$$
$$= [\bar{F}_{Fxi}^e \ \bar{F}_{Fyi}^e \ \bar{F}_{Fzi}^e \ \bar{M}_{Fxi}^e \ \bar{M}_{Fyi}^e \ \bar{M}_{Fzi}^e \ \bar{F}_{Fxj}^e \ \bar{F}_{Fyj}^e \ \bar{F}_{Fzj}^e \ \bar{M}_{Fxj}^e \ \bar{M}_{Fyj}^e \ \bar{M}_{Fzj}^e]^T \tag{3-39}$$

其数值可以根据相应的刚架单元固端反力表得到。

把固端反力向量等值反向作用，就是单元系该杆间荷载作用下的等效结点荷载：

$$\bar{P}_E^e = [\bar{P}_{Ei}^e \mid \bar{P}_{Ej}^e] = [-\bar{F}_{Fi}^e \mid -\bar{F}_{Ej}^e]$$
$$= [-\bar{F}_{Fxi}^e \ -\bar{F}_{Fyi}^e \ -\bar{F}_{Fzi}^e \ -\bar{M}_{Fxi}^e \ -\bar{M}_{Fyi}^e \ -\bar{M}_{Fzi}^e \ -\bar{F}_{Fxj}^e \ -\bar{F}_{Fyj}^e \ -\bar{F}_{Fzj}^e \ -\bar{M}_{Fxj}^e \ -\bar{M}_{Fyj}^e \ -\bar{M}_{Fzj}^e]^T$$

对单元系下的固端反力向量进行坐标变换，可得结构系下的等效结点荷载：

$$P_E^e = T^T \bar{P}_E^e = [P_{xi}^e \ P_{yi}^e \ P_{zi}^e \ M_{xi}^e \ M_{yi}^e \ M_{zi}^e \ P_{xj}^e \ P_{yj}^e \ P_{zj}^e \ M_{xj}^e \ M_{yj}^e \ M_{zj}^e]^T \tag{3-40}$$

根据空间梁元的单元定位向量，按照"对号入座，元素搬家"原则，将每个杆间荷载分量进行如上处理形成等效结点荷载,然后向结构荷载向量累加并与结点荷载相加,就形成总的结构荷载向量。

对结构刚度方程 $K\Delta=P$ 进行求解可以直接得到结点位移向量 Δ。

(三)内力和应力计算

求出结点位移向量 Δ 以后,根据单元定位向量所指示的局部码和整体码关系,即可得到结构系下的单元杆端位移 Δ^e,然后根据平面刚架中介绍的单元杆端力公式:

$$\overline{F}^e = TK^e\Delta^e + \overline{F}_F \tag{3-41}$$

求出杆端力向量 $\overline{F}^e$。

杆端力向量 $\overline{F}^e$ 本质上就是梁元端部的内力,只是符号与材料力学或结构力学规定不同,注意到这一点后就很容易绘出梁元的内力图了。如需要计算应力,可根据材料力学组合变形时的应力计算公式和方法,求出危险截面上危险点的应力分量和相应的强度理论下的相当应力。

$$\sigma_{max/min} = \pm\frac{F_N}{A} \pm \frac{M_y}{W_y} \pm \frac{M_z}{W_z} \tag{3-42}$$

四、空间结构计算实例概述

除了基于 Visual BASIC 的平面桁架与混合架程序 FTAC-2D 以外,笔者还研制出空间混合架程序 FTAC-3D。其计算原理与平面刚架(混合架)相同,但更加复杂,这里只做简单介绍。

(一)空间刚架混合架程序 FTAC-3D 数据文件填写规则

1. 说明性信息

限一行。内容:算题来源,算题人班级、姓名等。

2. 控制参数

NJ, NE, NM, NS, NPJ, NPF, NP

标符意义和填写说明:NJ——结构实结点总数;NE——单元总数;NM——材料组数;NS——特殊结点数,包括:支座结点,从结点和完全是桁架单元的铰结点;NPJ——结点荷载分量数;NPF——杆间荷载分量数,参照非结点荷载固端力表确定;NP——P-结点总数,仅用于空间刚架单元定位,即自动求自旋角 α,任何单元都可以借用结构的实结点,不必计入P结点总数。

3. 结点坐标

(1) 实结点坐标

k, $x(k)$, $y(k)$, $z(k)$ ($i=1, NJ$)

依次为:结点号,x 坐标,y 坐标,z 坐标。

(2) P 结点坐标

$k, x(k), y(k), z(k)$ ($i=1, NP$)

依次为：P 结点号，x 坐标，y 坐标，z 坐标。

4. 单元信息

$ie, mat(ie), je(1, ie), je(2, ie), je(3, ie)$ ($ie=1, NE$)

依次为：单元号，材料组号，端点 I，端点 J，P 结点总数。

5. 材料数组（截面刚度＝弹性常数×几何性质）

$im, ama(1, im), ama(2, im), ama(3, im), ama(4, im), ama(5, im), ama(6, im)$ ($im=1, NM$)

依次为：材料号，杨氏模量 E，剪切模量 G，截面积 A，极惯性矩 I_p，平弯惯性矩 I_y，立弯惯性矩 I_z。

6. 特殊结点（支座结点，桁架单元铰结点，从结点）信息 $js(8, NS)$

$js(1,j), js(2,j), js(3,j), js(4,j), js(5,j), js(6,j), js(7,j), js(8,j)$ ($j=1, NS$)

依次为：特殊结点号，与 $u, v, w, \theta_x, \theta_y, \theta_z$ 相应的信息（6 个数），支座方位信息。

(1) 支座结点信息　支座结点号，$u, v, w, \theta_x, \theta_y, \theta_z$ 相应的约束信息，支座方位信息。其中：

① 约束信息：1——约束；0——自由；−1——给定位移。

② 支座方位信息：1——左侧；2——右侧；3——上方；4——下方。

固定端按固定面法向确定：固定面法向沿 x 正向填 1，沿 x 负向填 −1；固定面法向沿 y 正向填 2，沿 y 负向填 −2；固定面法向沿 z 正向填 3，沿 z 负向填 −3。

铰结端同固定端。

(2) 从结点信息　从结点号，$u, v, w, \theta_x, \theta_y, \theta_z$ 相应的主从信息，从结点方位信息。

其中：主从信息——同位移填主结点号，不同位移填 0；从结点方位信息不画出来暂填 0。

(3) 桁元铰结点信息　铰结点号，0, 0, 1, 0, 0, 0, 0。

桁元铰结点方位信息暂填 0，在图形显示时不画出来。

7. 结点荷载位移信息（无者不填）

$pj(1,j), pj(2,j), pj(3,j)$ ($j=1, NPJ$)

给定荷载为：结点号，方向码，荷载代数值；给定位移为：结点号，负方向码，位移代数值。

其中，方向代码为：1-x, 2-y, 3-z, 4-θ_x, 5-θ_y, 6-θ_z；相应荷载值为：$P_x, P_y, P_z, M_x, M_y, M_z$；相应位移值为：$u, v, w, \theta_x, \theta_y, \theta_z$（转角单

位：弧度）。

8. 非结点荷载信息（无者不填）

$pf(1,i), pf(2,i), pf(3,i), pf(4,i)$ （$j=1, NPF$）

依次为：单元号，类型码 ind，a 值，荷载代数值。其中类型码 ind 是荷载类型的代码，a 值是连续载荷的中止长度或集中载荷的作用位置（如表3-8所示）。

表 3-8　　　　　空间刚架程序的非结点荷载类型（ind）表

图　示	类型	图　示	类型
	ind=1		ind=11
	ind=2		ind=12
	ind=3		ind=13
	ind=4		ind=14
	ind=5		ind=17
	ind=6		ind=8

(二) 实用算例

以日光温室为例,图 3-17(1)所示是某塑料温室的结构简图。结构为双跨 3 榀(开间),组成杆件有:3 列 4 排共 12 根立柱;顶棚的 4 个坡形屋面由 $4 \times 4 = 16$ 根檩条(斜梁);2 个屋脊的 $3 \times 2 = 6$ 根水平屋脊梁;两侧屋檐和屋面沟的 $3 \times 3 = 9$ 根水平梁;两山墙和内开间的 $2 \times 4 = 8$ 根水平横梁;两外侧的 $4 \times 2 = 8$ 根斜撑杆,对称面的南北两开间的立柱间有 2 根斜撑杆。为简化计算,除斜撑杆采用圆管外,所有梁和柱均采用同一种开口薄壁截面,如图 3-17(2)所示。各杆截面的方位是两侧立柱开口向内,中间一列立柱的开口两两相对,所有的水平梁截面开口朝下,坡形屋面的 16 根檩条开口朝下,立柱下端固定在混凝土基础内,所有斜撑杆按照两端铰接考虑。只考虑横向风载作用,为简单计简化为集中力,在左侧屋檐处各结点水平力为 10kN,两屋脊上各结点的水平力为 5kN,右侧屋檐处各结点水平力分量和垂直向上力分量各为 2.5kN。材料为钢,$E = 200 \times 10^6 \, \text{kN/m}^2$,自重不计。

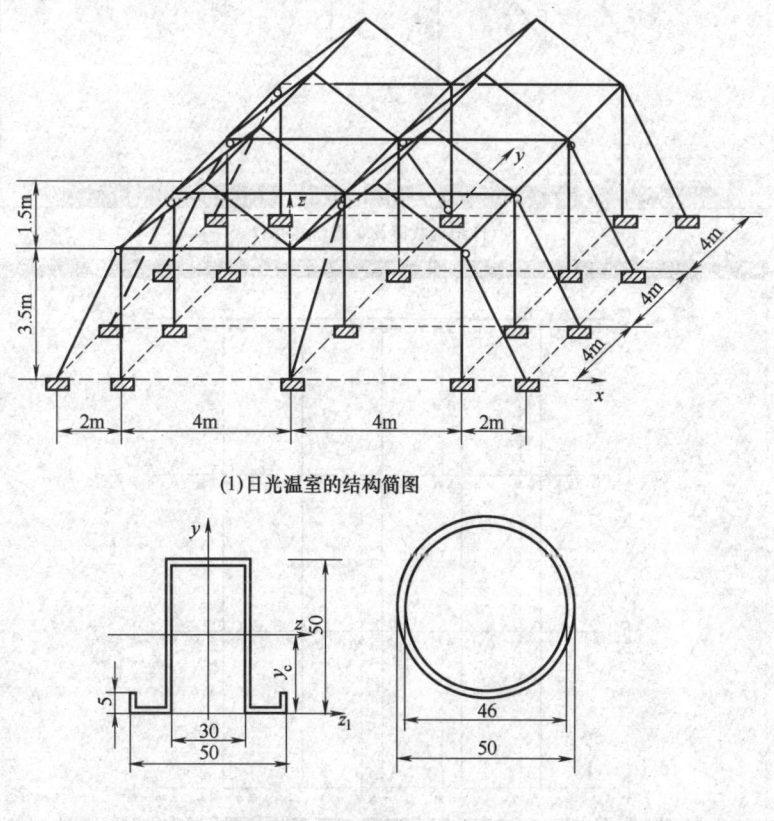

(1) 日光温室的结构简图

(2) 梁、柱开口薄壁截面

图 3-17 日光温室的结构简图和截面形状

根据空间刚-混结构程序 FTAC-3D 的数据文件填写规则编制出数据文件计算，可得到结构的位移、单元杆端力等一系列结果，此处限于篇幅从略，只给出计算机屏幕上显示的结构变形图，如图 3-18 所示。比较各单元杆端力可确定存在应力峰值的单元，进一步求出最大应力供强度校核，还可以从结点位移场得到各单元的变形进行刚度校核。

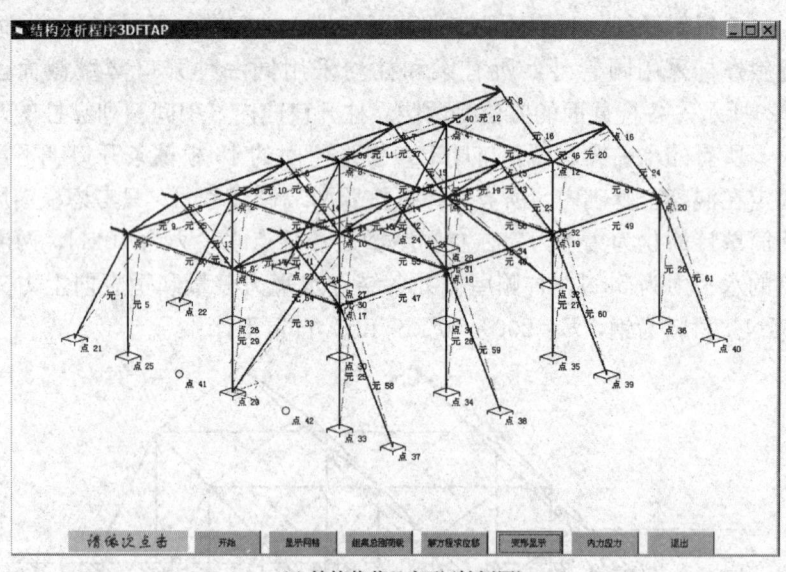

(1) 结构载荷及变形（轴侧图）

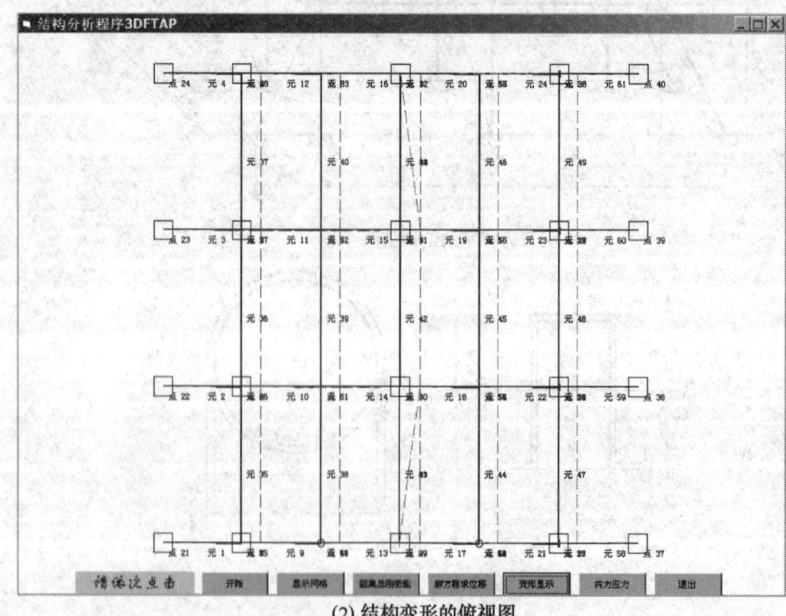

(2) 结构变形的俯视图

图 3-18　日光温室结构及其变形（位移）

第五节 温室结构强度的讨论

本章分析介绍了温室结构数值计算的基本理论和方法,以及实际软件的计算实施,这些都是把先进的结构设计方法应用于温室结构设计、推进温室设计优化和创新的必要知识。本节在上述内容的基础上对几个相关问题进行简单的讨论。

一、温室结构强度的评估依据

(一)结构设计的通用规范

一般结构的设计应以国家颁布的相关通用规范[如(GB 50009—2001)《建筑结构荷载规范》、(GB 50017—2003)《钢结构设计规范》]为依据,特别要注意符合其中的强制性标准。

(二)温室结构的通用规范

1. 温室结构的相关标准和规范

温室结构属于轻型钢结构,其结构设计与常规的工程结构设计没有本质的区别。同时,温室建筑还有较强的行业性特点,所以还应当遵循相关的部颁标准和本行业的质量检查规范。例如,农用温室设计要注意遵循农业部的部颁标准规范。这里列出了一些已经颁布的相关标准和规范供参考,请注意新规范信息。

(GB/T 18622—2002)《温室结构设计荷载》

(NYJ/T 06—2005)《连栋温室建设标准》

(NYJ/T 07—2005)《日光温室建设标准》

(JB/T 10286—2001)《日光温室结构标准》

(JB/T 10288—2001)《连栋温室结构标准》

(NY/T 1420—2007)《温室工程质量验收通则》

(NY/T 1145—2006)《温室地基基础设计、施工与验收技术规范》

2. 制订和执行温室结构的标准和规范的考虑

① 农用温室主要用途是为作物栽培提供生长环境,而不是人居场所,而且温室轻钢结构的破坏形式主要是塑性变形和屈曲,对人身伤害几率和危害程度与砖混结构的民居和厂房建筑相比较轻,所以对其安全性和抗震要求有一定区别。

② 以观赏为目的的玻璃温室,流动观赏的人口密度大,其结构安全性要求要高些,特别要防止屋顶玻璃破碎掉落引起的人身伤害,所以这类温室在执行标准时应当偏重于安全来考虑。

③ 根据目前农村的经济能力和生产力水平，经济效益和成本核算是必须考虑的重要因素。如长期不能收回成本，就失去了建设温室的意义。因此农用日光温室和大棚的设计寿命不宜过长，执行标准时需要根据实际情况来决定。

3. 结构设计荷载和非常规问题

设计荷载是结构强度刚度设计的依据和决定性因素。由于风雪荷载的随机性，通常根据各地若干年气象数据按照几十年一遇的情况制订设计荷载。但是，由于建设施工和管护方面的原因造成的问题也会发生不可预测的事故和损害，这里对其中若干问题分别讨论。

（1）自重　由于温室结构属于轻钢结构，结构自重和围护材料的质量与风雪荷载的量级没有显著差别，所以一般不应忽略，也可以近似地用增大安全因数的方法来保证计算的可靠性。

（2）玻璃开窗问题　风荷载规范的风压和体形系数是根据风绕温室外廓流动确定的，一旦起风后活动玻璃窗未关闭，气流将进入温室内形成内流场与外流场联合作用，许多固定的玻璃将受到内部的正压和外部负压的联合作用。这种情况需要在设计和管护措施方面考虑。

（3）基础沉陷问题　温室结构的所有立柱都固结在地基上，一旦基础的一部分由于渗水、积水而沉陷，固结在附近地基上的立柱会一起下沉，产生很大的不确定"载荷"，引起全结构的内力异常分布和部分结构失效。所以，在结构设计、施工和管护中必须切实保证避免。

（4）其他问题　包括安装施工中焊接质量问题、在建结构上人身和设备的载荷作用问题等，都可能对结构产生永久性的损伤或人身伤害。

二、结构的模型简化

（一）桁架、刚架和混合结构模型

本章分析的温室结构的力学模型涉及桁架、刚架和混合结构，这样的分类是理想化的结果。由于节点的连接形式具有多样性，同一结构可以有多种简化方案，例如螺栓连接和焊接屋架结构既可以简化成桁架，又可以简化成刚架。一般情况下，根据不同支座形式和杆间结合方式简化出的力学模型与实际结构的接近程度决定其计算误差的大小。模型简化的一般原则如下。

1. 不破坏原结构的几何不变性

如果一个结构按刚架简化是几何不变的，而按桁架简化后几何可变或瞬变，简化就是不允许的。因为几何可变或瞬变的机构就不是结构了，这种情况下位移状态无穷多组，刚度矩阵一定是奇异或"病态"的，用计算机计算时将出现溢出错误。

2. 简化的计算结果不失真

例如一焊接结构，应简化成刚架，当刚架的梁元弯曲刚度和应力很小而拉压应力很大时，按桁架简化（如果简化后结构仍是几何不变的话）计算也不会出现显著误差，简化就是可行的，以上平面桁架和刚架的算例就是这样，但是按照平面刚架用计算机计算并不比桁架更复杂。

（二）平面结构和空间结构的简化

温室结构都是空间结构，从横向看有单跨和多跨之分，从纵向看又分为若干榀（开间），严格地说都需要按照空间结构计算。在对受力状况清楚的前提下，允许根据受力特点进行简化，例如利用对称和反对称的特点简化，也可以把整体空间结构简化为平面结构估算。例如，在只考虑横向风载和雪荷载时，可以把纵向为 N 榀（$N+1$ 列立柱）简化为单列多跨的平面结构，施加在平面结构上的计算荷载线集度 q 应是：

$$q = pb \frac{N}{N+1} \tag{3-43}$$

其中，p 是实际的三维荷载集度，b 是开间宽度。

只考虑横向荷载的单列多跨平面结构还可以粗略简化成单跨结构，或只考虑纵向荷载时可以简化成单榀的结构，但是这样计算的结果与实际会有较大出入，属于粗略估算，其合理性需要对计算结果进行较多的比较来说明。

（三）开口薄壁截面杆的约束扭转

大多数温室结构的梁元都采用开口薄壁截面，抗扭转能力相当差。理论和实验都表明，开口薄壁截面杆在端面被约束情况下扭转时，由于限制了自由翘曲，端面附近会产生较大的正应力，目前的大多数梁元模型都没有考虑。对于计算发现扭矩较大的杆件，需要进行拉伸-弯曲-扭转综合应力校核。在温室结构设计时，应当尽量避免杆件发生扭转，扭矩较大的杆件应尽可能采用闭口截面，或采用较大的开口薄壁截面。

（四）结构的稳定性

温室结构的大多数杆件都属于细长杆，稳定性问题是比较突出的，梁的纵横弯曲或者整体结构的稳定性计算也是非常复杂的，所以简单的处理是在计算程序中增加用欧拉公式计算每根受压杆件的临界力进行检查。由于实际结构中杆的两端受到较强的约束，个别杆件处于临界状态，自身和整体结构也不至于失稳。

（五）有限元的动力学模型

结构计算分为静强度计算和动力学计算两类。以上讨论的只是结构的静强度模型的数值方法，没有考虑与加速度相关的动力学因素，因为动力学计算非常复杂。由于温室是固结于地面的单层建筑，虽然在其工作中同样会遇到风振等复杂情况，目前还多按照静强度的要求采用风荷载的峰值计算（从无风逐渐达到风载的峰值),动力学因素是根据具体情况选择适当的安全系数来考虑的。

(六) 非杆类构件的强度

实际温室除了主骨架结构之外,非杆类构件还是很多的,如固定在骨架上的屋面(墙壁和顶棚)PVC塑料板或玻璃板以及各种联结件等。这类元件的力学模型非常复杂,需要用弹性力学等知识分析。通常简化的处理方法是把这些包覆材料与温室主体结构分离开来,在计算时只把其上承受的荷载等效到主体结构上,待主体结构计算完成后,再根据框架的变形,考虑玻璃板的受力和破坏。而玻璃的破裂破碎与结构刚度和玻璃的材质(强度)和尺寸相关,需要采用复杂的平板有限元分析计算,不在本书范围。杆件之间的各种联结件在结构简化时也需要相应处理,如简化为刚结或铰结,在结构计算完成后再根据杆件之间的作用力,校核铰结螺栓或焊缝的抗拉和抗剪切强度。焊缝一旦破坏,或铰结螺栓失效,杆件之间就脱离了,整个系统的受力就会重新分布,从而引起严重后果。

三、大型连栋式温室的结构安全性和数值计算

(一) 大型连栋式温室的结构安全性

从以上各节讨论得知,约束条件是影响结构强度和刚度的重要因素。一般而言,温室的大型连栋式结构使得计算的复杂性大大增加了。但是,目前的连栋形式只是导致结构向平面方向延伸,并不改变高度、跨度和开间尺寸大小,这就意味着底端固定的立柱的数量按照平方增加,因而约束也大大增强了,同时由于它是单层结构,并且种植作物所要求的层高并无显著提高,受风面面积和风力强度不会显著增强,所以大型连栋式结构使得结构的强度和刚度大大增加,显示了大型连栋温室具有安全性好和效益高的先进特性和优势,同时也存在优化结构和节省原材料的潜在可能性。

(二) 大型连栋式温室的数值计算

大型连栋式温室结构杆的数量可以达到数千或数以万计,其数值计算的复杂性不亚于任何大型工程结构,成为非常困难的任务,这就使得程序改进显得十分迫切而重要。改进的主要方面包括输入数据的简化和结点、单元自动生成和网格优化、图形显示的改进,以及计算结果中具有峰值应力的单元的自动搜索和结果输出、结构调整和重新计算。这些工作的不断完善必将为温室结构设计和技术创新作出贡献。

第四章 温室工程建设施工

第一节 温室的选址及建设规格

一、场地选择

1. 阳光充足，避免遮阳

在温室的东、南、西侧无高大建筑物、树木以及自然遮挡物。

2. 避开风口，充分利用地形小气候

山口和自然风口在冬季和春季往往是大风的通道，容易形成穿击风。在这样的地区建设温室，容易遭受风灾和加大对流放热。建设地应选择在山前平地或村庄的南侧。

3. 土壤疏松肥沃，地下水位低

土壤疏松肥沃，有机质含量高，有利于作物的生长，可减少化肥的使用量，是获得优质高产的基础。地下水位低，地温容易升高，土壤水分容易调节，对冬季早春作物生长有利；另外，要避免将温室建设在低洼处，以防止水涝、水灾。

4. 避开粉尘污染地带

避开粉尘排放严重的工厂、矿山以及机动车流量大的公路两侧，这样能尽量防止由于粉尘对覆盖材料的污染影响温室的采光，降低其使用寿命。

5. 临近交通要道和村庄

便于农产品的运输、销售和生产管理。

6. 充分利用已有的水电资源

温室可建在已有深井水源或统一供水、供电的地块上，以减少投资。

二、温室建设规格、方位角

（一）日光温室

日光温室从小面积零散建设已发展到目前规模连片的温室群，因此，新建区从一开始就应打下规模发展的基础。

1. 规格

日光温室的跨度一般控制在 8m 以内，长度控制在 60m 左右，后墙高 2～

2.5m，脊高 3～3.5m，后屋面角 38°～45°，采光角 27°～30°。对于温室群，温室的前后间距 6～8m，左右间距 4～6m（以保证车辆通行为宜）。

2. 方位角

方位角一般选择正南或南偏西 5°～7°。方位角的确定方法：用罗盘测出磁子午线，减去当地的磁偏角。如北京地区的磁偏角为 5°57′，若以南偏西 5°为方位角，则 −5°−5°57′＝−10°57′；以正南为方位角，则 0°−5°57′＝−5°57′。

（二）**连栋温室**

无论是圆拱形还是 Venlo 型连栋温室，屋脊的走向应尽可能正南正北，避免天沟在同一区域内遮光，天沟落水口应布置在南侧。温室南北向控制在 50m 以内，东西向可按照温室的建设模数（圆拱型 8m 或 9m、Venlo 型 9.6m 或 10.8m）任意组合。

第二节　施工放线

在确定了温室建设的类型及数量后，根据规划设计图纸对温室建设进行放线。

将建设场地平整、清除杂物后就可以进行施工放线了。施工放线的任务是具体确定墙体砌筑的位置或基础施工要求基槽开挖的位置。对于日光温室要确定建设的方位角、温室间距。连栋温室放线要与周边的建筑物互相协调，尽量与周边的建筑物、公路等垂直或平行放置，不要出现"三角地"，从而影响土地的利用及整体美观。

高程控制：在保证雨季不出现倒灌的前提下，一般以原地面高＋0.2m 作为建设的±0.000 标高。

确定温室中一个点的坐标位置及其高程，在施工测量上称为"场地定位"。在温室总平面施工图中，新建温室的定位点要从建设场区周围比较明显的建筑物引出，如永久建筑物的拐角或等级公路交叉路口的中心点等，如果建设场地附近没有明显的参考点，可在建设场地周围或场地内不妨碍施工且通透良好的地方设置临时控制点（控制点不得少于 2 个），通过与温室的相对位置关系对温室进行放线及高程控制。

不论是哪种表示方法，坐标的引出点即是施工测量的起始点，从这一点可以确定坐标网格的（0，0）点（或是方格网坐标系中的某个结点）和高程系统的起始点，这是全部工程施工最原始的基准点。温室施工将从这里开始。

一、确定温室施工定位点

将坐标基准点引入到施工场地中温室的定位点是施工测量的第一步。由于基准点位置的不同,引入基准点的方法也比较多。精确的测量一般用经纬仪和水准仪,在受到条件限制的情况下也可以用钢尺来完成。

1. 以建筑物拐角点确定温室施工定位点

如图4-1所示,从已有建筑物的拐角点 N 引出,确定距离 N 点(a, b)的 A 点位置。测量的步骤如下:

分别过 M 点和 N 点作垂线 MM' 和 NN',并使 $MM'=NN'$(约 1～1.5m),MN 平行于 $M'N'$;在 N' 点安置经纬仪,照准 M' 点,用正倒镜延长线法作 $M'N'$ 的延长线,并自 N' 点起向外量水平距离 a,定出 O 点;在 O 点安置经纬仪,测设 90°角,并在此方向上自 O 点量取水平距离 OA,使 $OA=b-MM'$,即可测得温室施工的定位点 A。

2. 以道路中心线的交叉点确定温室施工定位点

如图4-2所示,从道路中心线的交叉点 M 点确定 $A(a,b)$ 点的位置。测量步骤如下:

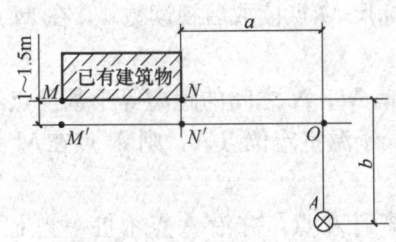

图4-1 从建筑物拐角点确定
施工定位点

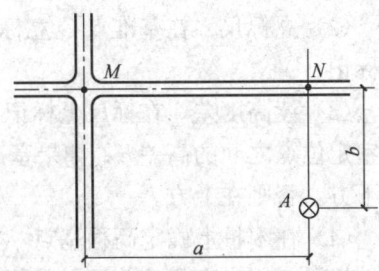

图4-2 以道路中心线的交叉点确定
温室施工的定位点

(1) 确定道路交叉点 先用钢尺找出道路中心线,并标出其交点 M。

(2) 确定 N 点 自 M 点起沿道路中心线 MN 方向量出水平距离 a 定出 N 点。

(3) 确定施工定位点 在 N 点安置经纬仪,测定出 MN 的垂线,并自 N 点起在该垂线上量取距离 b 得 A 点,A 点即温室施工的定位点。

3. 用"勾股弦"法确定施工定位点

不论从建筑物拐角点还是道路中心线交点引出到新建温室的定位点,其中测量的一个核心参数是一条直线的垂线。如果测量现场没有经纬仪,只用钢尺、皮尺或测绳也可以比较精确地用"勾股弦"法测得直线的垂线,其余的测量则用钢尺即可完成全部任务。

所谓"勾股弦"就是利用勾股定理做垂线,具体方法就是在测绳上找出 3 个点。在测绳上任意端点 O 开始,量 3m 长度处定为 A 点,再从 A 点量 4m 长度处定为 B 点,最后从 B 点量 5m 为 C 点。测量时,首先将测绳的 C 点与 O 点重

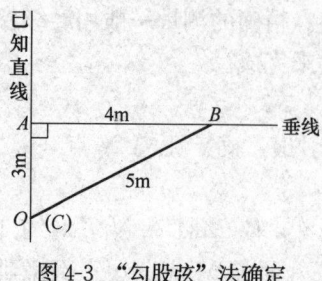

图 4-3 "勾股弦"法确定施工定位点

合,然后将测绳 3m 段(OA)与已知地面直线重合,捏住测绳上的 B 点朝已知直线(OA)的垂直方向走,直到将测绳的 AB 和 BC 两段都绷紧,此时 AB 方向就是已知直线(OA)的垂线,B 点即为定位点,如图 4-3 所示。

二、定位点高程的确定

测量定位点高程也需要从基准点(或其他给定点)高程系统中引出。如图 4-4 所示,已知给定基准点 O 的高程,测量温室定位点 A 的高程(绝对高程),或要求温室定位点 A 的高程高出或低于基准点 O 高程 h(相对高程),测量方法如下。

(1)架设水准仪 在基准点 O 和温室定位点 A 之间直线上的任意一点架设水准仪。

(2)立标尺 在基准点 O 立标尺,在标尺 M 点读取后视读数 a,在 M 点作标记。

(3)读高度差 在标尺上标记 N 点,使 M、N 之间的距离等于基准点与温室定位点之间的高差 h,如果基准点 O 低于温室定位点 A,则 N 点在 M 点的下方,否则在上方。

(4)在木桩上确定高程基点 将标尺移到 A 点,并沿 A 点木桩一侧上下移动标尺,用水准仪的前视寻找标尺上的 N 点,此时标尺的底面即是温室定位点的高程基点±0.000,在木桩的此处位置画红线,并做重点保护。

三、温室墙体轴线施工放线

利用图 4-5 所示的放线方法,获得温室某一定位点后,确定温室的轴线。温室轴线定位后,轴线交点桩(或称角桩)在开挖时被破坏,为了方便地恢复轴线,将轴线延长到安全地点,并做好标记。方法为龙门桩法或轴线控制桩法。

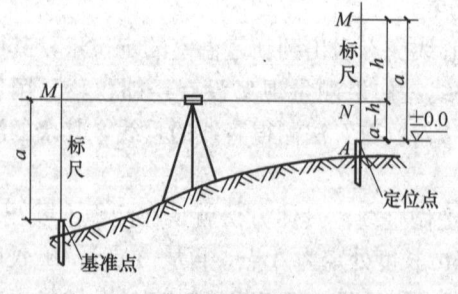

图 4-4 定位点高程的确定

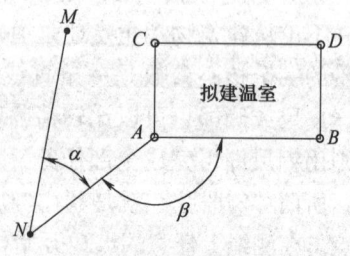

图 4-5 温室轴线定位图

第三节 基础施工

基础是温室上部荷载传向地基的承重结构，是温室结构不可缺少的组成部分。基础是否合理将直接影响温室结构的安全和使用性能，因此，对温室的基础施工必须给以足够的重视。

一、基础埋置深度

一般情况下，基础的埋置深度应按下列条件确定：
① 温室的结构类型，有无地下设施，基础的形式和构造；
② 作用在地基上荷载的大小和性质；
③ 工程地质和水文地质条件；
④ 相邻温室的基础埋深；
⑤ 地基土冻胀和融陷的影响。

在满足地基稳定和变形要求的前提下，基础应尽量浅埋，当上层地基的承载力大于下层土时，宜利用上层土作持力层。除岩石地基外，基础埋深不宜小于 0.5m，基础宜埋置在地下水位以上；当必须埋在地下水位以下时，应采取措施保证地基土在施工时不受扰动；当基础埋置在易风化的软质岩石层上，施工时应在基坑挖好后立即铺筑垫层。

当相邻温室距离较近时，新建温室的基础埋深不宜大于原有温室基础。当埋深大于原有温室基础时，两基础间应保持一定净距，其数值应根据荷载大小和土质情况而定，一般取相邻两基础底面高差的 1～2 倍。温室外围护墙面的基础埋深应在常年冻土层以下，当冻土层深度较深（大于 1.50m）时，为节约投资，可将基础埋深设计在冻土层以上 10～20cm；对于室内柱基或墙基，一般应考虑温室冬季运行时，室内不会出现冻土；基础埋深可不受冻土层深度的影响，主要应考虑不影响室内作物耕作和满足地基持力层的要求，一般可埋设在地面以下 0.80～1.00m 深度。

二、基础类型及其构造要求

民用建筑基础类型较多，但用于温室的基础主要以条形基础和独立基础为主。

（一）条形基础

条形基础常用于外墙下，除承受上部结构传来的荷载外，还起围护和保温作用。温室内如有隔断墙时也常采用条形基础。条形基础的材料可根据当地情况因地制宜，一般常采用砖、毛石、混凝土。垫层可采用灰土、三合土、素混凝土。用这些材料砌筑的基础，抗压性能好，但抗弯性能差。这种类型的基础有一定的构造要求，主要是限制刚性角的大小，使其不超过允许的最大刚性角，或宽高比不超过允许值，否则当基础外伸长度较大时，可能由于基础材料抗弯强度不足而开裂破坏，高宽比的允许值按基础材料及基底压力大小而定。刚性基础的理论截面应按刚性角放坡，为施工方便，常做成阶梯形。分阶时每一台阶均应保证刚性角要求，当根据刚性角的要求，基础所需高度超过埋深时，或基础顶面离地面不足100mm时，应加大埋深或改用扩展基础。

各种条形基础刚性角构造要求如图4-6所示。

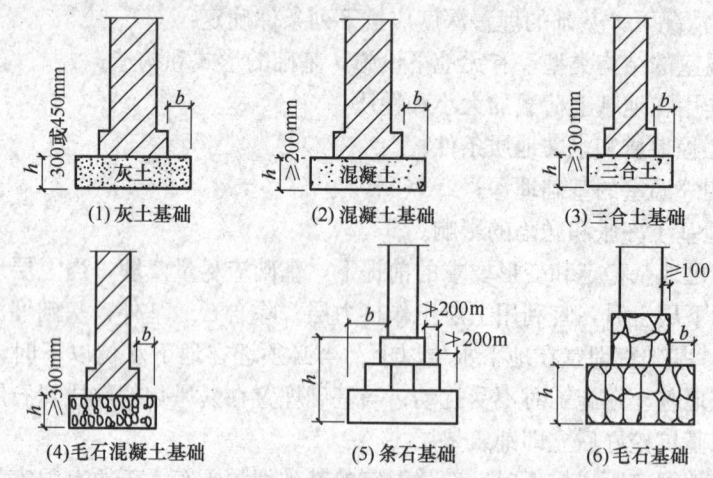

图4-6 各种条形基础刚性角构造

按照民用建筑的定义，基础应是地面以下部分，超过地面以上部分为墙体。但由于温室的墙体主要采用透光覆盖材料，从材料性能和功能上与基础有很大的差别。为了增强温室保温，常常将温室基础伸出地面以上200~500mm。在温室设计中，一般将伸出地面部分的墙体一并归入基础考虑，因为它们同属于土建工程的范畴。墙内立柱位置可砌筑尺寸大于180mm×180mm×240mm的混凝土垫块，用不小于M5水泥砂浆砌筑，垫块中预留钢埋件用于安装钢柱；跨度及上部荷载较大、地基较差的温室，为了增强温室的整体刚度，防止由于地基的不均匀沉降对温室引起的不利影响，在地面以上沿外墙浇筑钢筋混凝土圈梁，内构造配纵向钢筋≥4Φ8、箍筋≥Φ6@250；在圈梁顶面预留钢埋件与上部柱相连接。

（二）独立基础

连栋温室室内独立柱下基础一般都是独立基础。常用于温室独立基础的形式主要有现浇钢筋混凝土基础和预制钢筋混凝土基础，还有一些温室特殊用独立基础，如桩基和可调节基础等。

1. 现浇钢筋混凝土基础

现浇钢筋混凝土独立基础的形式一般采用锥形和阶梯形。基础尺寸应为100mm的倍数,承受轴心荷载时一般为正方形,承受偏心荷载时,一般采用矩形。其长宽比一般不大于2,最大不超过3。

锥形基础可做成一阶或两阶,根据坡角的限值与基础总高度而定,其边缘高度 H 不宜小于200mm,也不宜大于500mm。

阶梯形基础的阶数一般不多于三阶,其阶高一般为300~500mm,具体要求可参考《钢筋混凝土基础梁》(国家建筑标准设计图集04G320),《条形基础》(国家建筑标准设计图集05SG811),如图4-7所示。

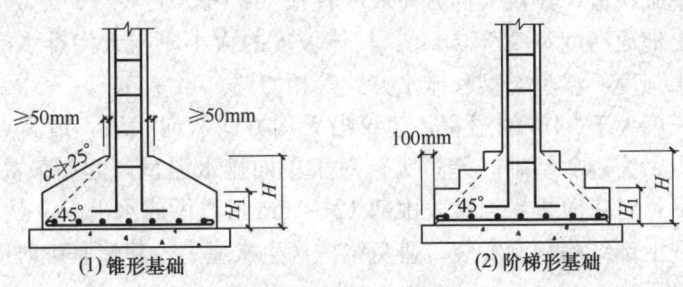

图4-7 现浇钢筋混凝土独立基础

2. 预制柱混凝土基础

此类基础常规做法为:预制钢筋混凝土短柱,其截面一般为200mm×200mm,柱长900~1100mm。短柱内配有纵向钢筋及箍筋,其大小根据不同荷载计算而定。当上部传来荷载很小时,可构造配纵向钢筋≥4Φ10、箍筋≥Φ6@250;在短柱顶面预埋钢板,其大小一般为150mm×150mm。施工时柱下采用标号不小于c15的现浇混凝土浇筑,其截面常用600mm×600mm的矩形或直径为600mm、埋深不小于600mm的圆柱形。

如图4-8所示预制钢筋混凝土柱独立基础,其特点是施工时可用基础找坡,坡度0.5%。温室上部钢柱直接焊接在基础预埋件上,不再用钢柱找坡,这有利于上部结构的工厂化生产。

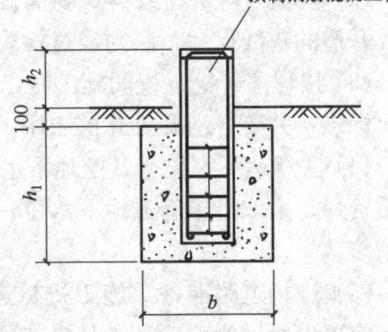

图4-8 预制钢筋混凝土柱独立基础

3. 温室内部桩基

常规内部独立柱基础的做法是将一预制混凝土柱脚插入地下一定深度现浇

混凝土块，即混凝土垫块中。混凝土块的尺寸依温室高度、连跨数量、斜撑数量、土壤性质等参数确定。

三、基础坡度

为顺畅排泄温室屋面雨水，温室的天沟必须保证一定的坡度。设计天沟坡度的方法有两种：一是采用水平基础，改变温室立柱长度；二是保持相同立柱长度，采用基础找坡。前者基础施工方便，但工厂加工立柱的规格较多；后者可显著减少工厂生产立柱长度的规格品种，是目前温室设计和施工中常采用的方案。

对于基础找坡，建议天沟方向坡度宜在（1:500）～（1:200），且要保证基础伸出地面高度不高于0.5m。具体坡度的大小应与天沟排水能力、建设地区的降水强度、温室类型和排水方式等相协调。

对于长度大于54m的温室，建议沿天沟方向双向找坡，最高点放在长度方向的中点。为避免基础高差过大，对于单向排水温室，起始最高端12m可以做成水平；对双向排水温室，中部12～15m可以做成水平。

为保证上部结构顺利安装，避免结构产生次应力，建造基础时应保证尺寸偏差不超过±10mm。

四、温室基槽开挖

(1) 清除场地　土方开挖前，应根据施工方案的要求，将施工区域内的地下、地上障碍物清除和处理完毕。

(2) 检验　建筑物或构筑物的位置或场地的定位控制线（桩）、标准水平桩及开槽的灰线尺寸，必须经过检验合格，并办完预检手续。

(3) 按程序开挖　夜间施工时，应有足够的照明设施；在危险地段应设置明显标志，并要合理安排开挖顺序，防止错挖或超挖。

(4) 注意地下水位　开挖地下水位高的基坑槽、管沟时，应根据当地工程地质资料，采取措施降低地下水位。一般要降至开挖面以下0.5m，然后才能开挖。

(5) 进场道路准备　施工机械进入现场所经过的道路、桥梁和卸车设施等，应事先经过检查，必要时要进行加固或加宽等准备工作。

(6) 选择好土方机械　选择土方机械，应根据施工区域的地形与作业条件、土壤的类别与厚度、总工程量和工期综合考虑，以能发挥施工机械的效率来确定，编好施工方案。

(7) 确定施工区域运行路线　施工区域运行路线的布置，应根据作业区域工程的大小、机械性能、运距和地形起伏等情况加以确定。

(8) 准备好人工辅助作业　在机械施工无法作业的部位和进行修整边坡坡度、清理槽底作业等，均应配备人工进行。

(9) 熟悉图纸，做好技术交底。

五、基础工程施工

(一) 作业条件

① 基槽混凝土或灰土地基均已完成，并办完隐检手续。

② 已放好基础轴线及边线；立好皮数杆（一般间距 15～20m，转角处均应设立），并办完预检手续。

③ 根据皮数杆最下面一层砖的底标高，拉线检查基础垫层表面标高，如第一层砖的水平灰缝大于 20mm 时，应先用细石混凝土找平，严禁在砌筑砂浆中掺细石代替或用砂浆垫平，更不允许砍砖合子找平。

④ 常温施工时，黏土砖必须在砌筑的前一天用水湿润，一般以水浸入砖四边 1.5cm 左右为宜。

⑤ 砂浆配合比经试验室确定，现场准备好砂浆试模（6 块为一组）。

(二) 工艺流程

工艺流程为：拌制砂浆→确定组砌方法→排砖撂底→砌筑→抹防潮层。

1. 拌制砂浆

① 砂浆配合比应采用质量比，并由试验室确定，水泥计量精度为±2%，砂、掺和料精度为±5%。宜用机械搅拌，投料顺序为：砂→水泥→掺和料→水，搅拌时间不少于 1.5min。

② 砂浆应随拌随用，一般水泥砂浆和水泥混合砂浆须在拌成后 3h 和 4h 内使用完，不允许使用过夜砂浆。

③ 基础按每 250m³ 砌体，各种砂浆、每台搅拌机至少做一组试块（一组 6 块），如砂浆强度等级或配合比变更时，还应制作试块。

2. 确定组砌方法

① 组砌方法应正确，一般采用满丁满条。

② 里外咬槎，上下层错缝，采用"三一"砌砖法（即：一铲灰，一块砖，一挤揉），严禁用水冲砂浆灌缝的方法。

3. 排砖撂底

① 基础大放脚的撂底尺寸及收退方法必须符合设计图纸规定，如一层一退，里外均应砌丁砖；如二层一退，第一层为条砖，第二层砌丁砖。

② 大放脚的转角处应按规定放七分头，其数量为一砖半厚墙放三块，二砖墙放四块，以此类推。

4. 砌筑

① 砖基础砌筑前，基础垫层表面应清扫干净，洒水湿润。先盘墙角，每次盘角高度不应超过5层砖，随盘随靠平、吊直。砌基础墙应挂线，24墙反手挂线，37以上墙应双面挂线。

② 基础标高不一致或有局部加深部位，应从最低处往上砌筑。应经常拉线检查，以保持砌体通顺、平直，防止砌成"螺丝"墙。基础大放脚砌至基础上部时，要拉线检查轴线及边线，保证基础墙身位置正确。同时还要对照皮数杆的砖层及标高，如有偏差时，应在水平灰缝中逐渐调整，使墙的层数与皮数杆一致。

③ 各种预留洞、埋件、拉结筋按设计要求留置，避免后剔凿，影响砌体质量。变形缝的墙角应按直角要求砌筑，先砌的墙要把舌头灰刮尽；后砌的墙可采用缩口灰，掉入缝内的杂物随时清理。安装管沟和洞口过梁其型号、标高必须正确，底灰饱满；如坐灰超过20mm厚，用细石混凝土铺垫，两端搭墙长度应一致。

5. 抹防潮层

将墙顶活动砖重新砌好，清扫干净，浇水湿润，随即抹防水砂浆。设计无规定时，一般厚度为15~20mm，防水粉掺量为水泥质量的3%~5%。

(三) 雨季、冬季施工

1. 雨季施工

雨季施工应注意如下几点：

① 土方开挖一般不宜在雨季进行，否则工作面不宜过大，应逐段、逐片分期完成。

② 雨季施工在开挖基坑（槽）或管沟时，应注意边坡稳定。必要时可适当放缓边坡坡度，或设置支撑。同时应在坑（槽）外侧围以土堤或开挖水沟，防止地面水流入。经常对边坡、支撑、土堤进行检查，发现问题要及时处理。

2. 冬季施工

冬季施工应注意以下几点：

① 土方开挖不宜在冬季施工；如必须在冬季施工时，其施工方法应按冬季施工方案进行。

② 采用防止冻结法开挖土方时，可在冻结以前用保温材料覆盖或将表层土翻耕耙松，其翻耕深度应根据当地气温条件确定，一般不小于30cm。

③ 开挖基坑（槽）或管沟时，必须防止基础下基土受冻。应在基底标高以上预留适当厚度的松土，或用其他保温材料覆盖。如遇开挖土方引起邻近建筑物或构筑物的地基和基础暴露时，应采取防冻措施，以防产生冻结破坏。

第四节 温室主体工程建设施工

温室分为单栋温室和连栋温室。单栋温室又称单跨温室,指仅有1跨的温室。塑料大棚、日光温室等都属于单栋温室,通常采用单层薄膜覆盖;两跨及两跨以上、通过天沟连接的温室,称为连栋温室,覆盖材料可采用单层或双层充气膜、PC板、波浪板、玻璃等。

一、日光温室主体工程施工

(一) 墙体砌筑的类型

1. 土筑墙

土墙可就地取土筑成,只需人工,不用材料投资,保温效果比较好。建造土墙的方法有草泥垛、湿土夯和土坯砌。具体做法大同小异,但土质不同,坚固程度大不一样,有的干打垒可数年不坏。作为后墙的土墙,最大的问题是支撑力稍差,特别是被雨水浸湿以后,常发生坍塌现象。为了增加支撑,一般是在主要着力点下砌砖垛或加立柱,有的在墙顶再做混凝土梁。用土坯砌墙时,泥浆要饱满,接口要咬茬,墙的内外必须用泥抹严实,防止透风、漏气等降低保温效果。用草泥垛墙时,一次不要砌得太高,宜分次进行,以防坍塌。

2. 石砌墙

用毛石、河卵石建造墙体时,只要砌筑得法,可以一劳永逸,不像土墙那样容易坍塌。石砌墙里侧抹白灰,外侧培土,保温好,还可增强墙体的牢固性。

3. 砖砌墙

用砖墙建造的日光温室,主要是钢筋或钢管骨架的永久性温室。现已普遍采用"三七"夹心墙,用水泥砂浆砌筑。后墙顶预留与骨架连接的预埋铁或角钢。后屋面顶制板安装完毕后,再砌筑30~40cm高的女儿墙,以便填充杂草和作物秸秆等保温覆盖物,减小后屋面的坡度,便于在上面行走作业。

(二) 骨架的安装

温室骨架结构分为竹木结构、钢木结构、钢结构等形式。由于竹木结构抵御自然灾害能力较差及使用期限短等因素,已基本不再建设。钢木结构的温室由于比钢结构的造价低,能抵抗一定的自然灾害,目前建设的还比较普遍。钢结构温室,由于使用寿命长,抵抗自然灾害能力强,建设面积在逐年增大。

1. 钢木结构温室

钢木结构温室由钢骨架及竹竿组成,每间隔3m设置1榀由钢管及钢筋焊接的钢骨架,在钢骨架上东西横拉8号铁丝,前拱铁丝的间距为30~40cm,

图4-9 钢木结构日光温室

后拱铁丝的间距15~20cm，东西两端固定到山墙外预埋的地锚上，将铁丝拉紧，在每道骨架上固定。然后用竹竿作拱杆，拱杆间距75cm，用细铁丝把拱杆拧在各道8号铁丝上，如图4-9所示。

2. 钢骨架温室

温室骨架有焊接式桁架、装配式、单拱式等几种类型。该类型的温室在室内不设置立柱，方便了小型农机具作业。

每间隔1m布置1榀骨架，骨架两端与温室基础墙上的预埋件连接；前屋面东西向均匀布置3道用1/2钢管或钢筋制作的横向拉杆，以保持骨架的稳定；在屋脊设置一道角钢，用于固定薄膜；后屋面的中间设置1道扁钢，用于支撑后屋面板。若骨架的连接固定为焊接方式，要保证焊接质量及焊接后的防腐处理；采用螺栓铰接装配式骨架要保证连接紧固。

(三) 后屋面覆盖

温室后屋面既要保温又要可以上人，故材料需要一定的强度和保温性能。

1. 松散材料

在温室的后屋面先铺一层木板或其他具有水平支撑的材料后，在上面铺一层薄膜或油毡用于防水及防止填充物落入温室内，上面再填充珍珠岩、煤渣、土等作为保温材料。填充坡度不宜太陡，以人能够在上面安全行走并能完成拆装薄膜及草帘为宜。填充物表面用防水砂浆抹面。

2. 夹心硬质材料

夹心硬质材料指彩钢保温板、GMC保温板及水泥预制板等，该种材料均可直接铺设在温室骨架上，可用自钻自攻钉将彩钢板固定在温室骨架上；GMC保温板及水泥预制板直接铺在骨架上，外部用防水砂浆抹面或采用SBS防水卷材。

(四) 覆盖材料的固定

日光温室普遍采用单层薄膜覆盖，一栋温室的薄膜由三块组成，其目的是为温室留有顶部、底部通风口，固定方式可采用竹竿+铁丝及卡槽卡簧方式。

1. 烫薄膜

若温室采取人工拨缝通风时，需对薄膜进行封边烫膜处理。在烫薄膜前要分清薄膜的正反面，将尼龙绳放在薄膜一边内侧约10cm，把薄膜折回，用电熨斗将两层薄膜烫在一起。

2. 铺膜前的准备工作

① 铺薄膜要选择风力小的晴天；
② 检查温室骨架上有无坚硬物质，以免刺伤薄膜；
③ 检查压膜线是否充足，挂钩是否牢固。

3. 薄膜固定

薄膜固定一般采用由下向上的顺序，上膜压下膜。

(1) 竹竿＋铁丝固定　将最下边的薄膜有尼龙绳的一端用细铁丝固定在骨架上，下端用土埋实；同样将第二块薄膜的上端用细铁丝固定在骨架上；第三块薄膜无尼龙绳的一端用竹竿卷起用细铁丝捆牢后，再固定在屋脊上。安装时膜与膜的搭接宽度应不小于 30cm。将尼龙绳拴在两侧墙上，两侧薄膜同样用竹竿卷起固定在墙上。

(2) 卡槽卡簧固定　在温室的屋脊及下端用自攻钉将卡槽固定在温室骨架上，东西两侧固定在墙的外侧。将最下边的薄膜有尼龙绳的一端用细铁丝固定在骨架上，下端用簧压紧；第二块薄膜的固定与竹竿＋铁丝的方式相同；第三块薄膜无尼龙绳的一端用卡簧固定。将尼龙绳拉紧拴在侧墙上，再固定薄膜的两端。

(3) 压紧薄膜　薄膜安装完毕后，在温室拱架间用压膜线将薄膜压紧。

(五) 温室前屋面保温

温室的前屋面现普遍采取草帘、保温被等保温措施。

1. 草帘保温

(1) 草帘铺设　草帘分两层摆放，第一层各草帘之间留有半个草帘的空隙，再把第二层草帘压上，上部固定在温室的后屋面上。

(2) 草帘收放　草帘的收放通常采用人工或电动卷帘机两种方式。人工收放，不是浪费日照时间，就是影响保温，且耗时劳动强度大。有条件的最好采取电动卷帘机，其优点是：在短时间内完成收放，操作方便，省时省力。

2. 保温被保温

(1) 保温被铺设　保温被从东侧开始铺起，相邻的西侧被压住东侧被，搭接宽度不小于 150mm，搭接处若为气眼可用尼龙绳依次串起；若一侧为气眼一侧为绑扎绳，将绑扎绳从气眼穿过绑扎紧，起到连接保温被的作用。保温被顶部可用角钢或尼龙绳固定在温室后屋面上。

(2) 保温被收放　保温被因块与块之间已进行了连接，不可能实现人工收放，只能采用机械收放。

(3) 电动收放方式　保温被因质量轻，在不超过 60m 长的温室可采用侧卷，即将卷被电机安装在没有操作间的一侧。在距温室侧墙外侧约 30cm、距北墙 2m 的位置用砼做一个预埋基础，将卷被电机伸缩杆连接件与埋件焊接。卷被电机与卷被轴用法兰连接，有卷被电机一侧质量大，在保温被卷起时，保温被卷得比无电机的一端紧，保温被卷筒直径出现大小头现象，故在电机的一侧加上一条窄被，使卷起的被子粗细基本一致。

超过60m的保温被及草帘使用中卷，将卷帘机置于长度方向的中间，卷帘机输出轴的两端用法兰盘与卷轴连接，将保温被、草帘固定在卷轴上；电机的悬臂杆支撑点立在温室前沿外侧约1.8m处。在电机行走的路线下铺一块固定保温被或草帘，待卷帘机行至温室顶部后，将固定被人工收起。

二、连栋温室的主体工程施工

温室工程的安装要遵循从下往上、从高往低，从外到内、先地下后地上的原则。温室工程安装顺序为：骨架→外遮阳→顶部覆盖→四周围护→湿帘风机→内遮阳→控制→供暖→苗床→给水。

（一）钢骨架的安装

温室骨架的安装顺序为：主立柱→天沟（含外遮阳立柱）→桁架→辅立柱→横撑→拱杆→檩条→外遮阳横纵撑→斜拉筋。

1. 安装准备

复验安装定位所用的轴线控制点和测量标高使用的水准点。复验骨架支座及支撑系统的预埋件，其轴线、标高、水平度、预埋螺栓位置等超出允许偏差时，应做好技术处理。检查吊装机械及吊具，按照施工组织设计的要求搭设脚手架或操作平台。

2. 骨架安装

构件必须按照图纸设计的节点要求安装。构件安装如采用焊接或螺栓连接节点，需检查连接节点，合格后方能进行焊接或紧固。安装螺栓孔不允许用气割扩孔，永久性螺栓不得垫两个以上垫圈，螺栓外露丝扣长度应不少于2~3扣。焊接及高强螺栓连接操作工艺详见该项工艺标准。骨架支座、支撑系统的构造做法需认真检查，必须符合设计要求，零配件不得遗漏。天沟接头要涂抹密封止水胶或垫止水胶带，必要时要做闭水试验。

3. 检查验收

骨架安装后首先检查现场连接部位的质量，主要检查骨架跨中对两支座中心竖向面的不垂直度；骨架受压弦杆对骨架竖向面的侧面弯曲，必须保证上述偏差不超过允许偏差，以保证骨架符合设计受力状态及整体稳定要求。骨架支座的标高、轴线位移、跨中挠度，经测量做出记录。

（二）覆盖工程

1. 玻璃的安装

玻璃的安装分为有框安装和无框安装两种形式。有框安装是玻璃周边有框架支撑，玻璃边缘被框架包围密封，且框架具有足够的承载强度及刚度。温室一般采用有框安装形式。

温室一般选用4mm、5mm浮法平板玻璃，四周为增加保温也可采用中空玻璃，使用专用铝合金型材将玻璃镶嵌在温室骨架上。玻璃安装好后，必然受到风载荷、地震载荷、雨雪载荷或其他有效载荷的作用，由于其独特的强度特性，当应力超过其弹性极限后，不同于聚碳酸酯板、薄膜等材料具有塑性变形，而是立即断裂。为了保证整个安装结构的安全性、可靠性和耐久性，安装时应遵循以下原则：

① 玻璃的板面、厚度尺寸应根据玻璃可承受的有效载荷强度确定，玻璃受载荷作用最大弯曲变形挠度一般不应大于跨度的1/70。

② 固定玻璃的框架应有足够强度，防止因框架变形使玻璃破碎。框架变形一般采用不超过跨度的1/180进行设计。

③ 玻璃周边应与框架留有合适的间隙，局部用弹性材料填充，应避免安装应力。

2. 中空PC板的安装

PC板在订货时，可要求生产厂家按照所需的长度、宽度生产，减少施工现场切割板材的工作量。

（1）PC板的切割　板材切割可采用手提电动切割锯、钢锯、壁纸刀等，切割时不要撕掉保护膜，切割后清除板内的锯屑。

（2）分清正反面　PC板的双面均有保护膜，一般印有标志的一面具有防紫外线作用，安装时此面朝外。

（3）PC板两端的密封处理　PC板安装前先将保护膜四周掀开50mm，撕掉开口两端原有的密封条，顶部更换成密封防水胶带（如铝箔密封胶带），底部更换成透气胶带。

（4）PC板的固定　将PC板用自攻螺钉固定在骨架上，PC板与骨架间垫橡胶块，钉帽与板之间垫大垫圈。自攻钉固定间距0.5m。密封胶选用PC板专用的硅酮密封胶，密封条采用三元乙丙橡胶，安装完毕后撕掉保护膜。

3. 薄膜的安装

（1）卡槽的固定　将卡槽用拉铆钉或自钻自攻钉固定在温室骨架上，固定间距为0.3m，拐角处切成45°斜角，以保证卡槽的连续性。卡簧为弹簧钢丝，外表面包塑或浸塑处理，以增加卡簧的抗腐蚀性能并增加表面的光滑程度，避免损伤薄膜。

（2）塑料膜的铺装　连栋温室在铺装塑料膜的时候，通常需要4～6人同时进行。将塑料膜卷放在一跨温室的端部，朝外的一面向上放置，并用支架支撑起来，留两个人在端部，其余的安装人员沿天沟拉着塑料膜向另一端前进。跨度两边的人员同时将膜绷紧，再用卡簧固定塑料膜。

（3）压膜线的安装　对于温室顶部的单层覆盖塑料膜，沿温室跨度方向应设压膜线将塑料膜压紧在骨架上，以防止大风对塑料膜的损害。压膜线一般是钢丝芯的塑料线，一些进口的压膜线是用树脂尼龙为原料加工而成，具有高强度、抗老化等优点。压膜线的间距根据顶部骨架的疏密程度确定，一般为1～2m。压膜线在天沟上的固定较简单，在侧墙通风窗上应该加装护膜线，目的是防止卷膜轴在风力的作用下摆动，造成塑料膜损坏或密封不严。护膜线可竖直安装也可斜拉成网状，上下两端头可通过弹簧挂钩固定在卡槽中。

第五节　温室内部设备安装调试

一、开窗通风系统的安装

连栋温室的顶开窗根据覆盖材料的不同，所采用的开窗方式也不同，通常玻璃、PC板覆盖的采用多排屋顶连续间断推杆式开窗，PC板及双层充气膜覆盖采用连续开窗，单层薄膜覆盖采用卷膜开窗（开窗方式可采用手动或电动）。侧墙及湿帘保温窗若为玻璃，一般采用塑钢或铝合金框平开或推拉窗，PC板及双层充气膜覆盖采用连续开窗，单层薄膜覆盖采用卷膜开窗。

（一）开窗机的安装

开窗减速电机固定架原则上安装于整个窗扇中部的立柱或拱梁上。安装时，按照设计的高度和位置在安装固定架的立柱或拱梁上打孔，孔间距与固定架上的孔要一致，然后用螺栓将固定架固定于立柱上，再将减速电机用螺栓安装于电机固定架上，电机固定架也可以用"U型螺栓"按照设计的高度和位置固定在立柱或拱梁上，如图4-10和图4-11所示。

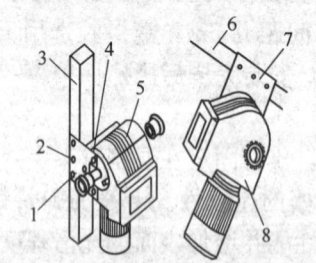

(1)固定在立柱上　(2)固定在屋面拱杆上

图4-10　减速电机在柱上打孔固定
1—电机固定架　2—M8螺栓　3—立柱
4—M10×15螺栓　5—减速电机　6—拱杆
7—电机固定架　8—减速电机

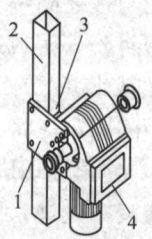

图4-11　减速电机在柱上用U型螺栓固定
1—电机固定架　2—立柱　3—U型螺栓
4—减速电机

（二）开窗轴支座的安装

在立面侧开窗、湿帘外翻窗、屋顶连续开窗三种开窗方式中，每个齿轮边上都应该有一个轴承座支撑驱动轴和齿轮齿条，轴支座间距控制在 2m 左右。轴支座一般通过自钻自攻钉固定于立柱或拱杆上，也可以在立柱或拱杆上打孔，使用螺栓来固定。安装时必须保证轴承座的中心孔与减速电机的输出轴中心成一条直线，如图 4-12 所示。

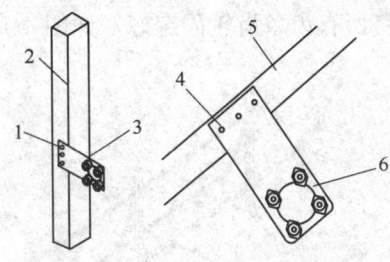

(1) 安装在立柱上　　(2) 安装在拱梁上

图 4-12　开窗轴支座的安装方式
1,4—自钻自攻钉　2—立柱　3,6—开窗轴承座　5—拱杆

（三）安装驱动轴

驱动轴使用 1″（Φ=33.5mm×3.25mm）热镀锌国标焊接钢管，通长布置；一端和减速电机通过链式连轴器相连，中间用开窗轴支座支撑。驱动轴连接采用套管式螺栓固定轴接头，以加强驱动轴的刚度和同步性。在安装驱动轴时，必须在有齿条的位置事先将齿轮套在驱动轴上。

（四）窗扇的制作

对于玻璃及 PC 板窗框均采用温室专用的铝合金边框，间断式开窗可根据窗口的具体尺寸先组装后安装，连续开窗普遍较长，采用现场制作的方式。

（五）齿条与窗扇的连接（连续开窗）

屋顶连续开窗与立面侧开窗的处理方式一般是相同的，但湿帘外翻窗与它们略有不同，将窗边铰支座按照设计位置通过螺栓与窗扇相连，再将齿条和窗边铰支座用螺栓或销轴固定即可。对于湿帘外翻窗则需要用外翻窗连接板将窗扇与外翻窗铰支座连接，然后再将齿条和窗边铰支座用螺栓或销轴固定，如图 4-13 所示。

（六）安装开窗齿条

安装齿条时应当让窗户处于关闭的状态，在安装好的窗边铰支座或外翻窗铰支座处安装齿条，齿条间距原则上不能超过 2m，以利于窗户的密封。齿条先穿过齿轮，然后让有孔的一端通过带孔销轴、开口销与窗边铰支座或外翻窗铰支座连接在一起。左右调节齿轮使得齿条与驱动轴成垂直状态，用内六角扳手紧固齿轮上的两个紧定螺钉，使它与驱动轴连接，依

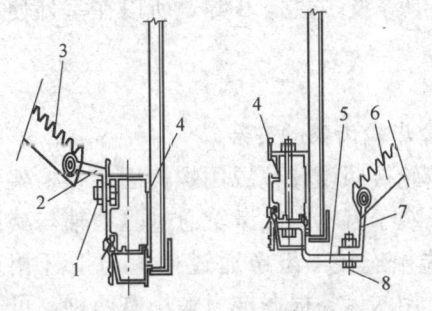

(1) 侧窗(顶窗)连接方式　(2) 湿帘外翻窗连接方式

图 4-13　齿条与窗扇的连接方式
1—M6 螺栓　2—窗边铰支座　3—开窗齿条
4—窗框　5—外翻窗连接板　6—齿条　7—外翻窗铰支座　8—M5×20 螺栓

次将所有齿条齿轮固定好，如图 4-14 所示。

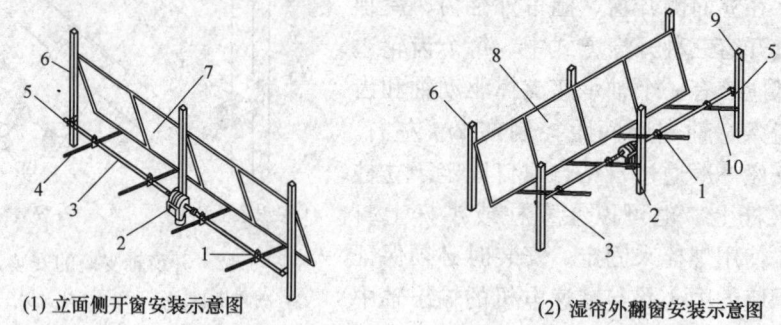

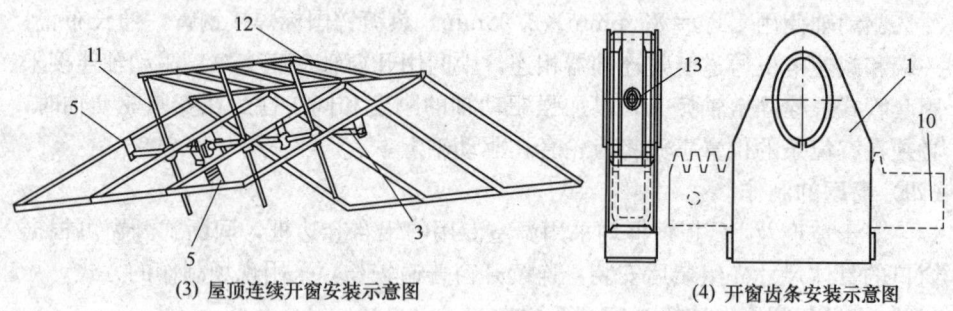

图 4-14　开窗齿条的安装
1—开窗齿轮　2—减速电机　3—驱动轴　4—齿条　5—开窗轴承座　6—温室立柱　7—窗户
8—外翻窗　9—外翻窗立柱　10—开窗齿条　11—齿轮齿条　12—屋面窗　13—紧定螺钉

（七）外翻窗电机安装防雨板

目前市场上使用的减速电机，其防护等级多数是 IP44，所以在室外使用时必须进行防雨处理，如图 4-15 所示。

（八）连续间断推杆式开窗

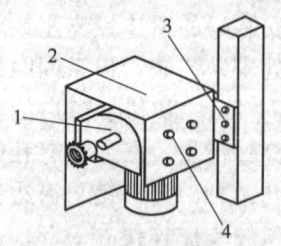

图 4-15　外翻窗电机防雨板的安装
1—减速电机　2—电机防雨板
3—电机固定架　4—M10×15 螺栓

1. 开窗齿轮齿条的安装

开窗齿轮按照设计位置用螺栓固定在桁架弦杆上，齿条装于齿轮内。齿轮通过驱动轴与减速电机输出端相连接，齿条通过接头与推杆相连接。这里所用的齿条根据推力大小有两种，可根据屋顶开窗的大小和数量多少分别选用。

2. 开窗支撑滚轮的安装

开窗支撑滚轮是用来支撑屋顶窗推杆的。一般在 Venlo 型温室中，每个小尖顶安装 2～3 个支撑滚轮。安装时按照设计位置将开窗支撑滚轮用开窗支撑滚轮连接板和自钻自攻钉固定于温室桁架上弦杆上。安装时要注意使每排支撑滚轮成一直线，以保证屋顶窗推杆的平直，如图4-16所示。

3. 推杆的安装

开窗齿轮齿条和支撑滚轮安装完毕后，就该安装推杆了。推杆一般使用$\Phi=27mm\times1.5mm$或$\Phi=32mm\times1.5mm$热镀锌焊接钢管。

4. 开窗减速电机的安装

开窗减速电机的位置由开窗齿轮齿条的安装位置决定，减速电机通过开窗电机固定架和U型螺栓固定于温室桁架上。电机与驱动轴通过联轴器连接，驱动轴与联轴器间一般使用焊接以利于提高驱动系统的整体刚度。这里需要注意的是，电机输出轴中心线的高度要与开窗齿轮输入轴中心线的高度一致。

5. 开窗驱动轴的安装

开窗驱动轴一般使用1″热镀锌焊接钢管，通过焊合接头与齿轮连接，在没有齿轮的桁架处，用开窗轴承座支撑驱动轴。

6. 开窗支撑臂的安装

根据天窗大小的不同，窗支撑臂有2～4支不等。安装支撑臂时应先按照设计位置将窗边铰支座固定于窗活动框铝合金上，通过销轴及开口销将支撑臂连接于窗边铰支座上，支撑臂下端通过螺栓及推杆支座固定于推杆上。这里需要注意的是，固定支撑臂时应将所有活动窗处于完全关闭状态，保证活动窗下框平直并压紧固定窗框，如图4-17所示。

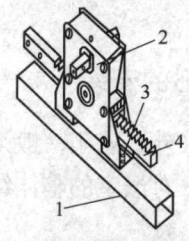
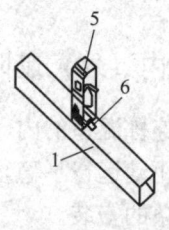

(1) 开窗齿轮齿条安装示意图　(2) 开窗支撑滚轮安装示意图

图4-16　开窗支撑滚轮的安装
1—桁架弦杆　2—开窗齿轮　3—固定螺栓　4—齿条　5—开窗支撑滚轮　6—开窗支撑滚轮连接板及自钻自攻钉

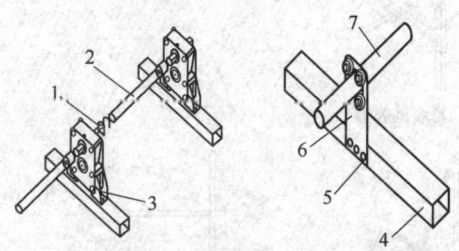

(1) 开窗驱动轴安装示意图　(2) 开窗轴承座安装示意图

图4-17　开窗支撑臂的安装
1—焊合接头　2—驱动轴　3—开窗齿轮　4—桁架上弦杆　5—自攻钉　6—开窗轴承座　7—驱动轮

（九）连接配电控制箱运行调试

在窗体处于关闭状态时，用六方扳手打开电机限位盖，将处于关闭的限位轴与触点开关接触，松开开启限位轴，打开电源开启窗户，当达到开启位置时关闭电源，将开启限位轴移动到触点开关后拧紧。反复开启，观察窗子的关闭情况，视情况重复上述动作。

二、内（外）遮阳的安装

连栋温室的内（外）遮阳一般采用钢索或齿轮齿条的驱动方式。由于齿轮齿条驱动运行平稳，对温室的整体结构影响小，现普遍使用，本节主要介绍齿轮齿条的安装。

（一）托（压）幕线的布置

托（压）幕线沿幕布运行方向均匀布置，托幕线每500mm一道，内遮阳压幕线每1000mm一道，外遮阳托压幕线每500mm一道，沿幕布运动方向从一端拉幕梁通长拉到另一端拉幕梁，中间在桁架弦杆或中间横梁上支撑并固定。

为提高外遮阳系统的稳定性和抗风能力，遮阳幕最外两侧的托幕线应用聚酯涂层钢缆或镀锌钢丝绳代替。其在拉幕梁上的固定一端用紧线器，另一端先在拉幕梁上缠绕两圈后，再用钢丝绳夹固定。安装中可用扳手转动紧线器转轴拉紧聚酯涂层钢缆或镀锌钢丝绳。为防止聚酯涂层钢缆或镀锌钢丝绳下垂，保证幕布侧边平直，可在拉紧聚酯涂层钢缆或镀锌钢丝绳后再用自攻钉在每个侧边立柱上加固。如果温室分成两个以上的独立拉幕分区，两个分区相邻侧边的聚酯涂层钢缆或镀锌钢丝绳间距要大于300mm，以保证两个分区遮阳幕运动时互不影响。如为内遮阳时，两个分区之间可采用密封兜连接。托（压）幕线的布置如图4-18所示。

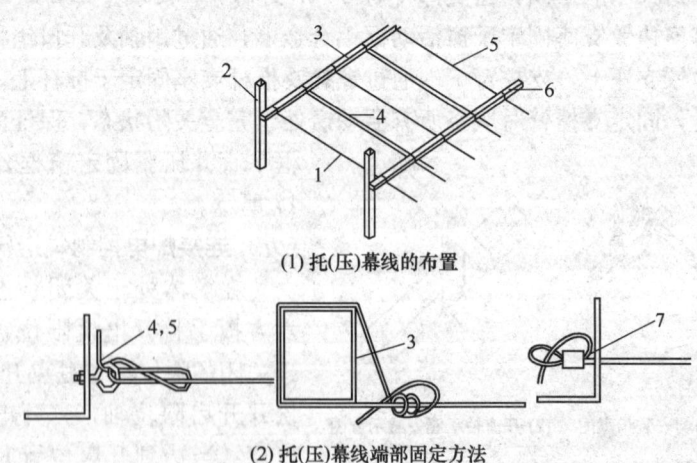

(1) 托(压)幕线的布置

(2) 托(压)幕线端部固定方法

图4-18 托（压）幕线的布置
1—聚酯涂层钢缆或镀锌钢丝绳 2—边柱 3—拉幕梁 4—压幕线
5—托幕线 6—中间横梁 7—线夹

（二）驱动机构的安装

驱动机构由电机、驱动轴、拉幕齿轮齿条、推杆、支撑滚轮和活动边以及各种连接件组成。

1. 拉幕支撑滚轮的安装

拉幕支撑滚轮安装于温室横梁或桁架上，用支撑滚轮抱箍用螺栓或ST5.5mm×25mm自钻自攻钉固定于温室横梁或桁架弦杆，如图4-19所示。

2. 减速电机的安装

电机安装于温室拉幕机平面临近中心的立柱上，安装高度按设计功能确定。安装电机采用电机支座通过螺栓固定于立柱上，如图4-20所示。

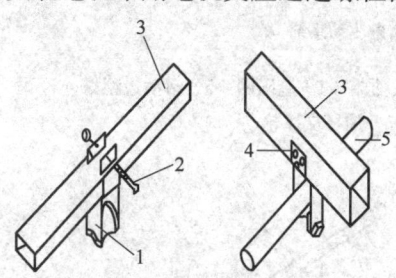
图4-19　拉幕支撑滚轮的安装
1—拉幕支撑滚轮　2—螺栓　3—横梁
4—ST5.5mm×25mm自钻自攻钉　5—推杆

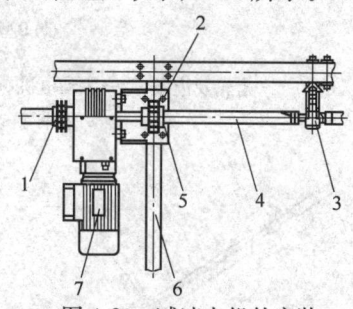
图4-20　减速电机的安装
1—联轴器　2—U型螺栓　3—A型齿轮座
4—驱动轴　5—电机安装架　6—温室立柱
7—减速电机

3. 驱动轴的安装

驱动轴使用1″热镀锌国标焊接钢管，通长布置，一端和减速电机通过链式连轴器相连，中间用轴支座支撑。驱动轴连接采用套管式螺栓固定轴接头，以加强驱动轴的刚度和同步性。在安装驱动轴时必须在有齿条的位置事先将齿轮套在驱动轴上。

4. 齿轮齿条及推杆的布置安装

推杆的间距应控制在3m左右，推杆与拉幕齿条连接，连接方式如图4-21所示。

推杆穿过支撑滚轮，采用内套管方式连接，在接头两端水平方向用电钻各打2个孔，用弹簧圆柱销固定。

（三）遮阳幕布的安装

将遮阳幕布平铺在托（压）幕线之间，对缀铝遮阳网要注意铝箔反光面朝外。拉铺幕布过程中要随时注意观察，避免幕布刮到尖锐物体上。拉平遮阳幕，保持两端的下垂长度基本相同。

首先，固定遮阳幕活动端，即将幕布与活动边型材连接，再安装遮阳幕固

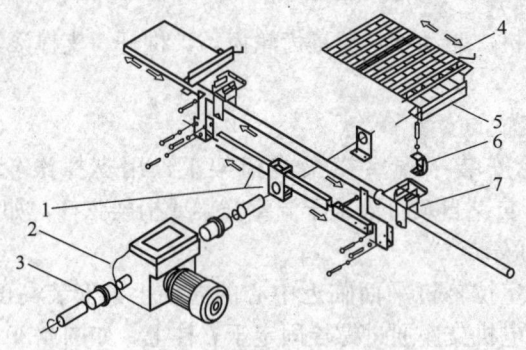

(1) B型齿轮齿条驱动系统

1—齿轮及齿条　2—驱动电机　3—联轴器　4—遮阳网　5—活动边型材
6—推杆驱动卡　7—推杆支撑轮

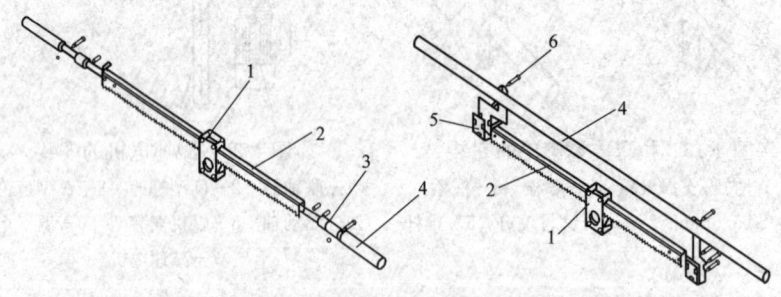

(2) 简易B型齿轮齿条推杆连接方式　　(3) B型齿轮齿条推杆连接方式

图 4-21　齿轮齿条及推杆布置安装
1—B型拉幕齿轮　2—齿条　3—齿条推杆接头　4—推杆　5—B型齿轮连接杆　6—M8 螺栓

定端。注意在固定遮阳幕时一定要将遮阳幕的边撑平，不得出现褶皱。对于铝（钢）管驱动的遮阳系统，遮阳幕布在铝（钢）管上的固定主要依靠大定位导向夹和小定位导向夹。大小定位导向夹的安装间距均为1m，在托（压）幕线同时出现的位置安装大定位导向卡，只有托幕线的位置安装小定位导向卡。对于铝合金型材驱动的遮阳系统，遮阳幕布与活动边型材的固定通过卡簧来固定，活动边型材在托幕线上来回运动依靠定位卡丝定位。定位卡丝分为上定位卡丝和下定位卡丝，下定位卡丝安装于有托幕线的位置，间距为500mm；上定位卡丝安装于有压幕线的位置，间距为1000mm。

遮阳幕固定边的安装根据骨架的结构不同而有所不同。温室骨架有横梁时，应先将幕布缠绕在横梁上，然后再用不锈钢丝将其绑扎在横梁上；温室结构没有横梁时，可以使用钢丝绳、边线固定架以及塑料膜夹等安装幕布固定边，如图 4-22 所示。

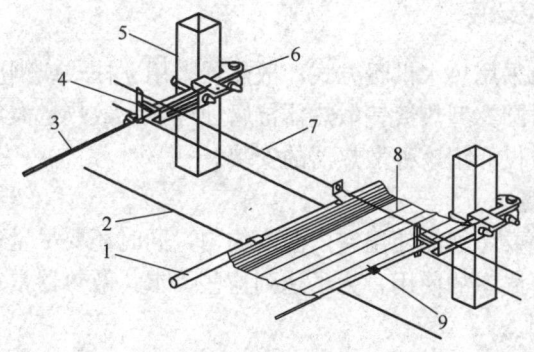

(1) 密封比较好的幕布固定边处理方式

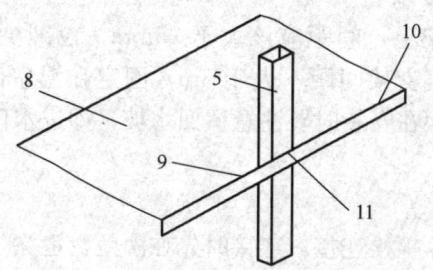

(2) 比较经济的幕布固定边处理方式

图 4-22 遮阳幕布的安装

1—活动边 2—托幕线 3—固定边钢丝绳 4—固定边支撑卡 5—立柱 6—边线固定架
7—压幕线 8—遮阳幕 9—塑料膜夹 10—聚酯涂层钢缆 11—自攻钉+大帽垫

遮阳幕的两侧边绕过最外侧聚酯涂层钢缆后，应下垂 500mm 左右。为了使幕布在打开、收拢过程中保证侧边均匀折叠、平稳移动，在距离幕布最下端约 5～10cm 的位置内遮阳应安装配重。

内遮阳配重包括 2 片钢制配重片和 1 套 M6mm×10mm 的螺栓螺母，安装时应在幕侧边同水平位置做标记，用 2 片配重在标记的位置夹住遮阳幕，将螺栓穿过幕布后拧紧。确保螺栓不会松动，配重安装间距一般为 30～40cm。安装外遮阳挂钩时需要在安装挂钩高度设置一道聚酯涂层钢缆，用挂钩将幕布钩挂在钢缆上，外遮阳挂钩间距一般为 30～40cm。

（四）连接配电控制箱、运行调试

在幕布处于展开状态时，用六方扳手打开电机限位盖，将处于关闭的限位轴与触点开关接触，松开开启限位轴，打开电源收拢幕布，当幕布宽度收拢到还有 50mm 时关闭电源，将限位轴移动到触点开关后拧紧。反复开启，观察幕布的情况，视情况重复上述动作。

三、供暖系统的安装

温室供暖普遍采用热水供暖方式，散热器采用立柱式或钢质圆翼型热镀锌散热器。由于钢质圆翼型热镀锌散热器抗腐蚀性强，散热量大，安装简便，得到广泛使用，本节仅介绍该种散热器的安装。

（一）散热器的布置

散热器的布置要考虑能使温室内温度均匀，同时还要尽量避免遮挡太阳光照，同时又不妨碍温室的使用，为了达到这些要求，散热器常常布置在温室内的柱间和温室四周。

（二）散热器的安装

1. 散热器的安装要求

散热器安装在支架上，间距应该大于 25mm，以减少散热器间的互相影响，也便于施工。暖气支架间距不大于 3m，固定在温室四周及中间立柱处。为避免产生气阻，支架在安装时要注意留回水坡，即进水口低，远端高，坡度控制在 3‰。

2. 散热器的固定

散热器采用法兰盘螺栓连接，连接时先在法兰盘上涂一点黄油，以便将石棉垫圈临时固定，避免错位导致漏水。

（三）供回水管线的安装

供暖的主管道可采用直埋式或暖沟式。支管从主管道引出呈并联方式，供水支管道布置在上方，回水管道布置在下方，形成上供下回的形式，一供一回，以减小供热动力消耗。供回水管道上安装阀门及活接头，以便调节温度及对供暖设备的检修，远端安装排气阀。

四、湿帘风机系统的安装

湿帘-风机降温由风机、湿帘、水循环系统组成。风机安装在南侧，避免大面积遮阳，湿帘安装在北侧内侧。

（一）湿帘的安装

先将湿帘水槽接头涂抹密封胶，用拉铆钉连接上，安装好下水口，确保水槽接头处、下水口四周不漏水后，水槽与骨架固定。将湿帘纸或加工好的湿帘箱体依次装入水槽，上部与温室骨架固定，并对缝隙处用海绵条密封。

（二）水循环系统的安装

水循环系统采用 U-PVC 材料，其优点是质量轻，安装方便。在距湿帘顶部约 300mm 处布置供水横管，水管固定在温室骨架上，为保证供水均匀，湿帘水池布置在整个湿帘的中间。在分水处安装三通与湿帘喷淋管相连，为保证供水均匀及便于检修,连接处加装阀门并利用软管连接。湿帘回水从下水口引出,连接到回水管线上。回水管两头高,中间低,便于水能及时顺利地回到水池。在水池内安装浮球阀,及时为水池补水。

(三)风机的安装

用自攻钉将风机固定在温室骨架框架内,安装时要注意风机的水平及重心,安装后的风机在开启时不能出现抖动现象。

五、温室控制系统的安装

(一)控制柜及电源线的安装

控制柜安装在温室的缓冲间内,对温室的用电设备做到集中控制。风机、减速电机、水泵采用 RVV 护套线;照明、临时用电采用 BV 线。

(二)系统布线

温室采用明装线槽布线,穿线管引至用电设备。将线槽支架固定在温室骨架上,用螺栓将线槽与支架固定。电源线平铺在线槽内,并将每根电源线做好标记,以便分清用途,同时要预留出一定长度,以便于连接,线的接头缠绕防水胶布。

第五章　温室作物种植规划

第一节　温室种植规划的意义

温室作物栽培,是指在温室保护设施内人为地创造适合于作物生长发育的最佳环境条件,在不适合作物生长的地区和季节进行作物栽培的一种措施。目前在我国,温室种植的作物主要是蔬菜,其次是花卉、果树等。

一、我国温室种植业发展的特点

20世纪80年代中期以来,我国温室作物产业持续快速发展,仅以温室蔬菜为例,到2007年,全国温室蔬菜面积已达292.19万hm^2,比1985年扩大了42倍多。

(一) 温室种植业在种植产业的地位日益突出

2007年,全国蔬菜生产面积2250.20万hm^2,总产值7278.16亿元,净产值5137.86亿元,其中设施蔬菜面积292.19万hm^2,总产值3430.48亿元,净产值2193.06亿元,设施蔬菜的总产值、净产值在蔬菜产业中的比重分别达47.13%和42.68%。

世界温室种植产业主要分布在亚欧美三大洲。据有关资料分析,目前亚欧美三大洲共有大型园艺设施209.899万hm^2,其中塑料温室204.659万hm^2,玻璃温室5.240万hm^2。我国有大型园艺设施191.90万hm^2,其中塑料温室190.90万hm^2,玻璃温室$0.69 \times 10^5 hm^2$,分别占亚欧美三大洲总量的91.29%、93.28%和13.17%。

(二) 区域分布较集中

我国温室种植作物区域比较集中,仍以温室蔬菜为例,多集中在环渤海湾及黄淮海地区,约集中了全国60%的温室蔬菜,如山东省的寿光、岱岳、青州、临淄的温室蔬菜已成规模;江苏省的东台市温室蔬菜达3.3万hm^2;北京、天津、河北、辽宁、内蒙古等省市自治区的一些地区,也形成了集约经营蔬菜的局面。

(三) 区域特色基本形成,产加销日趋活跃

如江苏省近几年设施蔬菜发展较快,2003年的规模为25.0万hm^2,2005年达31.7万hm^2,蔬菜加工企业已达400家,年加工能力120万t,其中龙头

企业 12 家，上市公司 1 家，年销售额达 500 万元以上的企业达 124 家，蔬菜专业批发市场 179 家，其中成交额上亿元的有 36 家；山东地方特色的蔬菜品种大葱、生姜、大蒜已闻名国内外；湖北省的薹菜、莼菜、薇菜也已打进京、津等大城市蔬菜市场；地处西北的甘肃省，根据自身的地理位置，规划了河西走廊、中部黄灌区、南部渭河流域、东南部泾河流域等几个具有地方特色的温室蔬菜产区。

二、温室种植发展存在的问题

（一）发展不平衡

我国温室种植主要分布在中东部，约占全国温室种植面积的 80%，西北的新疆、内蒙古、甘肃等地温室种植约占 7%，其他地区则为零散分布。

（二）产业化程度不高

一些地区的温室由于种植面积较小，且分布零散，尚未形成产业化，因此带来销售、加工、技术服务等一系列困难，致使温室作物品质不高，缺乏市场竞争力；另外，品种单一，同期播种，集中上市，不能周年供应，出现销售价格波动较大。

（三）区域布局不尽合理

只注重在自然资源和水肥条件较好、人口比较集中、经济基础比较雄厚的地区发展温室种植，而忽视了合理布局、协调发展，区域布局不尽合理；还有些地方只重视规模扩张而忽视了质量效益。此外，还不同程度地存在着品种种植不协调、科技含量不高、技术服务不到位等具体问题。

三、温室种植规划的意义

要使温室作物种植达到高经济效益，生产出安全、优质的产品，就不能盲目地建设温室，必须进行规划，只有进行科学规划，才能达到以下效果。

（一）可发挥资源优势

进行温室的种植规划，分析当地的自然资源，包括气候、生态条件、地理位置和交通条件、农业技术水平，充分利用当地资源优势，选择最适合当地的种植种类、相关品种和种植技术，才能达到较高的经济效益。

（二）可高效利用温室

通过温室种植规划，可合理地选择温室类型，根据当地气候条件设置温室内温度、湿度等环境参数，确定种植空间布局，合理安排茬口，选择相应耕作机械，一年四季都有产出，使温室达到最高使用效率。

（三）可创造最大经济效益

通过种植规划前期对市场的认真调查分析，明确目标市场，针对市场需求确定种植种类、种植规模、投资额度、经营方式、生产和管理人员定额、产品价格、上市时间和快速运输体系，有计划地建立信息和风险分析系统，这些完整的措施可保证温室生产创造最大的经济效益，也只有通过规划才有可能建立这种完善措施。

（四）可实现科学化的管理

在温室生产规划中，有计划地引入生产规范、产品标准，引进科技人员，不断对农民进行培训，提高农民的种植水平；制定温室种植发展方向，诸如发展规模、技术更新、新品种引进等，不断提高作物品质和产量，保证产品的竞争力。

种植技术在不断发展，必须时刻关注并引进国内外蔬菜、花卉和果树新的品种、种植方法，以提高温室种植产品的竞争力。温室种植企业本身也可进行新技术的研究，创造有自主知识产权的发明，这就需要在资金、人力、设备等方面做好规划，以期达到既定目标。

第二节　温室种植规划的原则和调研

一、温室种植规划的指导思想

坚持科学发展观，建设可持续发展的现代化温室种植生产基地；以市场为导向，立足竞争，突出特色，优化布局，拓展领域，调整结构；以科技进步为支撑，完善服务，主攻单产和品质，提高农产品的市场竞争力。

二、温室种植规划的原则

温室生产集约化程度较高，对生产要素和环境条件的要求较高，因此，温室种植规划要坚持以下原则：

① 形成资源和要素配置更为合理的生产能力和稳定的商品量，从而获得温室种植的高质量和高效益。

② 因地制宜，优化产业布局，抓好基地与产业带，促进要素向优势区域集中，发挥区位优势，形成区域化生产、规模化经营的格局。

③ 抓好品种的结构调整，重点发展名、特、新、稀和具有区域特色的品种，以高品质、高附加值、高科技含量和加工增值的品种为主攻方向，实现产品的周年供应，扩大出口，提高经济效益。

④ 以市场为导向，大力发展无公害标准化生产，围绕秋冬季和反季节两大特点，在保持面积适度增长的基础上，努力提高集约化水平，加快发展加工业、流通业，推进产业化经营。

⑤ 合理安排种植茬口，提高温室的光能利用率和土地利用率，实现全年生产，均衡供应，满足市场需求。

⑥ 以科技为动力，加强基地建设。建设无公害农产品生产基地，特色农产品、反季节农产品、创汇农产品的生产基地、加工基地、科研基地、技术培训基地，以基地做支撑，带动整个产业的发展。

⑦ 加强产地批发市场设施建设和市场信息化建设，尽快提高批发市场的建设水平，扩大市场规模，延伸市场销售半径，增加市场的集散量，大力发展农村产销合作组织和农民运销队伍。

⑧ 做好长远发展规划与近期规划，分阶段逐步实施。

三、温室种植规划前期调研与分析

要达到因地制宜，选择市场前景好、经济效益高、适合当地生产的作物种类、品种及生产规模，确定要种植作物的质量级别和所要应用的生产技术，需要对当地条件进行调查和分析。

（一）温室种植前期调研内容

1. 政府的政策和相关规划

包括国家种植产业政策和规划，设施种植业相关政策和规划，如国家、当地对温室种植的补贴政策等。只有遵循这些政策和规划，才能得到上级政府的支持，以及获得相关的资金支持，尤其对于投资规模较大、影响较大的项目更应了解此方面的情况。

2. 当地自然环境

包括地理位置、交通条件、气候条件（温度、光照、降水）、水资源、土壤条件等，这是种植作物最基本，也是很重要条件。如地理位置比较偏僻、交通不便的地方，种植普通种类的作物对外销售就比较困难，经济效益相对较低。但偏僻的地方往往受到的污染较少，土壤、水、大气等都较清洁，若生产绿色、有机农产品，可以带来高的经济效益。

3. 当地农业生产现状

包括当地现在主要种植种类、品种、产量，以及当地优势特色农产品情况；当地农业生产资料如种子、肥料等供应情况；当地农业劳动力情况，如劳动力充足与否、文化程度、生产技术水平等；常发生的病虫害等。

4. 当地农业基础设施状况

包括现有温室类型、数量、水平，水电供应，交通等。

5. 市场情况

主要指当地种植作物市场、周边区县或省农产品的市场现状，是否存在某种种植产品的市场缺口，或者某种种植产品大量生产供应周边地区，如果要出口的话，还应了解产品出口市场，以便确定目标市场的需要量。

  6. 农民合作组织等情况

  如农民合作组织或者专业合作社等管理组织，以利于一些工作的开展。

（二）调研分析

  根据以上调研到的各项内容进行认真分析，对目标市场进行定位，确定种植作物类别、品种、数量、规模等，估算温室种植成本和经济效益，为制定种植规划做准备。

第三节　温室种植规划的内容

一、确定作物类型与种植规模

  通过分析当地农业政策、规划、自然环境、农业生产现状、生产技术水平、管理、市场情况，分析确定出适合当地并能获得较高经济效益的种植种类、规模和温室类型。

（一）作物类型

  我国地域辽阔，各地的日照、温度、降水、无霜期等自然资源不尽相同，其种植的主要作物和特色作物各有特点，种植制度和栽培水平也不一样。因此，在各地温室种植作物种类的规划中，要充分考虑市场的需求、出口的可能、区域特色等综合因素，因地制宜。从目前形势来看，我国温室种植作物种类主要是蔬菜，约占温室种植作物面积的90%以上，其次是花卉、果树和特种作物。

（二）种植规模

  根据种植作物的市场需求量、投资的额度确定种植面积。

二、温室的选择

（一）温室类型的选择

  根据种植作物类型、质量要求，配套相应的温室。目前在我国应用最多的是日光温室，连栋温室在一些高档花卉生产中应用较多，而在我国南方有些地方一些塑料冷棚应用较多。本书第二章已对温室类型选择作了详述，在此不再赘述。

（二）温室位置的选择

  1. 区位选择

  温室营造的地理位置，应选择交通方便、靠近都市或村镇，人口密度较大、地区投资能力较强、农民生产水平和科技水平较高、自然灾害（主要是风灾、雪灾、雹灾）较少的农业生产区域，以便形成规模化、集约化生产，并能够营造良好的销售市场。对于边远农区，则应与农业开发紧密结合，采取长远和近期相结合的方针，有目的、有计划地发展温室，分步实施。

具体地点选择应保证有充足的水源、电源，远离有污染源的工厂矿区、高大建筑物和林木的地块。温室种植的地块要土层深厚，有机质含量丰富（其含量≥10%）。

2. 环境质量

这里特别指出对种植作物有重要影响的环境质量，即空气、灌溉用水和土壤的质量应均符合国家相关标准，如无公害蔬菜生产基地应符合2001年10月1日实施的国家标准，如表5-1、表5-2、表5-3所示。

表5-1　　　　无公害蔬菜生产基地对空气质量的要求

项目	指标	
	日平均	1h平均
总悬浮颗粒物(标准状态)/(mg/m^3)	≤0.30	—
二氧化硫(标准状态)/(mg/m^3)	≤0.15	≤0.50
氢氧化物(标准状态)/(mg/m^3)	≤0.10	≤0.15
氟化物/[μg/(dm^2·d)]	≤5.0	—
铅(标准状态)/(μg/m^3)	≤1.5	

表5-2　　　　无公害蔬菜生产基地对土壤质量的要求

项目	指标		
	pH<6.5	pH6.5~7.5	pH>7.5
总汞/(mg/kg)	≤0.3	≤0.5	≤1.0
总砷/(mg/kg)	≤40	≤30	≤25
铅/(mg/kg)	≤100	≤150	≤150
镉/(mg/kg)	≤0.3	≤0.3	≤0.6
铬(六价)/(mg/kg)	≤150	≤200	≤250
六六六/(mg/kg)	≤0.5	≤0.5	≤0.5
滴滴涕/(mg/kg)	≤0.5	≤0.5	≤0.5

表5-3　　　　无公害蔬菜生产基地对灌溉水质的要求

项目	指标	项目	指标
氯化物/(mg/L)	≤250	铅/(mg/L)	≤0.1
氰化物/(mg/L)	≤0.5	镉/(mg/L)	≤0.005
氟化物/(mg/L)	≤3.0	铬六价/(mg/L)	≤0.1
总汞/(mg/L)	≤0.001	石油类/(mg/L)	≤1.0
砷/(mg/L)	≤0.05	pH	5.5~8.5

三、制定生产规范和产品标准

（一）确定安全等级

我国作物种植安全等级有无公害、绿色、有机三类，要根据当地环境、投资资金、生产水平、科技力量条件、市场需求及生产规模等情况，确定选择哪种等级，以获得最高的经济效益。

确定安全等级后，就要根据各等级要求的生产管理规范进行运作，并请有关部门进行认证。

（二）制定产品标准

产品标准是检验最终农产品是否达到要求的安全标准和质量标准。只有达到标准的产品才能上市，可作为直接食用品或送到工厂加工。

产品有国家标准的首先选用国家标准，没有国家标准就选用行业标准，没有国家和行业标准的产品，就要制定自己的企业标准。

四、作物品种的选择

优良品种应具有高产、优质、抗逆性强、生育期适宜等优良性状。同一种农作物的不同品种之间存在性状差异，有优劣之分。在选择作物品种时，要综合考虑品种的各种性状、市场需求、地域条件、生产水平等。

五、确定作物栽培制度

栽培制度是指在一定时期内、一定土地面积上的种植布局和茬口接替的制度，它包括轮作、间作、套作、复种等。温室作物栽培制度的设计俗称"茬口安排与间作套种"。科学地安排茬口是合理地利用温室光、热条件，充分提高土地利用率和光能利用率，以达到农产品的优质高产，并实现周年生产、平衡上市，最终达到最大经济效益。

要尽量选择高效栽培制度。高效栽培制度的内容比较广泛，它包括种植方式及密度、育苗技术、嫁接技术、施肥技术、节水灌溉技术、病虫害防治技术、植株调整技术等。种植方式中包括畦栽和垄栽，其中畦栽包括平畦栽培和高畦栽培，垄栽包括大垄双行和等行距栽培；育苗技术包括种子育苗、扦插育苗、根茎繁殖育苗；育苗方式包括土育苗和无土育苗；施肥包括基肥、种肥、追肥、叶面施肥、施用CO_2气肥方式；肥料种类包括农家肥、有机肥、化学肥料；在灌水技术中，包括大水漫灌、喷灌、滴灌、渗灌等技术；病虫害防治技术包括农业防治、物理防治、生态防治、生物防治、化学防治等；植株调整技术包括单干整枝、双干整枝、多干整枝、引蔓、摘心、去蘖等多项技术。高效栽培制度的规划随栽培作物品种的不同而不同。

六、制定新技术引进、开发方向

要有明确的新技术引进和开发计划，以不断更新产出的农产品，保持市场竞争力。如新型栽培方式有无土栽培技术、有机生态无土栽培技术、水培技术等；新型病虫害防治技术有农业防治、生物防治等；施肥技术有测土配方施肥、微灌施肥技术等；温室育苗技术有穴盘育苗、电热线育苗等。

第四节 温室蔬菜种植规划

蔬菜是温室种植的主要作物，目前我国的温室种植90%以上是蔬菜，所以，搞好温室蔬菜种植的规划十分重要。

一、种植品种的选择

我国蔬菜品种资源十分丰富，据不完全统计，目前我国人工栽培的蔬菜品种有240多种，其中近100种可供温室种植栽培。我国地处东经75°～125°、北纬20°～50°，地域辽阔，且地势有平原、盆地、丘陵、山地之分，光、气、热、水等自然资源十分丰富，这就为各地温室蔬菜品种的选择留下了充分的余地。各地可根据本地区的自然资源、生产水平、市场和季节的需求、产业的规模、基地建设现代化程度，以及出口具有地方特色的名牌蔬菜，去选择温室蔬菜品种。

在植物学分类中，我国的栽培蔬菜绝大多数属于种子植物，既有双子叶植物，又有单子叶植物。在双子叶植物中以十字花科、豆科、茄科、葫芦科、伞形科、菊科为主；单子叶植物中，以百合科、禾本科为主。在栽培学上则分为瓜类、茄果类、白菜类、甘蓝类、芥菜类、根菜类、葱蒜类、绿叶菜类、豆类、薯芋类、多年生蔬菜、水生蔬菜、其他蔬菜共13类。目前，我国温室蔬菜多种植茄果类中的番茄、茄子、甜（辣）椒，甘蓝类的结球甘蓝、花椰菜、西兰花；绿叶菜类的芹菜、莴苣，瓜类中的黄瓜、南瓜、西瓜、冬瓜、甜瓜、苦瓜，豆类蔬菜的菜豆、豇豆、豌豆，薯芋类蔬菜的马铃薯、生姜、山药、芋头等。另外，各地可根据生产实际需要选择一些具有特色的蔬菜品种，如稀有蔬菜、特色菜、山野菜等在温室内栽培，以满足市场对蔬菜品种的多元化需求。

蔬菜品种的选择对于蔬菜生产来说具有重要的意义和作用，直接关系到菜农的切身利益，直接影响到将来生产的蔬菜产品能不能有好的市场，能不能给农户带来高的收益；蔬菜品种对于蔬菜产品的质量具有重要的影响，不同品种的蔬菜产品质量会有很大的差别,从而进一步影响到蔬菜产品的价格和农户的收益水平。因此蔬菜品种的选择,无论是从经济角度还是技术角度而言,对于蔬菜生产来说都十分重要。

各地在温室蔬菜品种的选择中要因地制宜,根据本地区地理位置和区位优势、规模化、集约化的经营程度,区域特色等多方面因素,以满足市场对蔬菜品种的多元化、多季节、多档次、多品味的需求。随着人们对蔬菜要求的标准越来越高,不仅要求蔬菜的内在品质好,而且要求蔬菜的外形要美观。温室蔬菜栽培逐渐出现了集美食与观赏一体的蔬菜品种,如常见的樱桃番茄,其栽培的品种主要有圣女、秀丽、绝色绯娜等;五彩椒栽植的品种主要有白公主、紫贵人、红将军等。

我国的产菜大省山东省,蔬菜生产具有悠久的历史。山东具有许多国内外知名的蔬菜种类和优秀的种质资源,例如:章丘大葱、莱芜及安丘的生姜、苍山的早薹蒜、金乡的大蒜、潍坊的萝卜等,蔬菜的种类可谓是多种多样。山东地区由于气候环境的限制,种植蔬菜的种类主要有叶菜类(白菜、甘蓝等)、瓜菜类(西葫芦、冬瓜等)、茄果类(黄瓜、辣椒等)、根菜类(萝卜等)、花菜类(花椰菜)等。自20世纪90年代初引入温室蔬菜种植以后,山东蔬菜产业迅速发展,蔬菜市场供求关系由过去的供不应求、季节性短缺变为现今的周年供应、供给有余。由于蔬菜的习性,冬暖大棚蔬菜的栽培种类多倾向于茄果类或瓜类蔬菜,即多为黄瓜、番茄、辣椒以及西葫芦、甜瓜等。如青岛胶南市王台镇是青岛地区的蔬菜主要生产地区,王台镇的逄猛村56户农民进行蔬菜生产,其中50户种植的是番茄或者辣椒,占90%以上;潍坊市田马镇几乎家家户户都种植洋香瓜。

几年来北京周边地区的温室蔬菜在品种的选择原则上,基本上坚持了市场对常规、大宗蔬菜的需求,如番茄、茄子、辣椒、菜豆等,同时也针对北京市消费水平较高、高档酒店多的特点,大力发展名、优、特菜,如芽菜类的香椿芽、软化菊苣等,绿叶保健类蔬菜中的花叶生菜、乌塌菜、紫背天葵等,茄果类蔬菜中的樱桃番茄、五彩椒等,瓜类中的水果黄瓜、丝瓜、苦瓜等,以满足不同阶层对蔬菜类型和品种的需求。

地处西部地区的甘肃兰州,近几年温室蔬菜种植中,除常规品种外,重点打造"兰州百合"这一品牌,不断扩大温室百合种植面积,不断提高品质和产量,扩大了出口创汇的交易额。

内蒙古赤峰市地处北纬41°~42°地区,冬季比较寒冷。自20世纪90年代发展温室种植蔬菜以来,该地区根据自身的气候特点,首先选用了韭菜、油菜、小白菜等一些耐寒性叶菜品种及黄瓜、西葫芦等瓜类品种。随着科技水平的不断提高,赤峰市温室建设日益趋于合理,到2000年初,温室蔬菜种植向番茄、茄子、尖椒、菜豆等高产值、高效益方面发展。随着温室种植产业内部结构的调整，近几年较大面积种植了彩色甜椒、豇豆等特菜品种，效益不断提高，并形成了一区一品的产业化生产格局，出现了一大批韭菜村、青椒村的典型，其产品已打入北京新发地批发市场和家乐福超市。

二、茬口安排

通常把温室蔬菜的茬口分为"季节茬口"和"土地利用茬口"两种。"季节茬口"指在时间上，1年当中栽培的茬次，如越冬茬、早春茬、晚秋茬等季节茬口。"土地茬口"指在空间上，在轮作制度中，同一块菜地上，全年安排各种蔬菜的茬次，如1年1熟（茬）、1年2熟、1年3熟、1年多熟等。这两种茬口，在规划中共同组成完整的蔬菜茬口安排。

在温室蔬菜的茬口安排上，一是要充分考虑不同蔬菜品种的生长发育特性，二是要充分考虑市场需求，进行反季节生产，以获得最大的经济效益。目前大体上可分为3类：早春茬、晚秋茬、越冬茬。

（一）茬口安排原则

温室蔬菜茬口安排的原则有五个方面：一是市场需求，即市场需要什么就生产什么，市场什么时候需要，就什么时候供应，在一般露地蔬菜供应无法满足市场和生产需要的情况下，进行温室种植，可以人为地根据市场的需要，使蔬菜生产提前、延后或延长采收时间。二是根据蔬菜对气候的适应要求，尽最大努力提高单位面积的产量，以求得最高的经济效益。每一种蔬菜在长期的发育过程中，不断适应当地气候条件，根据当地的自然资源，将各种蔬菜的整体生长期安排在适宜的季节里，形成露地蔬菜和温室蔬菜生产大周期的倒茬轮作。三是根据节能和设施结构性能的要求安排茬口。北方节能日光温室的采光保温性能优越，能够保证喜温果菜的安全越冬生产，故多采用长季节栽培。普通日光温室的光温性不能满足喜温果菜类冬季安全生产需要，故多采用早春和秋冬两茬栽培。大中棚除在华南和江南实行保温多层覆盖条件下进行喜温果菜类冬春茬栽培外，其他地区多推行春提前和秋延后两茬栽培。四是根据蔬菜的生物学特性，蔬菜种类、品种繁多，有两年生、多年生，有耐阴、喜光等不同特性，在茬口安排时，要掌握蔬菜的生物学特性，以满足其对环境条件的要求。五是研究茬口布局，禁忌连作，以达到防病防虫的目的。

（二）茬口安排实例

以下介绍两个茬口安排实例。

1. 北京周边地区温室蔬菜茬口安排

经过多年实践，北京市及其周边地区温室蔬菜的茬口安排已经基本形成了一定模式，而且已经取得了良好的经济效益及社会效益。表 5-4 所示为几种主要温室蔬菜的茬口安排，供北京及其周边地区温室蔬菜茬口安排规划参考。

表 5-4　　　　　　　北京市及其周边地区温室蔬菜的茬口安排

蔬菜种类	设施	播种期	移栽期
番茄	早春日光温室	11月下旬至12月上旬	1月下旬至2月上旬
	春大棚	1月中旬至1月下旬	3月中旬至3月下旬
	秋大棚	6月下旬至7月上旬	7月下旬至8月上旬
	秋延后日光温室	7月下旬至8月上旬	8月下旬至9月上旬
甜辣椒	日光温室秋冬茬	7月中旬至8月上旬	8月下旬至9月中旬
	日光温室春茬	12月中旬至1月下旬	1月下旬至2月上旬
	春大棚	1月中旬	3月中旬至3月下旬
	秋大棚	5月下旬至6月上旬	6月下旬至7月上旬
茄子	日光温室冬春茬	9月上、中旬	12月上、下旬
	日光温室早春茬	10月上、中旬	1月上、中旬
	日光温室秋冬茬	7月下旬	9月下旬
黄瓜	日光温室春茬	12月下旬至1月上旬	1月下旬至2月上旬
	大棚春茬	2月中旬至3月上旬	3月下旬至4月上旬
	日光温室秋冬茬	8月中旬至9月上旬	9月下旬至10月上旬
	日光温室越冬茬	9月下旬至10月上旬	10月下旬至11月上中旬

北京市及周边地区温室蔬菜的这种茬口安排，保证了除夏季及早秋外，其他各个季节均有蔬菜上市；夏季及早秋则有露地蔬菜满足市场需求。因全国各地所处地理位置、积温带、蔬菜种类和品种的不同，其温室蔬菜的茬口安排也不尽相同。

2. 赤峰市温室蔬菜茬口安排

内蒙古赤峰市温室蔬菜的"土地茬口"安排基本上有以下几种模式：

① 秋延后番茄→早春叶菜（菠菜、生菜、油菜等）→夏季休闲→越冬黄瓜

（2年3熟制）

② 秋延后西葫芦→冬早春叶菜→夏季休闲→秋冬辣椒

（2年3熟制）

③ 秋延后叶菜→冬春番茄（或茄子）→夏季休闲→秋冬黄瓜、西葫芦

（2年3熟制）

以上几种温室蔬菜的土地茬口安排，既提高了土地利用率和光能利用率，又做到了反季节生产，提高了销售价格；既安排了合理轮作、避免了蔬菜重茬带来的病虫害，又做到了种地养地相结合，使日光温室在夏季有一定的休闲时间，一定程度上恢复了土地肥力。

三、高效栽培方式的规划

温室蔬菜地块规划之后，要进行品种选择、茬口安排，继之要进行高效栽培方式的规划。其基本内容如下。

（1）品种的选择　选择抗病、抗逆性强、适应性广、优质高产的品种。

（2）育苗方式　采用无土塑料钵、穴盘基质育苗，按茬口安排时间育苗，培育壮苗。

（3）栽培方式　一般采取小高畦覆盖地膜大垄双行的栽培方式，其密度根据蔬菜种类和品种确定。

（4）配方施肥　坚持农家肥为主、化肥为辅和基肥为主、追肥为辅的原则，根据不同蔬菜不同的需肥规律进行施肥。

（5）节水灌溉　采取膜下暗灌、滴灌、渗灌几种方式，根据蔬菜生长规律进行适当浇水。

（6）病虫防治　坚持农业防治为主、化学防治为辅，以防为主、防治结合的原则，采取农业防治、物理防治、生态防治、生物防治、化学防治等几种措施防治病虫害。

（7）植株调整　因蔬菜种类和品种不同而不同，一般包括单干整枝、双干整枝、多干整枝、引蔓吊蔓、摘心去蘖等技术。

以上为温室蔬菜栽培中的七大技术体系，是温室蔬菜规划中十分重要的内容，是保证温室蔬菜最终获得优质、高产、高效的科技支撑。

第五节　温室果树种植规划

在日益发展的温室栽培种植过程中，人们越来越注重其经济效益，以谋求最高的收入。在不断探索、反复实践中，果树种植已进入温室，而且取得了较为成熟的经验。如北京市及周边地区利用温室种植草莓，可使草莓提前2~3月上市；山东、河北南部等一些地区利用温室栽植葡萄，可使人们在春节时吃到新下架的果实；一些地区利用温室栽植油桃、水蜜桃、樱桃等，已经取得了成功的经验；一些热带水果，如香蕉、火龙果、橘子、菠萝等，也可以在北方温室内安家落户，并结出丰硕的果实，为观光农业增加了一道亮丽的风景线，取得了不菲的经济效益。

一、种植品种的选择

设施果树品种选择的正确与否直接关系着设施栽培的成败，品种的选择在设施栽培中尤为重要，要坚持以下原则。

（一）促成栽培

应选择极早熟、早熟和中熟品种，以利提早上市；延迟栽培则应选择晚熟品种或易多次结果的品种。

（二）休眠期短

选择自然休眠期短、需冷量低、易人工打破休眠的品种，以进行早期或超早期保护生产。

从环境上讲，设施果树促成栽培，扣棚时间越早，成熟上市时间越提前，效益越高。但设施栽培中扣棚时间是有限制的，并不是无限提前和随意定的。因为，落叶果树都有自然休眠习性，如果低温累积量不够，达不到果树需冷量，没有通过自然休眠，即使扣棚保温，给予生长发育适宜的环境条件，果树也不会萌芽开花，有时尽管萌芽，但往往开花不整齐，生产周期长，坐果率低。因此，需冷量是决定扣棚时间的首要依据。满足果树的需冷量，使其通过自然休眠后扣棚是设施栽培获得成功的基础，只有这样才能使果树在设施条件下正常生长发育。

目前，大多数专家的观点是，果树通过自然休眠的有效温度是 0~7.2℃，落叶果树自然休眠所需的有效低温累积小时数称需冷量，而 10℃ 以上或 0℃ 以下的温度对低温累积小基本上无效。一般来讲，桃的需冷量在 800~1200h，杏的需冷量在 500~900h，李的需冷量在 700~1000h，葡萄的需冷量在 1000~1500h。

生产实践中，常采用人工低温集中处理法来打破果树休眠，即当外界平均温度低于 10℃ 时，一般在 7~8℃ 开始扣棚保温，覆盖薄膜并加盖草苫，只是草苫的揭放与正常保护时正好相反，夜晚揭开草苫，打开风口作低温处理，白天盖上草苫并关闭风口，保持夜晚低温。大多数落叶果树按此种方法集中处理 20~30d，便可顺利通过自然休眠，以后进行保护栽培即可。

目前，生产中葡萄设施栽培多使用石灰氮来打破休眠。石灰氮学名为氰氨基化钙，葡萄经石灰氮处理后，可比未处理的提前 20~25d 发芽且发芽整齐。每 1kg 石灰氮需加 40~50℃ 的温水 5kg，使用时，将石灰氮和温水放入桶或盆中，不停地搅拌，充分浸泡 2h 以上使其均匀呈糊状，并加入适量展着剂，然后用小毛刷蘸取适量，均匀涂抹在葡萄结果枝上部和两侧芽眼处，涂抹长度为枝蔓的 2/3，涂抹后将枝蔓顺行贴到地面并覆盖薄膜保湿 3~5d。

（三）成长快

选花芽形成快、促花容易、自花结实率高、易丰产的品种。

（四）鲜食用

以鲜食为主，选个大、色艳、酸甜适口、商品性强、品质优的品种。

（五）适应性强

尤其是对环境条件适应范围较广、耐弱光且抗病性强的品种。

（六）树体紧凑矮化，结果早

果树是生长周期较长的植物，其生长周期一般都在几年、十几年，多则达几十年。因此在温室种植果树基地的规划中，一定要充分考虑果树的这一特点，树立长期经营的理念；同时，果树在一年中要经过一定时期的树体休眠才能开花结果，而不同于蔬菜、大田作物的种子休眠，这是果树最显著的生育特性之一，并且要经过植株生长期、初果期、盛果期、衰老期几个生长发育时期。所以在温室果树种植中，要从打时间差、见效快、效益高等几个因素考虑选择品种。目前，温室栽培的果树品种多为草莓，其次是葡萄、油桃、樱桃等，也有一些温室种植杏、李的报道，但种植面积较小，尚处于试验、示范阶段。

南果北种，目前仅限于北方地区旅游农业的景观项目之一，而用于温室进行商品化生产以获得较高经济效益的，尚未见报道。有条件的地方可进行尝试。

具体到每种果树的品种选择，要坚持因地制宜、突出特色的原则，充分发挥区域优势，打造品牌，最终形成主导产业。在草莓品种选择上，坚持优质、早熟、中熟、晚熟相结合，以"宝交早生"、"丰香"、"达娜"、"索非亚"、"丽红"、"固都卡"、"红衣"等几个品种为主。在葡萄品种的选择上，西北地区的新疆、甘肃、宁夏以及内蒙古西部区域，主栽"和田红"、"木纳格"等品种；北京周边地区主栽"玫瑰香"、"巨峰"、"佳利酿"等品种；在华北北部、东北地区主栽"京早晶"、"无核白鸡心"等品种；山东、河南、陕西等中东部地主栽"品丽珠"、"佳利酿"、"梅鹿特"等品种。同时，各地要注意引进试种"弗雷无核"、"克瑞森无核"、"红提"、"白提"等外国优良品种，以丰富葡萄品种市场。在桃的品种选择上，除考虑优质、高产这一主要因素外，还要考虑其耐贮运的程度，品种以"五月鲜"、"大久保"、"白凤"、"黄露"、"丰黄"等为主。在樱桃品种选择上，则以"先锋"、"巨红"、"早大果"等品种为主。

二、确定栽培模式

因为温室的高度有一定标准，所以温室果树和露地果树的栽培模式有着严格的区别，在温室果树栽培的规划设计中，要十分注意。

（一）矮化栽培

温室栽培果树，要尽量选择2～3年的树苗，使其尽快进入结果期，尽早获取经济效益。在其栽培过程中，因受温室高度的限制，除草莓、葡萄外，其他果树品种都要进行矮化栽培，通过人工修剪控制果树的生长高度。

（二）适度密植

温室栽植的果树，力求在单位面积内获得最高产量，栽培密度要比露地果树适当增加,并相应加强肥水管理。以葡萄每667m² 种植密度250株左右,樱桃每667m² 种植密度120株左右,杏、李、桃每667m² 种植密度80株左右为宜。

(三)反季节栽培

打破果树休眠规律,促使其夏秋休眠,冬春产果,充实新鲜水果上市淡季,满足市场需求。

(四)间种其他经济作物或绿肥

规模化、产业化的大面积温室种植果树,由于从栽培到树冠成形期需要一定时间,为充分提高光能利用率、土地利用率,要充分利用果树行间空地种植植株矮小、经济价值较高的经济作物,如甜瓜、花生、地瓜等,也可用于种植紫花苜蓿等绿肥作物,用于温室果树的压青追肥,提高培肥能力,增加果树产量,最终提高果品质量。

三、制定管理要求

同露地栽培相比,设施果树在树体综合管理技术上应注意以下几点。

(1)提高地温,使地上地下生长发育协调一致 扣棚前30~40d棚内地面全部覆盖地膜。

(2)扣棚至开花前管理 向枝梢喷施1%~3%的尿素1~2次,促进花芽发育。

(3)合理选择树形 应根据树体、品种特性及定植密度,采用合理树形。核果类果树采用"丫"字形、开心形、纺锤形。

(4)正确采用修剪技术 冬剪时以疏为主,主要疏除挡光大枝、外围竞争枝和弱枝,多留中短枝,及时回缩复壮结果枝。增加棚内修剪次数,及时抹除萌芽,进行摘心,疏除稠密的副侧枝和无果枝,以节省养分,改善通风透光条件。

(5)进行人工授粉 一般在花期要采用滚动授粉或人工点授的方法授粉2~3遍,以提高坐果率。

(6)适时疏果 设施果树留果必须坚持留壮枝果的原则,疏去过晚花。花后21d疏除畸形果、小果,双果的应去1个,一般长果枝留2~4个,中短枝果留1~2个,尽量留侧面果,少留背上果和背下果,留果间距15cm左右,果实分布要均匀。

(7)加强叶面补肥 坐果后,每10~15d叶面喷肥1次,前期以氮肥为主(0.2%的尿素),后期以磷、钾肥为主(0.3%的磷酸二氢钾)。

(8)肥水管理 秋施有机肥,施肥量较露地栽培增加30%,以利改土和养根壮树,增加养分贮备量;适当减少和控制无机肥的使用量,无机肥使用量为露地栽培的 1/3 至 1/2。由于棚内自然蒸发量减少，应减少浇水次数和数量，避免大水漫灌。

（9）病虫害防治　坚持农业防治为主、化学防治为辅，以防为主、防治结合的原则，采取农业防治、物理防治、生态防治、生物防治、化学防治等几种措施防治病虫害。

（10）揭棚后的树体管理　揭棚后采用重回缩修剪，促进一级枝条的生长量，控制多级枝条的萌发和旺长，促进花芽形成，提高花芽质量，保证枝条壮实。

第六节　温室花卉种植规划

温室花卉种植主要有两方面的作用：第一，在不适于某类花卉生态要求的地区，栽培该类花卉，如在北方利用温室可以栽培热带和亚热带植物；其次，在不适于花卉生长的季节进行花卉栽培，从而实现花卉的全年生产供应。

随着消费水平的提高，人们对花卉的需求量越来越大，档次越来越高，花卉已经成为社会上重大节日、盛会的必需品，也是人们礼尚往来、社会交际、馈赠亲友的珍贵礼品，它象征着和谐、美好、时尚、文明。随着社会需求量的日益提高，花卉生产，尤其是温室花卉生产已经成为我国设施园艺栽培的主要作物。目前我国已经形成了十几处大型花卉生产基地，如云南昆明、山东青州、江苏无锡等，而且已经出现了一大批以花卉为主要观赏内容的农业旅游胜地，如北京的世界花卉大观园、天津的杨柳青、山西阳城、内蒙古的鄂尔多斯等。

温室花卉种植规划和温室蔬菜种植、温室果树种植的规划不尽相同，温室花卉的目的是用于人类美化环境、陶冶情操，从精神、文化、环境上不断满足人们的需求，成为人类生活的重要组成部分。

我国花卉的设施栽培近年来发展很快，栽培设施从原来的防雨棚、遮荫棚、普通塑料大棚、日光温室，发展到加温温室和全自动智能控制温室。

一、花卉种植品种的选择

花卉品种的内容十分广泛，其科、属、种繁多，生态生活习性多样，栽培繁殖技术不一，观赏部位也不尽一致。它不仅包括被子植物，也包括裸子植物；不仅包括观花、观叶植物，也包括观果、观干、观姿、观根、闻香植物；不仅包括常规意义上的花草树木，也包括具有观赏价值的瓜果、药材以及其他经济作物。

按生态习性分类，温室观赏花卉分为一、二年生花卉、球根花卉、宿根花卉、多浆花卉、室内观叶花卉、兰科花卉、水生花卉、木本花卉等；按用途分类，包括切花类、盆花类、地栽类；按温室栽培类型分类，包括温室盆花、温室观叶植物、温室切花栽培植物；按对温室的要求分类，可分为耐寒花卉、喜凉花卉、中温花卉、喜温耐热花卉；按观赏内容分，分为观花类、观叶类、观果类、观茎类、芳香类等。各地在温室花卉的种植规划中，要根据当地的自然优势、地位优势、传统和特色栽培的特点，有目的的选择花卉品种。

菊花是世界切花市场中销售量最大的切花，占全部切花总量的 30%。菊花在我国有着 2500 年的栽培历史，但仅作为传统盆栽观赏。近些年来，随着切花业的发展，切花菊的商品化生产已渐渐兴起，并逐步与世界切花菊生产的水平接近。在实际生产和销售中，切花菊之所以占有如此大的比重，是因为它应用范围最广，无论是在高雅的社交场合，还是一般家庭的室内美化，菊花都可作为主力切花。目前，我国切花菊生产尚未形成规模较大的产业，所以，在温室花卉品种的选择中，可将菊花作为首选的品种之一。

切花月季的发展至今已有近 200 年的历史，它是世界花卉市场最重要的切花作物之一。现在世界流行的大多数切花月季品种，基本上都是欧美等国家育成的。切花月季颜色鲜艳，花色和花型繁多，分为红色系、黄色系、粉色系、白色系和复色系。月季花是东西方人们情人节、婚礼等活动中必不可少的鲜花，需求量大且需求期长，需要常年供应。因此，在温室花卉的规划中，要充分考虑这些因素。

非洲菊的花朵巨大，花色丰富鲜艳，切花产量高，栽培管理省工，越来越受到人们的重视，无论在种植面积上还是在产量上，非洲菊都排名较前。我国从 20 世纪 80 年代开始种植非洲菊，至今在广东、上海、北京等地都有大面积的温室栽培，已成为主要的鲜花品种之一。

切花百合在欧美已流行多年，在我国也已有几十年以上的栽培历史，近些年呈大面积上升趋势，主要是在上海、北京等地。对于种植者来说，要想成功地生产切花百合，一定要根据自己所具有的温室条件以及市场需求等因素，认真挑选品种，切不可草率行事。比如，亚洲百合杂种花色丰富，且大多数品种的生长周期比其他群短，同时由于花苞常向上，因而市场非常看好。亚洲杂交种对弱光敏感性强，如果没有补光系统，则冬季生产切花在某些地区较难。麝香百合和东方百合杂种对缺光的敏感性不是很强，然而东方杂种需要的温度，尤其是夜温，比亚洲杂种高，因此，种植者需要认真权衡自身条件。切花百合的高经济收益，主要体现在 10 月至次年 4~5 月，因此需要按开花期推算出合适的定植时间。

作为切花的郁金香，近年来在全球市场上呈上升趋势。荷兰是世界上最大的郁金香花及种球出口国，日本这些年以来也生产大量的郁金香种球。我国郁金香切花生产和种球繁殖近年来也逐渐发展,在陕西、甘肃及四川等省都有一些繁殖基地。由于近些年郁金香切花的市场需求量逐渐增大,且这种切花价格较高,因而刺激了很多花卉种植者,不少地方计划或正在尝试发展郁金香切花生产。

香石竹,又名康乃馨,在世界上已有 2000 年的栽培历史,为大众型切花,其生产量占全部切花的 17%,仅次于菊花。香石竹也是母亲花,在历年母亲节时,儿女们把香石竹作为礼物献给自己的母亲,以报答慈母之恩。近年来,由于香石竹需求量大,温室种植规模不断扩大,已经成为温室切花生产的主要品种。

温室切花生产品种的选择,除了认真考虑上述几种大型切花生产外,还需要认真考察唐菖蒲、霞草、火鹤、六出花、洋桔梗、补血草、金鱼草等切花品种,以满足市场对切花多品种的需求。

二、花卉类型和季节安排

温室种植花卉是以切花为主要产品的,但市场在需要大量切花的同时,还需要大量的以观赏为主的盆花、木本花卉、水生花卉、特种花卉等。因此,在温室花卉种植的规划中,还要充分考虑盆花等花卉品种的选择,以满足城市美容、办公条件改善、会议庆典、居家栽培、园林美化观赏等多种市场需求。在室内观赏花卉品种的选择中,重点选择杜鹃、仙客来、大花君子兰、马蹄莲、一品红、紫罗兰、海棠、倒挂金钟、瓜叶菊、报春花、红掌等品种;而室内观叶花卉,目前市场上需求量比较大的为巴西木、吊兰、吊竹梅、叶兰、万年青、芦荟、熊掌木、竹竽等品种。在城市园林美化中,木本花卉多用丁香、玉兰、榆叶梅、紫薇、木槿等;在草本花卉中则多选择串红、万寿菊、蝴蝶梅、牵牛、大丽花、二月兰、月季等;在专类花卉中,多选用兰科花卉,如中国兰花中的春兰、蕙兰、建兰、墨兰、寒兰和热带兰的一些品种;此外,在专类花卉中还可选择仙人掌类中的仙人掌、仙人球、仙人指、令箭荷花、蟹爪兰、山影拳等;多浆类植物中的虎刺梅、佛手掌、牛石花、翡翠竹等品种;香草类植物中的薰衣草、罗勒、薄荷等。

温室花卉的种植,最终目的是尽量满足市场对花卉多品种、多季节、多价值的需求,以获取最大的经济效益。因此,各品种的栽培季节、上市时间等,在温室花卉种植的规划中十分重要。如我国的国庆节和传统的中秋节时间相近,各地在进行国庆庆典和举行金秋文化节的活动中,需要大批量的、多种多样的花卉;历年的农历九月,则是重阳节的时期,需要大量的、各式各样的菊花;二月中旬,临近情人节,市场上则需要大量的玫瑰;春节是我国最重要的传统节日,市场上需求花的品种、数量均比较大;另外,还要充分考虑到城市市容美化、市花品种、办公、会议等环境美化、人们婚姻喜庆等多种因素对温室花卉不同季节、不同数量、不同包装方式、不同品种的需求，做好生产规模方面的规划。

三、温室花卉发展筹划

温室花卉的主要用途是作为观赏用，但在规划中要充分考虑温室花卉的多种用途。枸杞的栽培，不仅仅是观花观果，其果实还是一味具有滋肾益精、养肝明目功效的中草药；在菊花的栽培中，不仅要考虑其具有观赏价值，还要考虑其可药用、饮用和食用，有养肝明目、疏风清热的功能，故而也称之为"延年益寿之花"。此外，还有些温室花卉具有芳香气味、薰衣驱虫驱蚊的功能。这些花卉的特殊功效，在温室花卉种植中显得十分重要，因此，在规划时要充分考虑这些因素。

温室花卉种植在我国一些地区已经形成了一种产业，如何使这一产业做大做强，成为一个地区的主导产业，并拉动当地第二、第三产业，振兴一方经济，这在温室花卉种植规划中十分重要，也是规划的最终目的。因此，在规划中要充分考虑到当地近期和长远的发展规模，以及加工、包装、运输的设施和承载能力，形成市场的可行性，以及当地农民合作组织的启动和运行，温室花卉的生产资料的供应系统建设，技术水平和科技含量的再提高等多种因素，尽量地提高规划的完整性、长远性和可操作性。

第六章 温室生产环境控制设备

第一节 温室作物对环境的要求

温室内种植的作物是生长在人造的环境中，这个环境能够为作物的生长提供温度、光、肥、水、气等重要条件。温室高效生产管理以控制生态环境信息及作物生理信息为基础，实现按照作物的实际生长需求，提供适宜生存环境的科学管理目标。下面分述影响作物生长的几个主要环境因素。

一、温度

温度是影响温室作物生长发育最重要的环境因素，植物的光合作用、呼吸作用等都与温度有密切关系。温度影响作物体内一切生理变化，是作物生命活动最基本的要素，所有作物都有各自温度要求的"三基点"，即最低温度、最适温度、最高温度。在最适温度条件下，当其他环境条件得到满足时，作物干物质积累速度最快，作物生长迅速而良好。在最低和最高温度下，作物停止生长发育，但仍可维持正常生命活动，如温度继续降低或升高，就会发生不同程度的危害直至死亡，这就是受害致死温度。作物对温度"三基点"的要求，一般与其原产地关系密切，起源于温带的，生长基点温度较低，一般在10℃左右开始生长；起源于亚热带的，在15~16℃时开始生长；起源于热带的要求温度更高。作物的生长发育、光合作用和呼吸作用等生理过程的三基点温度均不同。例如，光合作用要求的最低温度为0~5℃，最适温度为20~25℃，最高温度为40~50℃；而呼吸作用要求的最低温度、最适温度和最高温度分别为-10℃、36~40℃、50℃。温度过高，光合作用生产的有机物质减少，呼吸量大于消耗量，因此36~40℃对作物的生长发育不利。

不仅空气温度对作物的生长至关重要，土壤温度对温室栽培作物也有重大影响。土壤温度的高低不仅直接影响温室作物根系吸收矿质养分和水分，还影响土壤微生物的活动，土壤微生物活跃与否影响有机肥的分解和肥料的转化，间接影响设施作物的生长。土壤温度过低时，蔬菜根系的根毛不能发生，影响根系吸收水分和养分。在春季大棚早熟栽培定植过早时，即使气温达到要求，土壤温度不适宜也影响缓苗。一般最低土壤温度要求在10~12℃，才能保证喜温作物根系正常生长。

二、水分

水是植物生存的极其重要的生态因子。第一，水是植物的重要组成部分，植物体内一般含水量为60%～80%，有的甚至高达90%；第二，水是一种很好的溶剂，土壤中很多矿物质都必须溶解于水中才能被植物所吸收或运转；第三，植物的细胞和组织都含有水分，具有膨压，使植物挺拔、叶片舒展，有利于叶片接收阳光，并有利于通过气孔与环境进行气体交换；第四，水是植物光合作用合成有机物质的原料，还参与植物体内的很多化学变化；第五，水具有较大的热容量，对植物所处环境的温度变化起到很好的缓冲和调节作用。因此，没有水便没有植物，水是植物生命活动的先决条件。各种蔬菜对温室内空气湿度的要求是不相同的，其中，黄瓜和芹菜要求空气湿度较高，达90%左右；番茄、辣椒、西葫芦和豆类等要求空气湿度70%左右；西瓜、甜瓜等只要达到50%就已足够。设施内果菜类要求的空气湿度大致为50%～90%，最适宜的空气湿度为60%～70%。不同种类的蔬菜和花卉以及其各生育时期的需水规律并不相同，这主要取决于其地下部分对土壤水分的吸收能力和地上部分对水分的消耗量。因此，温室土壤水分调控应根据蔬菜和花卉的品种、生育期的不同而进行。温室内土壤湿度的变化不仅影响环境的温度和空气湿度，也会影响土壤的通气、养分和温热状况。因此，调控设施内土壤水分状况是保证设施环境有利于植物生长发育的关键技术和重要手段。

三、光照强度

光照强度对植物的光合作用有很大的影响，光合作用的强弱由光合速率来体现，在一定的光照强度范围内，光合速率随着光照强度的增加而增加，但超过一定的光照强度以后，光合速率便保持在一定的水平而不再增加了，这就是所谓的"光饱和"现象，光合作用达到最强时的光照强度则称为"光饱和点"。而当光照强度低到一定的水平，植物的生长发育将受到严重影响，需要补充光照才能保证植物的正常生长和发育，此时的光照强度称为"光补偿点"。有试验证明，强光有利于作物繁殖器官的发育，相对的弱光却有利于营养生长。因此，多云的天气条件，对以植株营养部分为收获对象的作物有利，晴朗的天气条件对收获果实籽粒的作物有利。遮光的实验证明，在强光下小麦可以分化更多的小花；弱光下，小花分化减少。光照强度还对产品的质量有影响，生长在遮荫地的禾本科作物的蛋白质含量减少，光照条件很好的瓜果因含糖多而香甜可口。多数栽培作物正常生长发育的适宜光照强度为8000～12000lx，光照过强或不足都能引起植物生长不良、产量降低甚至死亡。

四、二氧化碳浓度

空气中蕴藏着农作物的"粮食"——二氧化碳,光合作用的原料除了叶绿素、水之外,就是二氧化碳。光合作用效率的高低,一是靠光照强度的大小,二是靠二氧化碳浓度的高低。

一般说来,农作物进行光合作用最理想的二氧化碳浓度为0.1%左右,而空气中的二氧化碳浓度只有0.3‰左右,远远不能满足农作物光合作用的需要。近些年,一些地区在塑料大棚里对蔬菜进行增加二氧化碳浓度的试验,均获得了很好的增产效果,其中,黄瓜增产为12%、芹菜为52%、番茄为30%,而且增加了这些蔬菜中维生素C的含量,提高了经济价值。

第二节 温室生产生理生态信息传感器

目前,用于获取设施农业生理生态信息的主要手段是利用电子技术研究开发相应的智能传感器,将生理生态信息的模拟信号转化为可以用于存储和处理的数字信号。21世纪最具代表性的一项高新科技成果是智能传感器,智能传感器是带微处理器、兼有信息检测和信息处理功能的传感器,其主要特征是,将传感器监测信息的功能与微处理器的信息处理功能有机地融合在一起,具有一定的人工智能作用。本节把温室生产专用传感器分为生态环境信息传感器和作物生理信息传感器两大类。

一、国内外温室专用传感器发展现状

要实现高水平的设施农业生产,信息获取手段是最重要的关键技术之一。现代温室系统的自动化、智能化、精准化控制管理,要求系统中的传感器具有较高的可靠性,并在最大程度上获取较多的温室环境信息及作物生理信息。由于温室设施的封闭特性,致使内部环境因子变幅较大,经常表现为高温、高湿、有害气体浓度变化剧烈、有人工补光措施时光照强度变化剧烈等特点,同时对培养基质含水量及养分、生物生理信息的测量也有很大难度,上述特点决定了对温室专用传感器性能的要求较高,因此开发适合于温室生产状况的高可靠性环境传感器和生理信息传感器就显得尤为必要。

温室环境信息传感器可以对温室环境、水肥信息进行自动监测,并为分析植物的实时生长状况、预测植物生长趋势提供数据支持,为用户提供温室环境与植物生长状态的必要信息;温室生理信息传感器能检测植物的实时生长状况,如植物的茎粗、叶温、叶湿、茎流及果实生长的变化情况,为分析植物的长期生理特性提供数据支持,从而预测植物的生长趋势,并以报警形式反映植

物是否受到干旱、高温等环境胁迫。正是因为具有以上特点，使得温室专用环境信息传感器和生理信息传感器成为进行不同材料、不同条件、不同样品处理、不同农学措施等科研和生产管理的有效监控和信息获取工具。

近年来，国外在温室专用传感器，尤其是关于温室作物的水分测定传感器方面进行了较多的研究。如 Guan Feng 于 1998 年应用温度-湿度梯度原理，发明了测量植物蒸散的新的计算方法和装置；Walz 于 1995 年发明了一种集成植物呼吸、光合作用与蒸散的测量装置；Murray 于 1998 年对棉花进行了水分胁迫的研究，提出了通过对棉花水分胁迫的监测，评估作物生长发育状况的方法；在土壤水分测定方面，Koehler 于 1993 年应用脉冲回声原理，发明了一种测定含水量的装置，可以据此制定灌溉方案，Vidal 于 1998 年利用土壤电导率与土壤含水量之间的关系，发明了根据电导率测量土壤水分的装置。另外，国外如日本、以色列、加拿大等国在温度、湿度、二氧化碳等传感器方面，也相继开发出了适合温室环境的专用传感器，并在实际中进行了大量应用。

国内对于传感器的研究相对落后，能适用于特殊环境条件（高温、高湿、变幅剧烈、化肥农药污染等）的传感器非常缺乏，特别是连续长期运行时，在稳定性、精确度、一致性等方面与国外水平相比还存在较大的差距。另一方面，国内传感器种类偏少，针对气象环境等因子的传感器较多，而对植物生理生态因子的传感器非常少。国外以色列的 Phytech 公司、澳大利亚的 ICT 公司，以及加拿大的 Argus 等公司研制了能够测量果实膨大、茎杆增长、茎流速率等生物信息的传感器，并在科研和实际生产中得到了应用，但因其价格昂贵，无法满足我国科研和实际生产的需求。

当前传感器发展的主流是向微型化、数字化、傻瓜化发展，具有自补偿、自校正、自诊断、远程设定、状态组合、信息存储和记忆等功能。数字化传感器通过"直接校准法"，把被测物理量直接转换成数字，其主要特点有成本低廉、性能稳定、抗干扰能力强、宜于远距离传输、不需要任何外接器件就能与计算机直接接口等。傻瓜化传感器是实现传感器的"即插即用"，使用简单、方便。使传感器向"傻瓜"型发展，是今后传感器行业应该解决的课题。从 20 世纪 80 年代中期起，美国、日本和欧洲都先后加强了微传感器及其制造工艺的研究力量，现在微传感器已开始从实验室进入实用阶段，有的已形成产业。

二、智能传感器的开发原理

作为信息采集系统的前端，传感器是一种能把特定的（物理、化学、生物）信息按一定规律转换成某种可用信号输出的器件和装置。国家标准 GB/T 7665—87《传感器通用术语》对传感器的定义如下：能够感受规定的被测量并按照一定的规律转换成可用输出信号的器件或装置，通常由敏感元件和转换元件组成。目前,智能传感器是当前传感器的发展趋势,从其功能来说是具有一种或多种敏感功能,能够完成信号探测、变换处理、逻辑判断、功能计算、双向通讯,内部可实现自检、自校、自补偿、自诊断,具备以上部分功能或全部功能的器件。从使用角度来看,智能传感器能够满足准确度、稳定性和可靠性的要求。智能传感器硬件组成框架结构如图6-1所示。

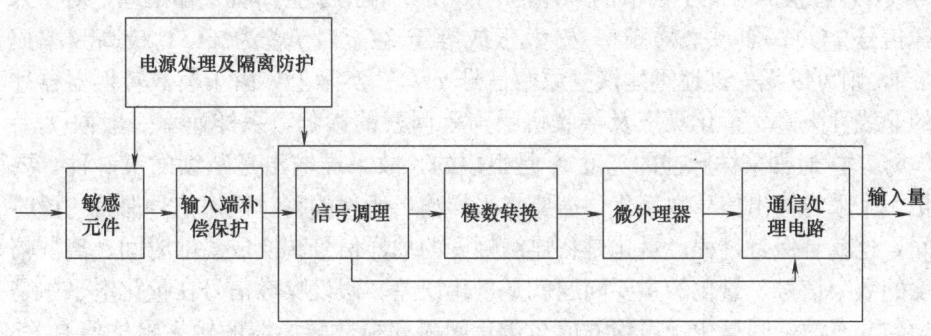

图 6-1 智能传感器硬件组成框架结构

(一) 敏感元件

目前,设施农业用到的传感器可测量如温度、湿度、光照、CO_2、EC、pH 等项目,电气方面涉及的信号输出有电压、电流、电阻、电容等模拟信号或者脉冲、频率、开关量及标准协议的 Onewire、IIC、SPI 的数字信号,智能传感器需要将这些信号进行调理或转换,方便最终用户的使用。不同功能传感器敏感元件的选择在以后的具体传感器研制中将予以介绍。

(二) 输入端补偿保护

传感器相距调理电路的位置在选择合适的接口和降噪电路方面起着关键作用。当传感器与其信号调理电路相对较远时,通常会给电路引入噪声,则需用差分测量方法来消除噪声。

差分放大器的高 CMRR 可以降低噪声。但是,还需要接地、屏蔽电缆和电磁干扰/静电放电(Electromagnetic Interference/Electro-Static Discharge,EMI/ESD)滤波器来防止噪声影响测量的准确度。

(三) 信号调理

信号调理是把来自传感器的模拟信号变换为用于数据采集、控制过程、执行计算显示读出和其他目的的数字信号。模拟传感器可测量很多物理量,如温度、压力、力、流量、运动、位置、pH、光强等。通常,传感器信号不能直接转换为数字数据,这是因为传感器输出是相当小的电压、电流或电阻变化,因此,在变换为数据之前必须进行调理。调理就是放大、缓冲、定标模拟信号及滤波,使其适合于模/数转换器(ADC)的输入。然后,ADC 对模拟信号进行数字化,并把数字信号送到微控制器或其他数字器件,以便用于系统的数据处理。

(四) 模数转换

模数转换是将模拟输入信号转换为 N 位二进制数字输出信号的技术,模数转换包括采样、保持、量化和编程四个过程。采样就是将一个连续变化的信号 $x(t)$ 转换成时间上离散的采样信号 $x(n)$。根据奈奎斯特采样定理,对于采样信号 $x(t)$,如果采样频率 f_s 大于或等于 $2f_{max}$ [f_{max} 为 $x(t)$ 最高频率成分],则可以无失真地重建恢复原始信号 $x(t)$。实际上,由于模数转换器器件的非线性失真、量化噪声及接收机噪声等因素的影响,采样速率一般取 $f_s = 2.5f_{max}$。通常采样脉冲的宽度 t_w 是很短的,故采样输出是断续的窄脉冲。要把一个采样输出信号数字化,需要将采样输出所得的瞬时模拟信号保持一段时间,这就是保持过程。量化是将连续幅度的抽样信号转换成离散时间、离散幅度的数字信号,量化的主要问题就是量化误差。假设噪声信号在量化电平中是均匀分布的,则量化噪声均方值与量化间隔和模数转换器的输入阻抗值有关。编码是将量化后的信号编码成二进制代码输出。这些过程有些是合并进行的,例如,采样和保持就利用一个电路连续完成,量化和编码也是在转换过程同时实现的,且所用时间又是保持时间的一部分。在传感器信号转换中最常用的是积分型、逐次逼近型、Σ-Δ 型模数转换器,随着芯片集成度的提高,很多微处理器将 A/D 转换器集成到单个芯片中为信号的转换带来了便利。

(五) 微处理器

微处理器负责控制智能传感器各部分器件的工作,并对数字信号进行处理,可通过校准每一个系统来校正传感器误差。这可在硬件(如数字电位计)或固件(如在非易失性存储器中进行常数校准)上完成,其他的环境参数也可能需要校正。例如,电容式湿度传感器可能需要进行温度校正。这通常在固件中最易实现,但也可以用硬件来实现。非线性传感器需要额外的校正。查表法和分段线性插值法是对非线性传感器常用的校正方法,其中分段线性插值法把曲线看作若干段首尾相连的直线段,根据每段直线的斜率来求算该线段所在区段内的数据值。相邻两个线段的接点称为标定点。

(六) 通讯处理电路

为了满足传感器能够适应通用的采集器,需要将信号转换为标准的电压(0~5V、1~5V),电流信号(4~20mA)、RS485、CAN 等现场总线、以太网、无线信号(Zigbee、射频),方便不同的使用环境;4~20mA 输出,目前智能传感器系统本身都是数字式的,但其通信规定仍采用 4~20mA 的标准模拟信号,目前常用电流输出芯片是 AD694、XTR 系列、AM 系列,还有部分采用运放进行转换;Modbus 通讯协议,当底层通讯采用 RS485/工业以太网/

无线方式，采用工业标准 Modbus 协议，实现多传感器的多点远程测量通讯，通过此协议，控制器相互之间、控制器经由网络（例如以太网）和其他设备之间可以通信，已经成为通用工业标准，不同厂商生产的控制设备可以连成工业网络，进行集中监控；无线传感器网络，无线传感器网络（Wireless Sensor Networks，WSN）综合了微电子技术、嵌入式计算技术、现代网络及无线通信技术、分布式信息处理技术等先进技术，能够协同地实时监测、感知和采集网络覆盖区域中各种环境或监测对象的信息，并对其进行处理，处理后的信息通过无线方式发送，同时以自组多跳的网络方式传送给观察者，是具有大规模、无线、自组织、多跳、无分区、无基础设施支持的网络。

（七）电源处理及隔离防护

由于智能传感器系统大都是嵌入式系统，使用现场电源环境干扰比较严重，很多产品因为没有考虑保护而受到严重破坏。雷击、电源浪涌波动、静电、电磁干扰等现象都能够对传感器产品造成致命打击。在电源设计、通讯接口及对外接口需要进行严格的防护，无线设备需要配防雷器、避雷针等。

三、主要产品

近年来，国内一些科研院所和高校在国家科技项目的资助下，根据我国温室生产实际状况，开展了温室生产专用传感器的研究与开发，并在生产实践中得到了检验，其中一些具有性能稳定、测量精确、操作简单等特点的传感器已经在全国范围内得到了广泛推广。以下介绍几项最新的研究成果。

（一）温室生产生态环境信息传感器

温室生产生态环境信息是指在设施农业生产过程中，对作物生长、发育、生殖有影响的环境因子的综合，包括空气环境信息和土壤环境信息。

1. 空气环境信息传感器

（1）智能温湿度自补偿传感器　空气的温度和湿度之间有着密切的关系，是影响作物生长的最为重要的环境因素，空气温度和湿度的监测是实现设施农业精准生产的基础条件。以往，空气温度传感器和空气湿度传感器是分别开发的，但是，湿度传感器本身受环境温度的影响较大，环境温度的变化会直接造成湿敏元件输出值的变化，从而造成较大测量误差。除此之外，长期在温室这样的高湿环境下工作后，湿度传感器很容易损坏而导致寿命变短，性能指标也会产生较大的飘移；传感器转换电路本身的性能指标，也会随着环境温度的变化发生改变并造成测量误差；传感器输出值的非线性化较大（特别是湿度传感器在高湿及低湿端的非线性化很大），造成一定测量范围内的误差较大。为解决上述问题，国家农业信息化工程技术研究中心开发了智能温湿度自补偿传感器。该传感器的温湿度敏感元件采用瑞士 Sensirion 公司推出的新一代基于

CMOSensTM 技术（CMOS 和传感器技术的融合）的数字式温湿度传感器 SHT75。SHT75 芯片内包括经校准的相对湿度（12 位）和温度（14 位）传感器，它们与一个 14 位的 A/D 转换器相连，标定系数被编成相应的程序存入校准存储器中，在测量过程中可对相对湿度进行自动校准。图 6-2 所示为智能温湿度自补偿传感器外观，图 6-3 所示为智能温湿度自补偿传感器内部结构。

 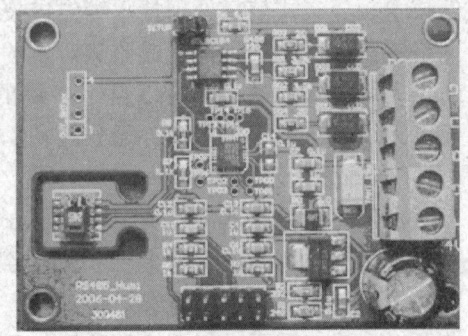

图 6-2　智能温湿度自补偿传感器外观　　图 6-3　智能温湿度自补偿传感器内部结构

智能温湿度自补偿传感器具有如下特点：

① 测量精度高：温度测量精度为±0.5℃，分辨度±0.1℃；湿度测量精度为±2%，分辨度±0.1%。

② 稳定性好：可在高温高湿等恶劣环境中长期稳定地工作。

③ 适应性强：即具有 2 路普通的 0~5V 模拟电压输出，分别输出温度和湿度的测量值，以便与传统的测试设备接口；同时还具备先进的网络通讯接口，可以方便地同微机控制系统接口。

该传感器的性能如表 6-1 所示。

表 6-1　智能温湿度自补偿传感器的性能指标

工作电压	DC 5~24V	
工作温度	−20~70℃	
测量参数	湿度	温度
测量范围	0~100%	−20~70℃
测量精度	±2%	±0.5℃
分辨度	±0.1	±0.1℃
响应时间	4s	10s
输出	RS 485	
封装	塑料外壳	

（2）二氧化碳浓度传感器　目前，检测二氧化碳浓度的方法主要有化学法、电化学法、气相色谱法、容量滴定法等。这些方法普遍存在着价格贵、普适性差等问题，且测量精度也较低。而传感器法具有安全可靠、快速直读、可

连续监测等优点。目前,各种检测用二氧化碳传感器主要有固体电解质式、钛酸钡复合氧化物电容式、电导变化型厚膜式等。这些传感器存在对气体的选择性差、易出现误报、需要频繁校准、使用寿命较短等不足。而红外吸收型二氧化碳传感器具有测量范围宽、灵敏度高、响应时间快、选择性好、抗干扰能力强等特点,因此得到了广泛地应用。目前,国外出现了很多这方面的研究成果,但是在实际应用中发现一些不足:传感器的信号量输出单一,不同系统之间整合困难;内部自动校准功能不强,精度和稳定性难以保证;系统组网困难,很难进行多点测量;许多产品价格昂贵,而且人机界面和用户手册全部为英文,操作不方便。为解决上述问题,国家有关研究中心开发了多信号输出二氧化碳传感器,该传感器的敏感元件选用美国 OEM 版二氧化碳模块,将检测到的二氧化碳气体浓度转换成相应的电信号,输出的电信号分别经过信号调理模块的滤波、放大处理后,输入到微处理器系统,并经补偿等处理后,由微处理器系统输出到液晶显示模块,显示其测量值。该传感器的外观如图 6-4 所示。

图 6-4 多信号输出二氧化碳传感器外观

多信号输出二氧化碳传感器具有如下特点:

① 性能可靠:集成美国 OEM 版二氧化碳模块,所有产品出厂前都经过标定。

② 稳定性好:利用温度校准方法,实现二氧化碳浓度测量的高稳定性;传感器具有过流和防短路保护功能。

③ 测量精度高:二氧化碳浓度的测量精度高达 $\pm 40\mu L/L$。

④ 适应性强:能够将测量数据以电压、电流等不同方式输出,能够适应各种系统的要求。

多性能输出二氧化碳传感器的性能指标如表 6-2 所示。

表 6-2 　　　　　多信号输出二氧化碳传感器的性能指标

测量方法	单波非色散红外原理(NDIR)	
测量参数	二氧化碳	温度
测量范围	$0\sim2000\mu L/L$	$-20\sim+50$℃
测量精度	$\pm40\mu L/L$	±1℃
重复性	全量程的$\pm1\%$	
预热时间	$<2min$	
响应时间	$<1min$	
信号刷新时间间隔	2s	

续表

使用寿命	15年
长期稳定性	在寿命期间全量程的±2%
工作环境	0~50℃,相对湿度0~95%,非凝露
供电电源	DC 6~18V,推荐DC 9~15V
功耗	CO_2测量时180mA,非测量时30mA
接口连接	5.08mm间距,9个接线端子
壳体材料	ABS塑料
重量	≤275g
尺寸	150mm×80mm×30mm
保质期	12个月

(3) 光照强度传感器　国内外先后研发出了大量光照强度传感器,但是以往的光照传感器在实际应用过程中暴露了一个重要缺点:传感器的量程固定。当生产环境的光照强度较低时,较宽的量程无法保证测量的准确性,如果将测量量程缩小,却无法满足传感器应用现场光照强度跨度较大的要求。针对上述问题,国家有关研究中心研究开发了数字式宽量程光照传感器,该传感器采用进口光敏元件 TSL 230,该元件将可见光的光信号转换为频率信号,通过内部的多硅光电二极管和 CMOS 电流/频率集成转换器,将波长为300~700nm 范围的可见光频率信号转换为电流信号,标准电流4~20mA 输出。量程设置端具有三种量程可调:目前是0~4klx(室内应用)、0~100klx(温室用)、0~200klx(室外专用)。当采用频率输出时,提供3~5V的供电即可,DAC 将数字信号转化为0~2V 电压信号,AD694 将电压信号转换为电流信号,实现以频率、电压、电流三种信号为输出方式的功能。数字式宽量程光照传感器的外观如图6-5所示。

图6-5　数字式宽量程光照传感器外观

数字式宽量程光照传感器具有如下特点:

① 通用性强:电流输出范围采用4~20mA 的范围,能够进行长达1500m 的远距离通讯传输(传输距离与线缆、干扰、阻抗匹配相关)。

② 稳定性好:传感器接口电路采用电流环进行数据传输,光敏元件将光强转换成相应的脉冲频率,内部含有滤波补偿电路,不受外围环境及器件干扰;

③ 测量精度高:非线性典型误差为0.2%,温度稳定系数为100mL/L・℃,提供1~200klx 不同量程的光照传感器,满足高精度和不同量程的测量要求。

数字式宽量程光照传感器的性能指标如表6-3所示。

表 6-3　　　　　　　数字式宽量程光照传感器的性能指标

测量参数	光照强度传感器
单位	lx
量程	0～200000lx
测量精度	±5% rdg（校准后可达±3%以内）
输出信号	4～20mA
工作电压	9～30V
电缆长度	标准为5m
密封材料	内部电路做防水处理，传感器正面完全密封，分为室内和室外两款
工作环境	温度−30～65℃，湿度0～90%RH

2. 土壤环境信息传感器

（1）土壤湿度传感器　　目前，实时在线测量土壤湿度的方法包括负压法、电容法、时域反射法（TDR）、石膏电阻法等。其中负压法使用前需进行注水等准备工作，比较烦琐；电容法稳定性较差；时域反射法（TDR）虽然稳定性好、测量精度高，但价格十分昂贵；石膏电阻法虽有价格低、使用方便、性能价格比高等优点，但目前的产品存在着长期稳定性较差等不足。针对以上各类型的不足，国家有关研究中心开发了电阻式土壤湿度传感器，该传感器

图 6-6　电阻式土壤湿度传感器外观

的探头部分共分为三层：最外一层为网状塑料保护罩，对整个探头起保护作用；中间一层是多孔陶瓷组成的过滤层，本层的作用是将土壤中对测量精度和稳定性有较大影响的多种离子过滤掉，这样一方面保证了测量精度，另一方面也极大地延长了探头的使用寿命；最内层是起感湿作用的石膏体，随着石膏体所吸收的水分的不同，石膏体内部金属电极间的电阻也会发生相应的变化，通过对该电阻值的测量，可知道当前土壤中的水分含量。图 6-6 所示为电阻式土壤湿度传感器的外观。

电阻式土壤湿度传感器具有如下特点：

① 通用性强：通用 0～5V 信号输出，可与多数测试仪表及测控系统直接相连。

② 测量分辨度高：分辨率为 1%。

③ 测量精度高：测量精度可达±3%。

电阻式土壤湿度传感器的性能指标如表 6-4 所示。

表 6-4　　　　　　　　电阻式土壤湿度传感器的性能指标

测量参数	土壤含水率
单位	％（体积分数）
量程	0～50％
测量精度	±(3％～5％)
测量区域	90％的影响在围绕中央探针直径为5cm、长度6cm的圆柱体内
稳定时间	通电后约10s
响应时间	响应在1s内进入稳态过程
工作电压	4.5～5.5V(DC)，典型值5.0V(DC)
工作电流	70～90mA，典型值80mA
密封材料	ABS工程塑料
探头材料	不锈钢
探头长度	一般提供的探针长度为6cm
电缆长度	标准长度为2m

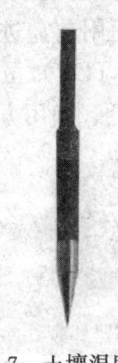

图 6-7　土壤温度传感器的外观

(2) 土壤温度传感器　目前现有的土壤温度传感器的耐高温能力差，仅能对土壤温度进行测量，无法实现对基质的温度进行测量。为解决这一问题，国家有关研究中心开发了土壤温度传感器，该传感器采用 DS18B20 作为敏感元件，敏感元件位于传感器的头部，静密封后，不仅可以用来精确测量土壤温度，也可以用于测量基质的温度。传感器的精度和稳定性依赖于美国进口测温芯片 DS18B20 的特性及精度级别。土壤温度传感器的外形如图 6-7 所示。该传感器经过不锈钢防水密封，耐高温能力强，可在 100℃条件下长时间正常工作。

土壤温度传感器的性能指标如表 6-5 所示。

表 6-5　　　　　　　　土壤温度传感器的性能指标

输出方式	工作电压/V	存储温度/℃	工作温度/℃	测量范围/℃	测量精度/℃	分辨率/℃	响应时间/s	输出	封装
模拟电压	DC 6～18	−40～85	−40～100	−40～80	±0.2	0.1	1	0～5V	不锈钢防水
模拟电流	DC 6～18	−40～85	−20～100	−20～70	±0.2	0.1	1	4～20mA	

(3) 土壤三参数测量仪器　土壤温度、含水率和电导率三个参数之间并不是完全的相互独立，而是相互之间有着较强的影响和作用。如当温度平均升高

1℃，土壤电导率约增加 1.9%，而在不同的温度下，时域反射法测量土壤的含水量会偏大或者偏小。土壤含水量的不同又是影响电导率的主要因素，但土壤电导率的不同也会对含水量的测量结果产生影响。由此可见，这三个参数之间有着较为复杂的关系，单一测量某一个参数而忽略其他两者，都会对测量结果产生较大的影响。这也是当前大多数测量仪器适用性有所限制，以及对于某些特殊自然条件下土壤测量出现较大误差的原因。国家某研究中心设计开发了土壤三参数测量仪器，实现对土壤温度、含水量和电导率三个参数的实时检测。仪器主要由三个部分组成：信号发射电路、信号检测电路、核心控制系统。这三个部分主要实现信号发生、检测以及数据处理分析等功能，外扩的功能有系统时钟、数据显示、存储、通讯等模块和接口。

土壤三参数测量仪器的性能指标如表 6-6 所示。

表 6-6　　　　　　　　土壤三参数测量仪器的性能指标

测量参数	土壤温度、含水率和电导率
温度测量精度	±0.1℃
含水量测量精度	±3%
电导率测量精度	±12mS/m
数据存储容量	4000 条以上
工作时间	20h 以上

（二）温室生产作物生理信息传感器

现有设施环境监控系统，通过实时监测影响作物生长发育的最主要环境信息，进行精确的生长条件控制，以实现作物生长环境的优化。但由于作物生长发育所涉及的因子较多，不可预测性强，仅仅依赖间接的环境信息，难以了解作物真实的生长发育状况。只有对植物生理和形态信息直接获取，才有可能准确分析把握作物的营养和受胁状况，如水分胁迫或其他生长环境胁迫程度等。在此基础上，结合作物生态环境信息并合理调控，才能为作物生长创造合适的生长环境。

1. 植物果实生长传感器

植物果实的生长是一种非常复杂的生理过程，任何环境因子的改变都会对生长产生深刻的影响。环境因子一般都是通过信息传递影响果实的生长，并且这种影响可以在一定的时间内就产生效应。如当植物根系受到一定程度的水分胁迫时，果实、叶片的生长会立刻受到抑制，而植物体内发生电化学波传递时，也会抑制生长，所以，植物的果实生长可以作为一项检测植物环境及体内状态改变的关键指标。

果实生长速率最直接的反应是在果实直径的变化速率上，但果实的变化非常细微，因此需要采用高精度的测量工具将这种变化情况反映出来。国家某研

图6-8 植物果实生长
传感器外观

究中心以高精度直线位移传感器为基础，自主研发了果实生长测量装置，可将果实生长的细微变化进行在线检测，准确地以电信号方式反映到数据采集装置中，从而有效测量植物在生长上的变化情况。植物果实生长传感器采用量程为10mm、测量精度达到0.5%F·S的位移传感器设计，具有结构简单、安装便捷、抗电磁干扰能力强、稳定性好等特点。植物果实生长传感器的外观如图6-8所示。

2. 作物叶面温度传感器

我国水资源不足已经成为限制农业发展的首要因素，发展节水农业、建立高效节水灌溉制度，是这些地区的必然选择。而对土壤水状况和作物水分亏缺情况进行判断，采集作物缺水反应信息，并根据作物缺水程度进行精量灌溉，是建立高效灌溉制度的基础。因此，准确判断作物水分亏缺程度显得尤为重要。在众多的研究指标中，作物叶面温度与作物生长关系最密切，以这个指标为灌溉依据比土壤水分指标更为可靠。因此，开发作物叶面温度传感器是准确获得作物水分供给状况的主要手段。

对植物的叶面温度进行测量，是一种比较特殊的温度测量应用，用普通的温度传感器及测量方法难以胜任。由于很多植物的叶片小而柔软，叶梗的支撑力有限，所以就要求温度传感器的质量必须很轻；另外，在测量时应尽可能减少传感器本身对叶面的遮盖，否则会影响测量的准确度，甚至对植物本身的生长造成影响；再有就是温度传感器本身在阳光照射下对太阳光热量的吸收程度越小越好，这样测出的才是植物叶面的真实温度。目前，国内还没有专门设计的针对

图6-9 作物叶面温度
传感器的外观

植物叶面温度进行测量的传感器，市场上较为流行的叶面温度传感器是由以色列Phytalk公司生产的，该公司的产品价格昂贵，全部为英文说明，操作复杂，很难在我国的实际生产中使用。针对实际需要和现有成果的不足，国家某研究中心自主研发了国产作物叶面温度传感器，该传感器的外观如图6-9所示。

作物叶面温度传感器具有如下优点：
① 传感器与变送器分体式设计，中间由细软线相连，使用非常方便；
② 通用4～20mA信号输出，可与大多数测试仪表及测控系统直接相连；
③ 测量分辨度高，为0.1℃，测量精度可达±0.5℃；

④ 利用弹簧圈的固有弹性使传感器与叶面紧密接触，可提高测量的准确性；

⑤ 结构简单、成本低，适合我国农业应用。

作物叶面温度传感器的性能指标如表6-7所示。

表6-7　　　　　　　在线连续叶面温度传感器的性能指标

工作电压	DC 9～30V
测量温度	−40～85℃
工作温度	0～70℃
测量参数	叶面温度
测量精度	±0.5℃
分辨率	0.1℃
响应时间	15s
输出	RS485、4～20mA
封装	螺旋弹簧圈

3. 植物茎流传感器

植物茎流可以反映植物在生长过程中对水分、养分的吸收情况，并能够协助确定植物的水分消耗。植物水分消耗与其生长和生存息息相关，蒸发的水量又直接影响与水分可用性有关的植被形成进程。因此，很多农业领域的研究人员对植物水分利用的速率非常感兴趣。植物茎流传感器的研究与开发，就是为了满足研究人员对植物茎流研究的需求，通过茎流传感器，可以直接测量得到茎杆纵向的温度梯度。

国家某研究中心采用热平衡原理，研制了植物茎流传感器，包括两个主要部分：第一部分是加热部分，通过发热器件，对植物茎杆中心部分进行加热；第二部分是高精度温度传感器，用于测量等间距植物茎杆上下不同位置温度值。由于采用恒定电流加热，两个探针之间将形成温差。水流上升时，带走热量，两个探针之间温差变小，温度差与茎流成正比的函数关系，通过测量温差即可算出植物茎流。

采用热平衡原理设计的茎流传感器，具有测量快速、准确、无损的特点。其内置的热量和温度传感器，可通过电池或主电源供

图6-10　植物茎流传感器的外观

电。传感器探头设计更具弹性，受周围环境影响更小，安装方便，对植物茎杆生长无影响。标准信号输出，可直接与不同的数据采集系统相连。该传感器的研制，可有效提高对植物生理生态状况的研究。图6-10所示为植物茎流传感器的外观。

第三节　温室生产信息采集分析系统

设施农业生理生态智能传感器，仅仅是将需要获取的生理生态信息模拟量输入转化为数字量输出，但是既不能够将获取到的这些信息存储下来，也不能够将这些数字信号传输给计算机。所以，我们用设施农业生理生态智能传感器所获取的信息是稍纵即逝的，换句话说，就是不为我们所用。那么，如何将传感器采集到的信息为科学研究和生产实践所用呢？这就需要研究一类产品，用于"统领"设施农业生理生态智能传感器获取到的信息，这类产品就是设施农业信息采集分析系统。根据功能特点及原理，将温室生产信息采集分析系统分为通用型信息采集分析系统、便携式信息采集分析系统和基于机器视觉的信息采集分析系统三个部分进行详细介绍。

一、通用型信息采集分析系统

在设施农业生产中，多数情况下，需要同时在线监测空气温度、空气湿度、光照强度、二氧化碳浓度、土壤温度、土壤湿度、土壤电解度等生态环境信息和茎秆直径增长量、叶片温度、作物微增长量等生理信息。这些传感器的输出信号具有多样性，有可能是电压信号、电流信号、频率信号，并且不同的传感器所测量的物理量需要不同的数学公式进行解析，因此需要信息采集分析系统能够识别、接收和解析这些不同信号，这类信息采集分析系统就是通用型信息采集分析系统。

（一）通用型信息采集分析器原理

通用型信息采集分析器原理示意图如图 6-11 所示。

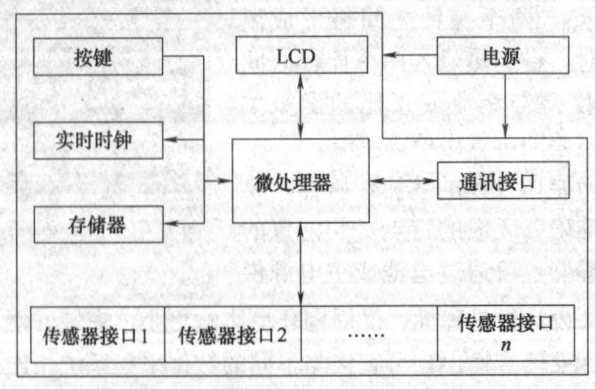

图 6-11　通用型信息采集器原理示意图

1. 微处理器模块

微处理器具有一定的信息处理能力和运算能力，作为采集器的核心，主要采集传感器接口的数据，实现与其他模块的交换，一般采用 8 位/16 位/32 位微处理器。

2. 传感器接口

该模块在不同采集仪器中拥有不同的数量，实现多点或多参数测量，对模拟信号处理包括滤波、放大、模数转换。

3. 实时时钟

主要完成计时功能，为系统的数据采集、存储、通讯提供准确的时间标准，常用的实时时钟有 DS1302、PCF8563、DS12887、SD2003 等。

4. 存储器

存储器负责存储当前的数据，一般采用 flash 存储器。

5. 按键

主要完成仪器的设置工作。

6. LCD 模块

以直观的方式显示当前数据和设置参数，与按键配合构建好的人机界面。

7. 通讯接口

通讯接口完成于外界的交流，常用通讯方式如 RS232、RS485、USB、CAN、TCP/IP、无线模款等都可以采用，实现采集仪与 PC 的交互、远程访问、网络发布等功能。

8. 电源

电源部分主要负责为系统和传感器供电。

（二）主要产品

1. 温室环境信息采集分析系统

该系统包括传感器、温室环境信息采集器和计算机及分析软件，不仅能够采集温室内温度、湿度、光照、土壤温度、CO_2 浓度、叶面湿度、露点等环境参数，同时可以采集果实生长速度、茎杆生长速度、叶温等生物信息参数，以直观的图表和曲线的方式显示给用户，并根据种植作物的需求，提供各种声光报警信息。该系统具有上位机分析软件，一台计算机最多可以同时连接 32 个采集器。利用环境数据与作物信息，指导用户进行正确的栽培管理。该系统可广泛

图 6-12 温室环境信息采集器的外观

应用于设施农业、园艺、畜牧业等领域，为实现对设施农业综合生态信息自动监控、对环境进行自动控制和智能化管理提供科学依据。温室环境信息采集器的外观如图 6-12 所示。

（1）系统设置

总体设置：选择通讯端口 COM1 或 COM2，设置当前连接数据采集器的总数，最多可以设置 32 个采集器。

数据显示：显示实时温度及端口测量数据、下位机存储数据状态、下位机记录个数。

数据存储：可选择手动或自动方式将数据存入数据库，当采用手动方式存储数据时，可将下位机数据全部导出，直到其记录个数为零。当采用自动方式存储数据时，本系统还具有每 2h 自动读取数据功能。

图形显示：能够把温室测量参数以曲线的形式显示出来，可以三维立体图显示当天温度趋势图和当天端口数据趋势图。

（2）系统特点

① 使用灵活：上位机软件可连接多至 32 个数据采集器，用户只需在总体设置模块内设置实际连接的数据采集器号码，系统自动生成各采集器对应的数据库及相应的用户图形界面；

② 界面友好：采集器的人机界面包括直观的中文文字显示界面和触摸按键，上位机软件具有直观的图形界面，方便用户使用；

③ 性能稳定：看门狗防护措施，避免系统死机，多重容错措施，避免用户误操作而引发问题；

④ 可扩展性强：系统程序采用模块化结构，方便功能扩展或屏蔽；

⑤ 存储容量大：每个采集器可任意连接多至 16 种传感器（8 个温度和 8 个其他参数），可长时间存储所采集的数据；

⑥ 成本低廉：本系统不仅可以与自制研发的温室专用传感器相连接，还能够将国外传感器集成到一起，相对于国外同类产品价格降低了很大的幅度。

2. 太阳能室外环境信息自动采集系统

现有的室外环境信息自动采集器存在如下不足：英文人机界面，而且信息在气象站自带的 LCD 液晶屏或 LED 数码管上显示，方式单一，给用户的使用带来不便；机内数据存储容量的扩展采用 CF 卡方式，需专用读卡设备才能读取数据，通用性差；室外环境信息自动采集器和计算机进行数据通讯时，无明显通讯状态提示；连接的传感器数量固定、接口固定，如四参数气象站只可测量温度、湿度、气压、降雨，六参数气象站只可测量温度、湿度、气压、降雨、风速、风向等，无法根据用户需求的变化进行调整；使用非一线器件，每个传感器占用一个端口；供电方式单一，对环境的适应性差。

为解决上述不足，国家某研究中心开发了太阳能室外环境信息自动采集系统，该系统的实物如图 6-13 所示。

(1) 系统功能　太阳能室外气象自动监测系统能够实时采集所处环境的温度、湿度、光照强度、降雨量、土壤温度、风向、风速、大气压等气象信息，并进行图形化处理和相关分析，生成人工常规观测无法提供的信息和服务，方便快速、更好地利用气象资料，让观测的资料成为真实有用的信息。该系统可广泛应用于农业、园艺、种植业、城市环境等领域。该系统具有如下功能：

图 6-13　太阳能室外环境信息自动采集系统实物

① 参数设置：设置所连接传感器类型、数据存储时间间隔、报警上下限等。

② 数据显示：以数字和图形方式显示当前时间、实时测量数据及下位机的各种状态等。

③ 数据存储：根据所设定的存储时间间隔，定时把采集到的数据存储到采集器中。

④ 数据传输：计算机可以通过有线和近距离无线的方式同时连接多达 32 个气象站，组成一定规模的监测网络。

⑤ 数据导出：可将采集器存储的数据转存到 U 盘中，也可通过通讯端口直接导入计算机形成数据库。

⑥ 图形显示：以曲线的方式显示数据库中任意时间段的存储数据。

(2) 系统特点

① 存储量大：根据用户的需求可以连接 16 种气象传感器，并可长时间存储所采集的数据，采用 USB 主机接口控制 U 盘作为备用数据存储。

② 软件功能强大：对采集的数据进行分析处理，并绘图显示。软件具有直观的图形界面，即使没有计算机知识的用户，也能方便使用。采取了多重容错措施，避免用户误操作而引发问题。

③ 低功耗：在野外使用时可由太阳能电池板、蓄电池供电，充放电控制器可防止蓄电池的过度充电或放电，延长蓄电池使用寿命。

二、便携式信息采集分析系统

通用型信息采集分析系统具有一定的局限性：系统需要固定在监测现场，布线复杂，设备仪器移动不方便；系统需要固定电源供电，安装现场具有一定的选择性；价格昂贵，安装调试过程复杂。目前很多设施农业生产管理现场没有固定电源，不能够满足通用型信息采集分析系统的安装要求；有的用户需要在不同时间阶段对不同的生产现场信息进行实时监测，要求测量仪器体积小巧、移动方便；有的用户只关心设施农业生产过程中的几种常用参数，要求设备价格低廉。这时，便携式信息采集分析系统便成为这些用户的首选设备，因此，近几年便携式信息采集分析系统备受业内人士关注。

（一）便携式信息采集分析系统原理

便携式信息采集分析系统大致分为敏感元件、便携式采集分析主机、通讯方式及配件、数据分析软件四个部分。敏感元件也就是传感器探头，一般分为内置和外置，装配封装形式对传感器测量的相应时间、准确度、使用寿命有重要的作用，一般有单路单因子测量的仪器只对单个参数的测量，也有多通道多因子测量仪器，比如同时测量温度、湿度、光等参数，还有一些仪器接口是通用的，通过更换传感器即可得到多环境因子的测量，具有很好的灵活性；主机部分一般采用低功耗设计，电池供电，其中锂离子电池在最近几年得到更多青睐，同时干电池、蓄电池等依然在便携式仪器中使用，可充电电池的使用也导致了太阳能电池板的使用，更加绿色环保，供电方面能够确保仪器稳定工作达5d以上，同时测量主机采用点阵、段码或发光二极管结合触摸按键进行测量，存储、分析数据、设置等诸多信息的显示，部分产品具有声光报警功能；通讯部分作为软件和采集主机的接口，在实际应用过程中具有以下诸多通讯方式选择：RS232直接与电脑串口通讯，通讯速度慢，成本低应用比较广泛，RS485能够实现远距离多点通讯，USB是目前便携式仪器的主流，采用以太网或无线传输，能够实现便携式测量仪器的远程监控与传输，是目前便携式仪器发展的方向；数据分析软件包括功能设置、实时历史数据曲线图表显示、科学数据分析及数据库建立等功能，为用户提供更为直观科学的数据服务。便携式信息采集分析系统功能结构如图6-14所示。

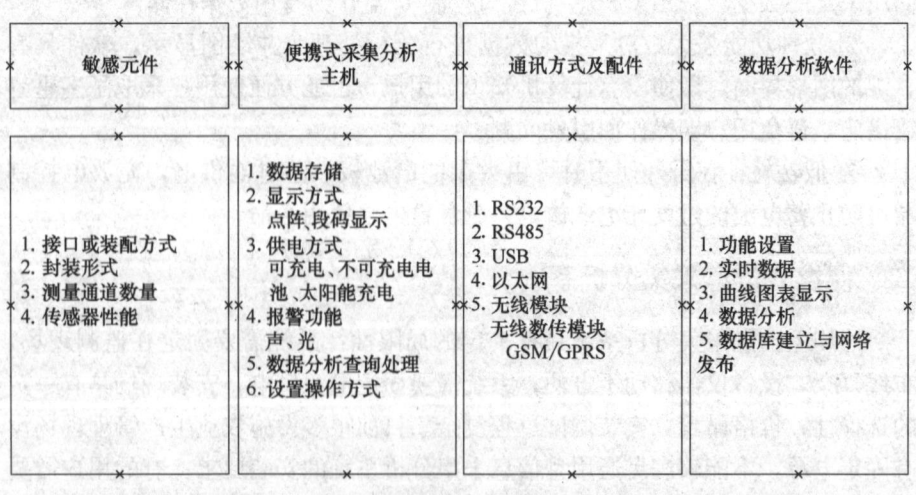

图6-14 便携式信息采集分析系统功能结构

(二)主要产品

国家某研究中心研究开发了系列便携式信息采集分析系统,已经在全国范围内得到了产业化推广,实用性和稳定性能较好。下面介绍几个典型产品。

1. 便携式温湿度露点记录仪

便携式温湿度露点记录仪是一款集温度、湿度、露点三个环境参数实时检测和记录的专业手持式测量仪器,由集成式温湿度露点数字传感器和主控电路及外围功能模块组成。一键式开关机,内部自带有大容量存储、中文菜单显示、数据查阅等功能,可实现对环境温湿度露点信息的智能化测量和数据记录管理。通过中文菜单显示和按键输入,用户可轻松完成人机交互过程,中文菜单"所见即所得"的特性,更加使得系统操作十分简单快捷,测量任务一手解决。与之配套的计算机辅助分析软件,可快速设置记录仪系统参数,读取记录仪实时数据和历史数据记录,并对数据进行管理和分析。该仪器可广泛应用于科研和工农业生产环境中,指导实践。

(1)仪器构成 便携式温湿度露点测量记录仪包括硬件和计算机分析软件两个部分。硬件和计算机分析软件通过串口或者 USB 接口来连接,并借助于工业标准的 ModBus 通讯协议,透明、高效、稳定,使得协同服务非常可靠。便携式温湿度露点记录仪系统框架如图 6-15 所示。

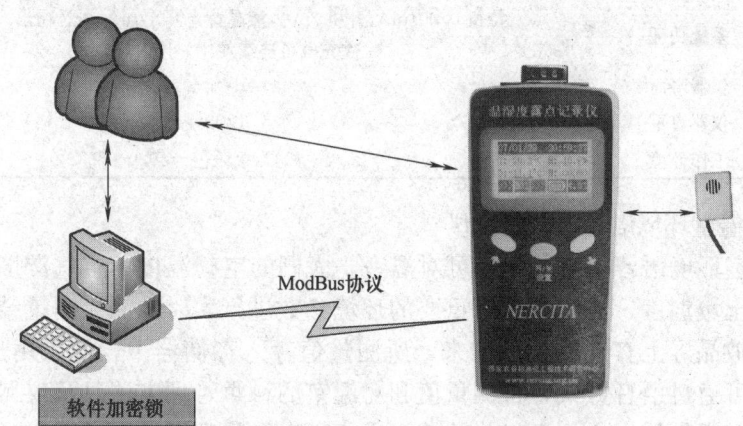

图 6-15 便携式温湿度露点记录仪系统框架

(2)主要特点

① 集成式温湿度露点传感器,一点式测量,精度高、一致性好、量程宽;

② 中文菜单显示,一键式开关机;

③ 存储容量大,一次可存储 40960 条数据记录;

④ 采样间隔、存储间隔可通过用户设定;

⑤ 具有数据查询、翻阅功能;

⑥ 具有上下限自动报警功能；

⑦ 功耗低，锂电池供电；

⑧ 体积小、结构紧凑，便携式、手持式应用；

⑨ 提供串口或 USB 接口，与计算机通讯采用工业标准的 ModBus 协议，协议透明，可联网使用；

⑩ 较为完善的计算机分析软件，提供智能化的数据管理服务。

(3) 性能指标　便携式温湿度露点记录仪的性能指标如表 6-8 所示。

表 6-8　　　　　　　便携式温湿度露点记录仪性能指标

指标			性能	
传感器	待测量	测量精度	分辨率	有效量程
	温度/℃	±0.4	0.1	−20.0~70.0
	相对湿度/%	±2.5	0.1	0.0~100
	露点/℃	±1.0	0.1	−20.0~70.0
采样频率、存储频率			用户设定，最高为 1Hz	
存储内容			日期时间、温度值、湿度值、露点值，带一位小数位	
存储容量			40960 条数据记录	
与计算机通讯接口方式			RS232 串口或者 USB 接口	
通讯协议			ModBus 协议	
系统功耗			待机 0.001mA，开机 3mA，液晶背光开 17mA，语音输出 50mA；一次充电可连续使用一周时间以上	
仪器寿命			10 年	
仪器自重			120g	
工作环境			−20.0~70℃，极限值−40.0~80℃	

2. 温室环境语音报警监测仪

温室环境语音报警监测仪可对温室、大棚的空气温度、空气湿度、露点温度、土壤温度、光照强度等重要的环境参数进行实时监测。测量结果可以在中文液晶屏上直观的显示出来，所测量值存入存储器中，便于用户查询；同时还可通过语音方式，将测量值和对温室的科学管理方法以及仪器本身的工作情况提供给用户。可以与计算机进行通讯，将数据传入计算机中，再配合专业的分析处理软件，可以进行温室环境信息的处理分析，提供更多更好的科学指导。

(1) 仪器构成　温室环境语音报警监测仪由便携式信息采集仪以及空气温度传感器、空气湿度传感器、露点温度传感器、土壤温度传感器、光照强度传感器组成。温室环境语音报警监测仪可以通过网线、串口或 USB 接口与计算机相连。温室环境语音报警监测仪的连接结构如图 6-16 所示。

(2) 主要特点

① 采用高精度传感器，测量准确快速；

② 低功耗设计，增加系统监控和保护措施，防止电源短路或外部干扰而损坏，避免系统死机，性能稳定；

③ 采用中文液晶显示，可显示当前的日期时间、各传感器测量数据、存储容量、已存储数据个数、剩余电池电量、语音状态等；

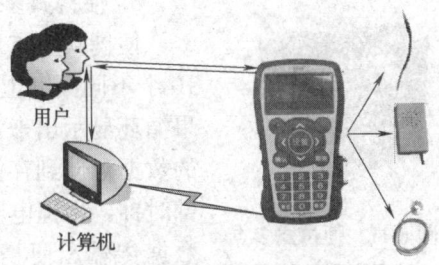

图 6-16 温室环境语音报警监测仪的连接结构

④ 锂电池供电，带有锂电池充电及保护电路，电池具有自动切换功能；

⑤ 外接电源为 6V（800mA 以上）直流电源，也可以是计算机的 USB 口。两者同时接时，计算机的 USB 口将自动设置为无效；

⑥ 采用 USB 接口与计算机进行数据通讯，通过计算机可方便地进行数据导出、系统设置等操作，当采用 RS485 方式通讯时，一台计算机可同时连接 32 个测量仪；

⑦ 大容量数据存储，可存储高达 60000 组数据；

⑧ 便捷的环境信息报警设置；

⑨ 所有传感器电缆长度最远可以达到 10m。系统外接电源充电时间为 6h，用计算机 USB 口充电为 12h。

(3) 性能指标　温室环境语音报警监测仪的性能指标如表 6-9 所示。

表 6-9　　　　　温室环境语音报警监测仪的性能指标

指标			性能	
传感器	待测量	测量精度	分辨率	有效量程
	温度/℃	±0.4	0.1	−20.0～70.0
	相对湿度/%	±2.5	0.1	0.0～100
	露点/℃	±1.0	0.1	−20.0～70.0
	土壤温度/℃	±0.2	0.1	−40～80
	光照强度/lx	±5%	0.1	0～200000
工作环境			−20～70℃，相对湿度 0～100%	
系统功耗			语音输出时 150mA，无语音输出时平均 3mA，工作时间达 15d	
接口连接			标准 PS/2 接口	
壳体材料			ABS 塑料，完全密封	
质量			最大 300g	
尺寸			165mm×90mm×35mm	

3. 便携式多点地温测量仪

图 6-17 便携式多点地温测量仪外观

便携式多点地温测量仪可以同时测量同一测量点的 10 个不同深度土壤的温度,通过液晶屏将 10 个测量结果循环显示出来,并根据用户设置的存储间隔将采集到的数据存储到存储器中。便携式多点地温测量仪自带内部时钟,由锂电池供电,可通过有线方式与计算机进行数据传输。便携式多点地温测量仪的外观如图 6-17 所示。

(1) 仪器特点

① 液晶显示:依次显示时间和从第 1 个传感器到第 10 个传感器的温度数据;

② 按键设置功能:面板按键可以设置日期、时间、机号以及清空存储器;

③ 程序设置功能:上位机软件设置日期、时间、存储间隔、机号;

④ 用户界面简单易用:一个测量网络系统最多可以连接 32 台便携式温度测量仪;

⑤ 存储空间大:可以实现多达 630 条数据的循环存储;

⑥ 寿命长:采用可多次充电的锂电池供电;

⑦ 接口便捷:无线接口或 RS-232 串口数据传输和指令交互;

⑧ 时钟和电源:365d 实时日历时钟,时钟有主电源和备份电源;

⑨ 数据安全:断电后程序和配置数据永久保留;

⑩ 低能耗:低功耗,使用时间长。

(2) 性能指标 便携式多点地温测量仪的性能指标如表 6-10 所示。

表 6-10 便携式多点地温测量仪性能指标

指标	性能
电源	两节 5 号电池
功耗	5mW
存储温度	−40~85℃
工作温度	−20~70℃
传感器通道	10
传感器连接方式	内置
信号类型	10 数字信号
存储容量	1000 测量点
人机界面	4 位 8 段液晶+电源开关
通讯方式	RS232
其他	自动休眠、时钟唤醒
封装	金属插杆+手柄+塑料仪器盒

4. 温湿度露点语音报警监测仪

温湿度露点语音报警监测仪是一款集温度、湿度、露点三种参数实时检测和语音预报为一体的环境信息测量仪器，由集成式温湿度露点数字传感器、主控电路及外围功能模块组成，系统内部集成有智能语音系统，可根据用户设定，自动报告温度、湿度和露点以及各类报警信息。系统提供标准 RS485 通讯接口，以及 Modbus 协议，可同时监测多点环境信息，并上传到计算机。依靠完善的计算机分析软件，实现数据的管理和分析，可以对下位机进行参数设置、显示实时数据列表和曲线、显示历史数据列表和曲线、历史数据分析等操作。温湿度露点语音报警监测仪的外观如图 6-18 所示。

图 6-18 温湿度露点语音报警监测仪的外观

（1）主要特点

① 集成式温湿度露点传感器，一点式测量，精度高、一致性好、量程宽；

② 智能型语音设计，可报温度、湿度、露点以及其他报警信息；

③ 标准 Modbus 协议，协议透明，可联网使用；

④ 傻瓜式操作，系统控制简单；

⑤ 看门狗防护措施，避免系统死机；

⑥ 系统程序采用模块化结构，方便功能扩展或删减；

⑦ 体积小、结构紧凑、价格低廉；

⑧ 完善的计算机分析软件，提供智能化的数据管理服务。

（2）技术指标　温湿度露点语音报警监测仪的技术指标如表 6-11 所示。

表 6-11　　温湿度露点语音报警监测仪的技术指标

指标		性能		
传感器	待测量	测量精度	分辨率	有效量程
	温度/℃	±0.2	0.1	−20.0～70.0
	相对湿度/%	±2.5	0.1	0.0～100
	露点/℃	±1.0	0.1	−20.0～70.0
与上位机通讯接口方式		RS485 串口		
通讯协议		ModBus 协议		
工作环境		−20.0～70℃，极限值−40.0～80℃		

三、基于机器视觉的信息采集分析系统

机器视觉技术由图像获取技术、图像处理技术、图像存储技术和图像输出技术组成，其核心是图像处理技术，即把由二维数值数据给定的图像进行加工处理后，输出为另外的图像或识别结果。机器视觉技术研究始于 20 世纪 60 年

代,随着计算机技术的进步,到20世纪70年代,机器视觉技术开始步入了一个活跃的研究阶段,但研究结果多数应用于工业生产和生物医学,只有少量应用于农业工程领域,并且其具体方法也只是简单因素的视觉模拟。进入20世纪80年代,研究对象逐步扩大,机器视觉技术从单纯的视觉模拟发展到取代、解释人的视觉信息,以及加速视觉信息采集等方面。目前,机器视觉信息采集分析系统已经在温室生产中的产前、产中和产后各环节得到了广泛的应用。

(一)机器视觉技术在温室生产产前环节的应用

目前,机器视觉技术在设施农业生产产前环节的应用,主要是育种过程中的种子自动数粒功能和种子纯度测定功能的实现。

1. 作物种子自动数粒仪

在种子繁育工作过程中,经常要对种子进行计数,工作繁琐而枯燥。现有的数种仪器装置,对种子颗粒的大小有要求,对不同大小的颗粒进行计数,需要更换仪器的部分零部件,不仅操作麻烦,而且费用较高。因此这样的工作通常还只是人工进行,效率很低。目前,利用图像处理方法进行作物种子自动数粒仪的开发工作还比较少。国家某研究中心利用机器视觉技术研究开发了准确率高、使用方便的作物种子自动计数仪。该数粒仪在整体硬件结构上,主要包括电磁震动工作台、摄像头及灯光、图像采集卡、PC机。待测种子放置在电磁震动工作台上,经震动后使种子较均匀平铺,为了提高准确率,应尽量避免种子之间重叠。固定在电磁震动工作台上的摄像头,在良好的LED光源的光照条件下,对平铺后的种子进行图像拍摄,模拟信号的图像数据,经图像采集卡进行模数转换成数字图像数据后,传递给PC机。在PC机上,基于虚拟仪器软件开发平台LabVIEW 7.1及其强大的图像处理功能软件包IMAQ VISION,进行机器视觉数种系统软件开发,数字图像数据通过该软件进行图像处理、分析等操作后,得出测量结果,并在显示器上显示出来。该系统为育种工作提供科学统计数据,测量结果可以存储于数据库中,为进行其他科学研究工作提供可靠的科学依据。图6-19所示为作物种子自动数粒仪软件界面。

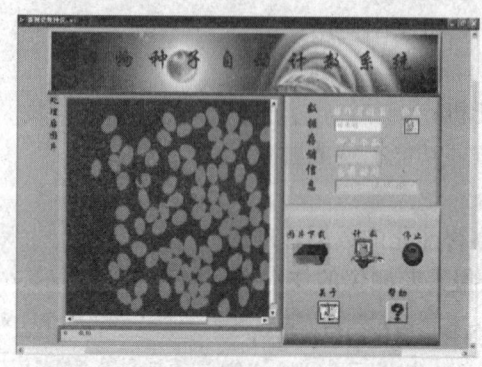

图6-19 作物种子自动数粒仪软件界面

2. 种子纯度测定系统

种子的纯度对种子的销售者和使用者来说都是非常重要的指标。对杂交的玉米种子来说,种子纯度提高1%,作物产量可提高10%。近年来,全国各地因种子纯度等造成作物减产、绝收的情况时有发生，经济损失巨大。蛋白电泳、发芽率实验等常规方法虽能测定种子纯度，但在数据处理的速度、精度和结果分析等方面，远远不能满足种子生产的实际需要。为实现农业生产的自动化和现代化，迫切需求一种能够模拟人的视觉功能，而又能超越它的性能的图像处理系统。

目前，我国仅有少数学者做过机器视觉在种子颗粒计数和种子外观品质检测等方面的应用研究工作。最早是颜启传等研究了计算机在小麦品种和纯度检验方面的应用。但此方法只适用于小麦，且要采集大量的样品，并用人工进行性状测定和用人眼鉴别分级，劳动量大、易产生视觉疲劳和人为误差。赖省生等人利用荧光分析法进行杂交稻种鉴定，具有试验样品用量少和方法简便等特点，但所用日本薄层扫描仪价格高。金吴基于虚拟仪器的计算机视觉系统，研究开发了种子等级判别视觉系统，主要是用于大量样品种子的自动化计数与几何尺寸特征测定，该系统的使用提高了测量精度和效率。北京某研究中心研发出一种快速、有效地测定种子纯度的人工智能图像识别与处理系统。该系统选用电泳法作为检测玉米种子纯度的生物学方法，将电泳法得到的图像经过去噪、二值化、特征提取等图像预处理后，利用图像的模板匹配技术，将标准模板库谱带图像与种子的电泳谱带进行匹配，从而检测玉米种子的纯度。将得到的结果和田间种植的结果相对比，吻合率达到了95%以上。

（二）机器视觉技术在设施农业生产产中环节的应用

机器视觉技术在设施农业生产产中环节的应用包括：作物病虫害的诊断、作物缺素的诊断和作物长势的监测三个部分。

1. 作物病虫害的诊断

病害防治是农业生产的重要环节。生产上由于误诊或防治措施不当造成的作物减产或作物品质下降的现象时有发生，其主要原因是农民缺少科学有效的病害诊断和防治技术，同时专家和基层技术人员相对缺乏，农民得不到有效的科学指导。在农作物病害诊断中，通过文字描述进行诊断有很大的局限性，而通过图像识别可较好地解决这一问题。

国内外关于作物病害的研究起步较晚，相关的文献也不多。在对病害的图像识别研究中，安冈善文等于1985年对作物叶片受有害气体污染后的红外图像进行了研究，叶子的红外图像清晰显示了被污染的区域，并提出可通过病叶来诊断植物病害。田有文、李成华于2003年根据植物病害彩色图像的特点，提出了用颜色空间作为特征空间，利用统计模式识别的监督分类方法，采用基于Fisher准则的线性判别函数，对彩色图像进行真彩色二值化分割。Yuataka于1999年利用不同的分光反射特性与光学滤波特性来识别黄瓜的炭疽病，由于他们未分别利用病害的颜色及纹理信息，因此识别精度不高。王克如、程鹏飞于2005年将作物病虫草害识别的专家知识与数字图像处理、神经网络结合，综合运用人工智能和网络技术，研究实现了作物病虫草害的远程图像识别与诊断。

2. 作物缺素的诊断

在作物的生长过程中，尤其在无土栽培的过程中，由于受到人为和自然等复杂因素的影响，常会出现作物缺素状况。这种变化可从作物叶片的颜色变化、纹理分布的变化表现出来。传统的缺素判断方法主要是通过专家肉眼进行判别，而对于各种缺素状况的早期，肉眼很难分辨出一些细小的差别。利用计算机图像处理技术来分析缺素叶片图像，能够从定量的角度分析，并能够提高分辨率。

目前，国外对利用机器视觉技术进行作物缺素的诊断研究已经取得了一定的成绩。1992年穗波信雄等利用计算机视觉技术分别对缺乏钙、铁、镁营养元素的茨菰叶片进行了一些基础研究，他们利用RGB系统的R、G、B三体直方图，分析了正常和病态的颜色特征。加拿大Frenderick. E. sistler在RGB系统中利用R/G和R/B的不同数字特征来识别龙虾蜕皮时间。近年来，国内科技人员开始进行计算机视觉技术在作物缺素诊断方面的研究。徐贵力、毛罕平（2002）针对无土栽培中番茄缺素叶片的提取问题，提出了不受对象形状大小影响的彩色图像颜色和纹理的几种统计算法和图像间的相关系数法。胡春华、李萍萍（2004）提出了HSV系统中的H色调相对差值百分率直方图法，确定缺素的病态区间。毛罕平、吴雪梅（2005）提出了采用不受植株叶片大小和背景影响的色调域平均百分率直方图来提取番茄叶片的颜色特征，用于识别番茄是否缺乏营养元素。

3. 作物长势的监测

国外在利用机器视觉技术监测温室作物生长方面已经开展了许多研究，近年来代表性的研究成果有：Hack（1988）在温室条件下利用图像处理技术测量生菜在初期生长阶段的叶面积。Mayer和Davison（1987）研究了利用数字图像分析作为一种无损测量的手段，以获取单株植物在不同生长阶段的生长参数，从而为建立植物生长模型提供依据。Seginer（1992）利用计算机视觉技术监测番茄叶尖垂直运动，进而建立起了叶尖运动与植物缺水的关系，为及时灌溉提供了依据。Shimizu等人（1995）利用安装了近红外滤镜的CCD摄像机和近红外照明设备，对植物白天和夜间生长分别进行监测，得到植物白天和夜间的平均生长率。Tarbell和Reid（1991）研究了利用计算机视觉技术对玉米生长发育状态进行分析的系统。P. Ling（1996）在温室条件下对生菜的幼苗阶段进行连续监测，发现叶冠投影面积的变化可以反映出植物的缺肥情况。国内在此领域也开展了一些有益的尝试：陈晓光等人在实验室里研究了应用图像处理技术，对蔬菜苗的轮廓线进行识别，从而为蔬菜生产过程中的移栽、间苗等作业提供必要的信息；徐贵力等也探索了无损测量叶面积的方法，但是只能将番茄等长叶茎作物的叶片伸入光照箱测量，缺乏灵活性和可操作性。

国家某研究中心通过总结原有测量方法存在的不足和局限性，在温室条件下，建立了作物长势无损检测系统。该系统能够对单株植物进行无损实时监测，利用图像处理技术，实现对植物的叶冠投影面积和株高的自动测量。该系统能够实现对黄瓜幼苗生长进行无损监测，同时利用 VC++6.0 编制的图像分析处理软件，提取植物的外部形态特征：叶冠投影面积和株高。通过对两组无土栽培的黄瓜幼苗叶冠投影面积的连续监测，发现叶冠投影面积的变化趋势可以较好地反映植物的缺肥情况。用图像处理方法测量植株的平均株高与人工测量结果的相关系数可以达到 0.927。研究表明，计算机视觉技术应用于温室植物生长的无损检测是可行的，具有广阔的应用前景。图 6-20 为作物长势无损检测系统软件界面。

建立方便、准确的叶面积测定方法，掌握植物叶片的生长规律，对指导作物栽培密度及施肥水平，达到调整群体结构、充分利用光、热资源、合理进行施肥以获得作物高产具有重要的意义。目前测量作物叶片面积的方法主要有以下几种：重量法、求积仪法、长宽系数法、回归方程法等。但是这些方法存在着测量不准确、操作繁琐、破坏作

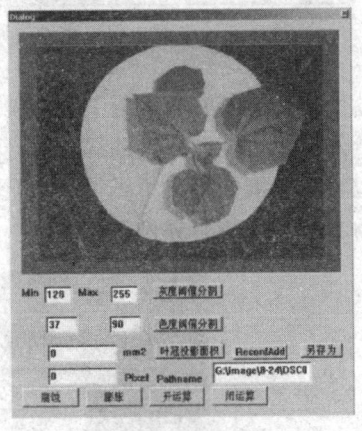

图 6-20　作物长势无损检测系统软件界面

物生长、测量范围窄等一系列缺点，不能满足科研等工作对叶片面积测量的要求。为此国家某研究中心采用 CCD 摄像和图像分析的方法，开发了作物叶面积测量仪。该仪器的软件在使用过程中包括三部分：图像采集、测量标定、面积测量。首先进行图像采集部分操作，将待测叶片的图像经摄像机及图像采集卡采集并传递给 PC 机，用户可以直接根据软件显示的实时图像，进行摄像机的调焦及叶片的摆放等操作，当得到最佳图像效果时，点击界面上"保存"按钮，将图像保存到指定目录下。接下来进行测量标定，由于测量结果与摄像机的焦距及对图像进行二值化的阈值选择有密切的关系，因此标定后摄像机的焦距及对图像进行二值化的阈值与面积测量时相同。最后进行面积测量，面积测量操作界面如图 6-21 所示。在此界面中点击"采集图像"按钮，系统将弹出图像采集界面，但是此时用户不要调整相机的焦距，将图像保存到指定目录下，图像采集结束。在该界面中点击"二值化"按钮，系统将对采集到的图片

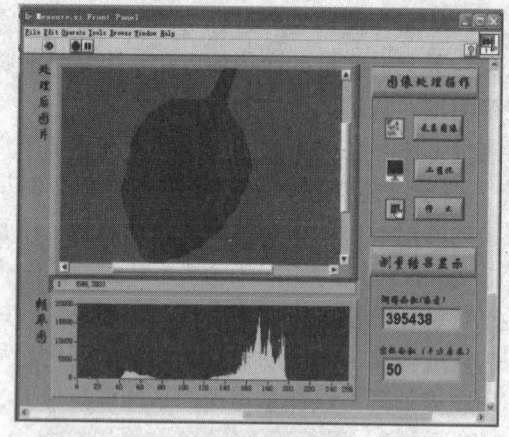

进行由测量标定时所设定的阈值进行二值化，并显示测得图像的面积值。

目前公认比较好的指标主要有叶水势、茎直径变化、冠层温度、气孔导度和蒸腾速率等，其中通过茎杆直径微变化来反映作物水分状况，因为具有不破坏植株组织、适合长期自动监测的优点，可以用于指导农田灌溉管理。在以前作的一些试验研究中，很多人都采用了 LVDT（线

图 6-21 作物叶面积测量仪操作界面

性变化传感器）来获得茎直径微变化，尽管它采用了一种具有小弹性恒量的弹簧，但仍可能改变茎收缩。基于此，随着计算机视觉的快速发展，北京某研究中心采用摄像机采集图像进行图像处理来得到茎直径的微变化。图 6-22 为作物茎杆直径测量软件界面。

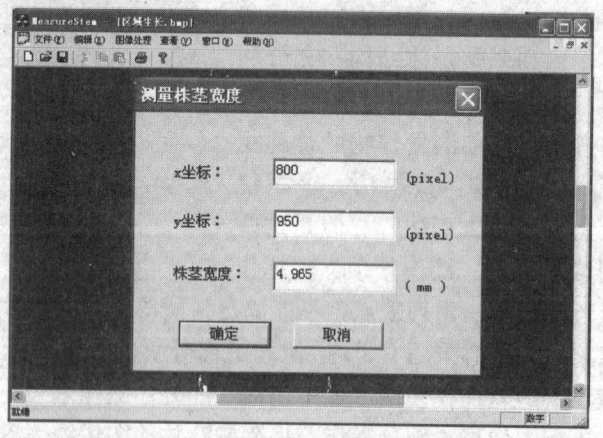

图 6-22 作物茎杆直径测量软件界面

（三）机器视觉技术在设施农业生产产后环节的应用

机器视觉技术在设施农业生产产后环节的应用主要是用于作物果实的机器人采摘。

在国外，日本和荷兰等国在这方面的研究起步较早，已有部分成果用于实际生产。早在 1987 年，Whittaker A. D. 等用数字图像分析方法，可以根据形状来寻找番茄，当背景存在大量噪声和番茄部分被叶遮挡或部分重叠时也是有效的。1996 年，zhangshuhai、Takahashi-T 等通过模式识别来实现对苹果的

检测、定位，进而可以自动采摘苹果。张树魁等采用了根据形状来寻找苹果的方法，该方法可利用水果、叶和枝的红外图像，结合遗传算法加以辅助识别，为全天候苹果收获机器人的研究创造了条件。2002年，在工厂化农业应用中，Van Henten等开发出了一个温室智能黄瓜收获机器人系统。该系统是现今相对成熟完善的一个系统，在实际应用中，该系统的机器人能达到80%的采摘成功率，平均每个机器人采摘一个黄瓜大约需要45s。德田胜等成功研制了一种西瓜收获机器人的视觉系统，他们将采集的图像类型从RGB变换为HIS，然后观察其色调和饱和度，识别并检测西瓜的成熟度。Slaughter D.C.等采用建立分类模型的方法，对柑橘收获中的计算机视觉系统作了研究，实验证明该分类器正确率达到了75%。

在国内，这方面的研究文献还不多，差距比较明显。最早的是周云山等研究了计算机视觉在蘑菇采摘机器人上的应用。文中阐述了蘑菇采摘机器人的工作过程，并重点讨论了其视觉系统中图像分析所采用的算法，包括蘑菇和苗床图像信息的数字特征、提取蘑菇边界的算法、封闭曲线的周长、面积和其形心的计算等。1995年，陈晓光、于海业等利用图像处理技术求出蔬菜的轮廓线，并研究了蔬菜苗空间位置、蔬菜苗高度和苗木重叠的识别技术。2001年，张瑞合、姬长英等运用双目视觉的方法，研究了番茄收获中番茄的精确定位问题。通过实验发现，当目标与摄像机的距离为300～400mm时，其深度误差可控制在3%～4%，但是对番茄的识别问题没有作深入的探讨。

第四节 温室生产控制管理平台

一、温室环境控制系统

实现设施农业综合生态信息自动监控、对环境进行自动控制和智能化管理，是设施农业生产的关键环节，也是目前我国设施农业生产中的薄弱环节。经过多年的技术改进和发展，逐渐形成了一整套相关的温室环境调控设备，包括各种开窗（顶部、侧面、通风口）、强制通风设备（降温风机、环流风机、湿帘降温）、拉幕保护（内遮荫、外遮阳）、辅助调温（热风机、暖气、雾化降温）等，用于改善温室内的生产环境。而温室内一种设备的状态改变会影响到多个环境参数，而且调控设备之间还存在着相互影响和制约（比如开风机强制降温的同时必须关闭顶窗，否则降温效果会大打折扣）。而自然界中的早晚、晴雨、节气等变化使得温室所处的外部环境经常发生变化。因此，如何将温室内部环境参数调整到农作物生长所需的最佳状态，是一件相当复杂的事情，需要同时考虑多方面的影响，单独靠人工进行判断、分析和调控已经不可能完成这一任务了。随着电子信息技术的发展，以及工厂自动控制技术的逐步成熟，温室环境智能调控技术也逐步得到发展。

(一) 温室环境控制系统的发展趋势

随着现代科学技术的快速发展，温室环境调控技术也在不停地进行着技术改进和发展。从硬件上看，新型、高精度、低成本的各类传感器不断得到开发和推广，这将极大地提高我们掌握实时环境参数的能力；各种无线传输技术迅速普及，以后建立一套监控系统可能不再需要铺设电缆线了，各点之间直接采用无线互连，方便布局，节省时间和成本。

从软件上看，随着对温室内外环境变化的深入了解，以及对农作物生长规律的进一步研究，将在测控软件内部植入温室内环境模型和作物生长模型，提前预知环境变化及作物生长的实际需求，并自动作出相应的调整。由于各温室园区都已联入互联网络，完全可以实现基于网络的远程温室监测控制系统，建立专业的温室管理和栽培专家管理团队对所有入网的温室园区进行远程服务、咨询、管理，甚至是直接控制园区温室内相应调控设备的运行，可极大地提高各温室园区的管理水平。

总之，温室环境调控系统目前正朝着无线化、网络化、专业化的方向发展着，在该领域，外国进口产品在专业化方面优势明显，但在技术的先进性方面并无多少优势，在易操作性方面更是远不如国内产品。所以，只要我们充分发挥自己的优势，加强高新技术的推广和应用，同时加大对温室环境变化和作物生产模型等专业基础课题的研究，我们的产品在不远的将来一定会达到世界一流水平。

(二) 温室环境控制系统原理

1. 单功能温室环境控制系统

在我国现有的连栋温室中，在某一时段被用户频繁使用的设备及功能是很有限的，比如风机、天窗等。大多数温室生产者对于温室环境的要求并不高，只要求温室内的温度或湿度能够满足植物正常生长，这类控制系统为单功能温室环境控制系统。

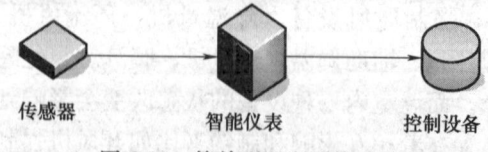

图 6-23 简单型温室测控系统

图 6-23 所示为单功能温室环境控制系统，它由传感器、智能仪表以及控制设备组成。智能仪表应具有标准的传感器接口和标准继电器输出接口，用户可以根据不同需求连接不同的传感器及控制设置。智能仪表根据传感器采集到的环境信息，并与用户设定的界限值进行比较，通过继电器输出接口控制相应设备的运行。

这类系统结构简单，设置和日常使用也非常方便，基本上不需要进行专门的维护，成本低廉，易于推广，在许多温室中得到应用。但这类系统也存在功能过于单一、适应性差和无法应对复杂气候环境等缺点。在选择该类产品时一般选择那些标准化的产品和接口，否则会对使用和维护造成不必要的麻烦。比如传感器要选择标准 4～20mA 信号输出形式，控制仪表也应具有标准电流输出接口，以及标准继电器输出接口；另外与温室调控设备接口时也要注意遵守"继电器输出端口→中间继电器→交流接触器→调控设备"的控制顺序，合理地设计控制输出电路以保证整个系统的正常运行。

2. 多功能温室环境控制系统

在许多情况下，单一条件的控制器不能完全满足用户的实际需求，要实现对温室环境的精确管理，需要开发多功能温室环境控制系统，该类系统能同时采集多路环境信息、控制多台环境调控设备、内置控制逻辑算法，并具有智能处理能力。从系统的结构上分析，该类控制系统包括集中式控制系统和分布式控制系统。

（1）集中式控制系统　图 6-24 所示为集中式控制系统示意图，它由主控制器、多路传感器以及多路控制设备组成。集中式控制系统充分利用了主控制器强大的输入输出以及数据处理功能，可以将多路传感器采集到的环境信息同时读入系统，并进行复杂的数据处理和各种决策算法（可以加入各种数据模型和专家系统，以便得出更加精确和合理的控制结论），最终得出各设备的控制指令，自动调整设备的运行状态，从而为作物创造合适的生长环境。但是，集中式测控系统只适用于单栋温室的环境控制，当连栋温室很多时，这种结构显然不合适。

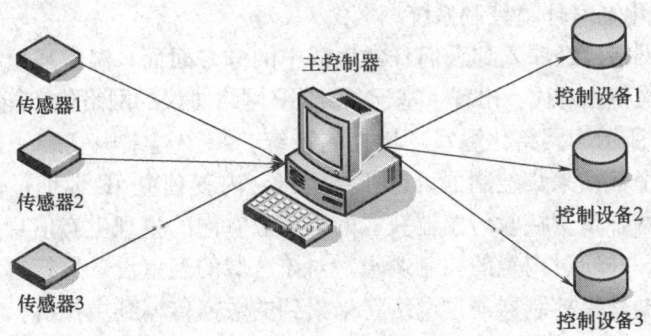

图 6-24　集中式控制系统示意图

（2）分布式控制系统　由于集中式控制系统的结构复杂，各部分间连线过多，不便于安装和维护，因此近年来逐步实现了分布式结构，即在温室各主要分区就近安装数据采集器和输出控制器，然后通过总线连接到主控制器。这种结构很适合连栋温室或温室群的测控系统。

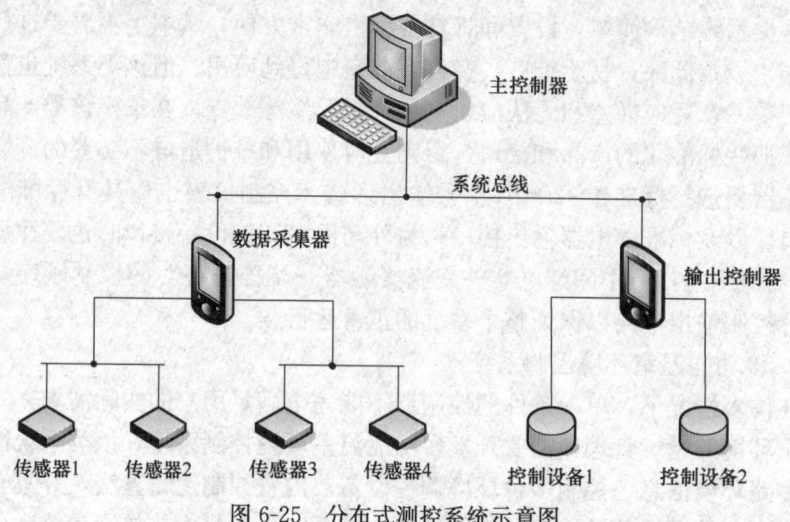

图 6-25　分布式测控系统示意图

图 6-25 所示为分布式控制系统示意图，数据采集器对分布在附近的各传感器进行采集，并将数据通过总线发送给主控制器。输出控制器与分布在附件的强电控制系统相连，并且根据接收到的主控制器指令对设备进行控制。多个数据采集器和输出控制器之间通过 RS485 通讯总线与主控制器构成了一个完整的测控系统。用户在主控制器上观察整个系统的数据采集情况，并根据内置的控制逻辑和算法，同时结合用户的相关参数输入进行相应的运算和决策，并将输出结果传递到相应的数据采集控制器，由采集控制器发出相应的控制指令，以控制相应设备的启动和运行。

3. 网络化温室环境控制系统

计算机网络已经深入到人们日常生活中的方方面面，温室环境控制系统也开始步入了网络化时代，出现了基于 TCP/IP 网络协议的网络化智能测控系统。

图 6-26 所示为网络化温室环境控制系统，每个温室内安装一台数据采集控制器，每个数据采集控制器可以独立运行，内置独立 IP 地址，作为独立结点接入局域网，负责接收传感器获取的当前温室内的生理生态信息，对数据信息进行存储，并通过内置的控制逻辑，对该区域的温室设备进行自动调控。现场安装的数据采集控制器通过网络将采集到的数据传输到主控机，主控机内可以通过控制逻辑和专家知识库进行分析，确定设备的调控指令。用户既可以在控制室内通过主控机实现现场设备的开启状态调整，也可以通过网络实现温室环境的远程调控，为作物创造适宜的生长环境。

（三）主要产品

1. 温室环境自动控制器

针对目前大部分温室规模较小、调控设备较少的特点，环境因子的调控集

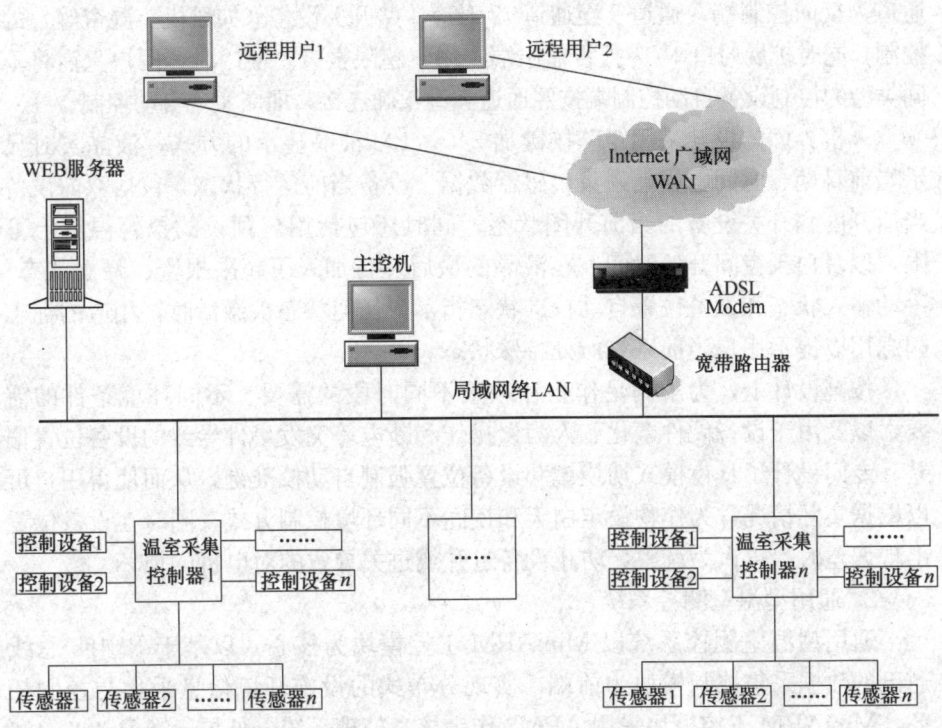

图 6-26 网络化测控系统示意图

中在温度和湿度,调控设备一般包括天窗、侧窗、风机、湿帘以及外遮荫等,设备类型可大致分为正反转型和直接开关型。同时对于室外突发的天气变化情况的应急处理,也是对温室内作物和温室自身保护不可忽视的一部分。国家某研究中心研发了温室环境自动控制器,图 6-27 所示为温室环境自动控制器实物图。

控制器输入级扩展传感器信号采集端口可连接两路单总线数字型温度传感器,或一路单总线数字温度传感器加一路温湿度集成传感器。用户可以分别将传感器探头置于室内和室外,作为调控过程两个不同的参考目标;控制输入端为提供两路开关量输入,可分别用于降雨状态输入和手动输入;扩展 16 路开关量控制输出,其中通道 1 至通道 8 用于正反转设备(如天窗、外遮荫等)的控制,每两路为一组,基数通道为正转控制端,偶数

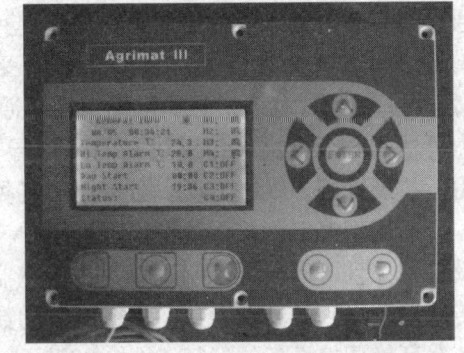

图 6-27 温室环境自动控制器实物图

通道为反向控制端，通道9至通道12对应4路开关设备（如风机、湿帘等）的控制，同时扩展通道13为报警输出端，用于超限报警。使用时，用户只需将不同类型的控制设备自动控制端按照通道类型正确连接，即能实现自动控制。

人机界面的设计采用矩阵按键加240×128液晶显示的方式，液晶实时显示当前日期、时间、当前采集传感器数据、设备当前运行状态，包括双向设备当前开度和开关设备的当前开闭状态，同时还包括用户预设的报警温度上下限，以及白天夜间开始时间，在液晶的最后一行加入了超限报警、降雨状态、手动输入状态和设备位置自动校准状态指示，任何状态被激活时，相应的标志闪烁用以提示用户当前系统所处特殊状态。

按键设计上，为了满足作物在一天不同时段的需要、不同环境条件的需要，以及由于设备硬件老化、人为误操作和断电等突发事件导致的设备位置偏差，专门设计了日夜模式切换键和设备位置强制自动校准键，从而使得用户可以根据实际情况，为作物设定白天和夜间不同环境控制方式，同时在设备位置出现偏差时，可人为调整，防止设备过开或过关导致的对电机的损坏。

2. 通用型温室测控系统

通用型温室测控系统以MiniARM工控模块为核心，以基于RS485总线通讯的数据采集控制模块为前端，实现分布式的设施环境信息采集与控制任务。MiniARM工控模块采用ARM7作为核心处理系统，外扩标准RS232/485和工业以太网接口，内嵌μC/OS-Ⅱ实时操作系统和FAT32文件管理系统，通过系统硬件扩展和软件开发，可完整地实现数据采集、存储、报警、设备控制、智能管理等通用功能，满足各种设施环境的智能控制与管理。

系统前端采用基于RS485总线的数据采集控制模块，可实现对电压、电流、脉冲/频率、状态量等各种类型信号的采集和开关量控制，以满足设施环境内各种传感器数据的采集和执行机构的智能化控制。每个数据采集控制模块通常具有4个输入或输出通道，通过单片机技术实现数据采集与控制，与核心模块之间通过RS485总线实现通讯，采用光电隔离技术和内嵌工业标准的Modbus协议，有效增强通讯稳定性，通讯距离可延伸至1200m，总线驱动能力可达128个模块；各模块之间采用导轨式安装，可随意拼接，也可独立使用。扩展性好，维护方便，可适用于各种设施环境的应用场合。

通用型温室测控系统可以根据用户设置，动态地增加及删除传感器和控制设备，并且可以设置控制逻辑，将传感器信息与控制设备绑定。系统根据多路传感器采集到的环境参数，进行复杂的数据处理和决策算法，并最终得出控制各个环境调控设备的运行。图6-28所示为通用型温室测控系统界面。

3. 远程定时灌溉控制系统

远程定时灌溉控制系统集手机模块与采集控制器为一体，可实现各种设备

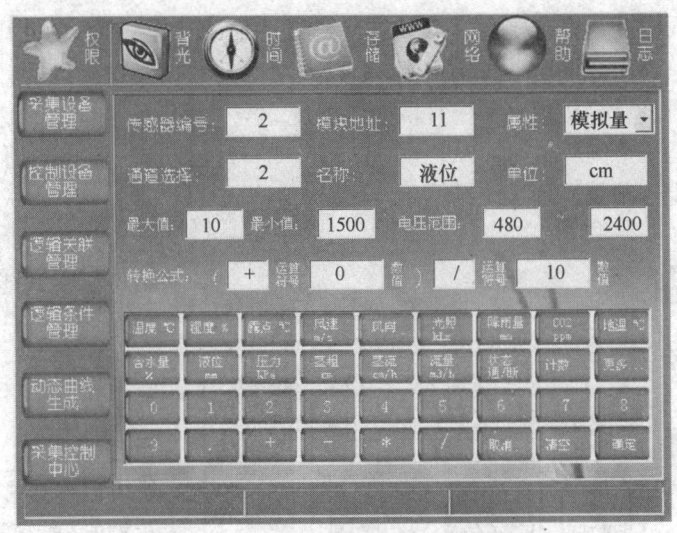

图 6-28 通用型温室测控系统界面

的远程控制功能,可通过手机短信以及 GPRS 方式,进行温室大棚、禽畜养殖、水产养殖、大田灌溉等监控设备的远程监测控制。用户通过 SMS 方式,使用手机或计算机以短信息的方式发送控制指令,就可实现远程控制指定阀门的打开或关闭。系统采用板卡式模块扩展控制输出数量,根据现场的实际情况,控制输出 8~48 路可选。全中文的液晶显示可以使用户了解系统的运行情况,如无线信号的有否,手机模块注册的成功与否,短消息控制命令的收到与否等。只要有手机信号的区域,就可实现随时随地的控制。而且用户每次发出的控制命令,都有一条信息反馈到使用的手机上,根据反馈内容,用户便可知设备的运行情况。图 6-29 所示为远程定时灌溉控制系统实物图。

该系统的特点如下:

① 采用手机无线模块,通过 SMS 传输,可靠性高;

② 无传输距离限制;

③ 全中文液晶显示;

④ 48 路控制输出;

⑤ 定时自动控制功能。

图 6-29 远程定时灌溉控制系统实物图

(四)网络型温室智能控制及管理系统

网络型温室智能控制及管理系统通过基于 TCP/IP 协议的远程监控网络实时监测温室、大棚群的环境信息,以直观的文字、图表、网络视频方式显示给用户,并根据种植作物的需求提供各种声光报警信息。本系统可对所检测的温室、大棚群的温度、湿度、光照、土壤温度、CO_2

第六章 温室生产环境控制设备 183

浓度、叶面湿度、露点等环境参数进行监测，随时记录各参数的变化情况并将其存入存储器中，同时通过 10Base-T 以太网口把数据发送到远端计算机，远端用户可通过计算机观察到室外的空气温度、空气湿度、风向、风速、太阳光照强度、是否下雨等信息，从而实现对温室的智能监控。图 6-30 所示为网络型温室智能控制及管理系统结构示意图。

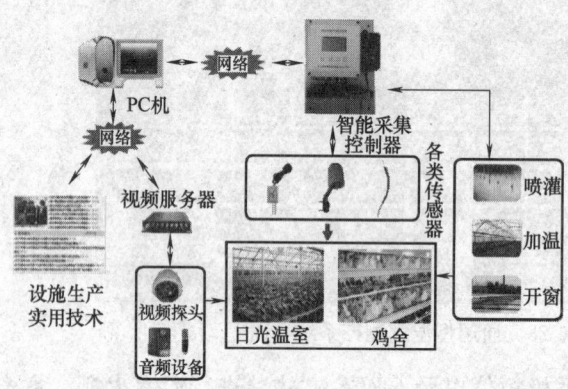

图 6-30 网络型温室智能控制及管理系统结构示意图

从图 6-30 可知，网络型温室智能控制及管理系统由 PC 机、智能采集控制器、网络转接器、传感器、视频采集设备等组成。一台 PC 机可以连接多个智能采集控制器，通过其连接各种传感器获取作物生理生态信息，并控制各种设备，形成单独的采集控制单元。各个采集控制单元以总线式结构连接在网络上，以独立的形式和 PC 机通信，可以通过有线及互联网方式对本系统进行远程控制。

PC 机可以实现实时数据采集显示、历史数据曲线及表格显示、图像采集和实时处理、智能控制参数设置等功能。智能采集控制器可以实时采集、显示、存储以及向主控计算机传输温室环境数据，并能够根据设定的参数自动调控温湿生态环境条件。

网络型温室智能控制及管理系统的特点如下：

① 人机界面友好，操作简单：采用动画效果，数据采集控制操作直观生动；

② 数据显示实时性：实时显示采集到的各种参数，提供数据和趋势图两种显示模式；

③ 数据存储采用双存储模式：下位机直接存储数据，上位机定时存储采集数据，杜绝了单 PC 机存储模式下断电数据丢失的隐患；

④ 控制决策智能化：利用农业专家系统中的知识进行智能分析和评估，控制风机、喷雾系统、湿帘系统、窗的开关及水肥等系统的运行；

⑤ 强大的数据统计分析功能：实时采集数据可以利用人工智能分析处理，生成用户需要的实时趋势图及其他统计信息；

⑥ 系统的通用性强：用户可根据需要灵活选择温室环境监测参数，组建

适合现场需要的温室监控系统;

⑦ 数据传输方式灵活:有有线传输和 TCP/IP 网络通信两种方式,进行数据的传输和执行设备的控制;

⑧ 通讯端口设置灵活:用户可根据需要设置串口,调整波特率;

⑨ 实时视频监视模块:可以实时对温室进行多角度视频监测,及时掌握温室作物的病害情况,有利于远程决策;

⑩ 系统维护升级方便:提供通用的调试接口,便于工程师进行系统维护和升级。

二、控制、管理决策方法

控制、管理决策是设施农业精准生产管理体系的软件部分,是前几节所介绍的硬件部分充分发挥作用的前提。如果把设施农业精准生产管理体系看作一个人体,那么硬件部分相当于人体的五官和四肢,控制、管理决策部分相当于人的大脑,大脑经过逻辑思维发出正确的指令,五官和四肢才能够充分发挥各自的作用。同样道理,控制、管理决策部分通过适当的算法,对设施环境的控制与管理进行决策,并发出控制指令,从而实现设施环境的优化管理。

(一) 日光温室环境预测模型

通过分析日光温室的质能交换的物理特征,在此基础上建立基于质能平衡的日光温室内部温湿度预测模型,该模型的建立为深入研究温室环境变化奠定理论基础,包括覆盖材料热平衡方程、墙体热平衡方程、作物冠层热平衡方程、地表热平衡方程、后坡面热平衡方程、覆盖材料水汽凝结、温室蒸散、温室通风、日光温室室内空气热量平衡方程、日光温室室内空气湿度平衡方程等。下面详细介绍模型的理论基础和构建方法。

1. 日光温室环境变化的理论分析

(1) 日光温室室内空气的质能平衡 日光温室室内空气的能量平衡方程可表示为:

$$V \cdot C \cdot \rho_a \cdot \frac{dt_i}{dt} = h_{ic} \cdot A_c \cdot (t_c - t_i) + h_{iw} \cdot A_w \cdot (t_w - t_i) + A_p \cdot h_{pi} \cdot (t_p - t_i) + $$
$$A_{wl} \cdot h_{wli} \cdot (t_{wl} - t_i) + h_{is} \cdot A_s \cdot (t_s - t_i) + L \cdot C_a \cdot \rho_a \cdot (t_o - t_i) + $$
$$L \cdot \rho_a \cdot \lambda \cdot (W_o - W_i) + \lambda (E_p + E_s) \tag{6-1}$$

式中 V——温室内部空间体积,m^3;

C——空气比热容,$J/(kg \cdot ℃)$;

ρ_a——空气密度,kg/m^3;

L——温室通风量,m^3/s;

W_o, W_i——室外室内绝对湿度,kg/m^3;

E_p, E_s——作物蒸腾率和土壤蒸发率，kg/（m²·s）；

A_c, A_p, A_s, A_w, A_{wl}——依次为覆盖材料、作物冠层、温室地面、后墙和后坡面的面积，m²；

h_{iw}, h_{pi}, h_{is}, h_{ic}, h_{wli}——室内空气对后墙、室内空气作物冠层、室内空气地表、室内空气覆盖材料、室内空气对后坡面的对流换热系数，W/（m²·℃）；

t_c, t_i, t_o, t_p, t_s, t_w, t_{wl}——依次为覆盖材料表面温度、室内空气温度、室外空气温度、作物冠层温度、土壤表面温度、后墙内表面温度和后坡面内表面温度，℃；

λ——水的蒸发潜热，J/kg。

室内水汽平衡的方程为：

$$V\frac{dW_i}{dt}=A_s(E_s+E_p)+L(W_o-W_i) \tag{6-2}$$

式中 V——温室内部空间体积，m³；

A_s——土壤面积，m²；

E_p, E_s——作物蒸腾和土壤蒸发率，kg/（m²·s）；

L——温室通风量，m³/s；

W_o, W_i——室外室内绝对湿度，kg/m³。

（2）温室各部分的热平衡方程 分为覆盖材料、墙体、作物冠层、后坡面的热平衡方程。

① 覆盖材料的热平衡方程：白天，阳光通过覆盖材料进入温室，一部分直射光和散射光以及室内反射光被该面所吸收，与此同时，覆盖材料与温室其他组成部分进行长波辐射换热，与室内室外空气进行对流换热，还以辐射形式与大气层进行热交换，其上的能量平衡方程表示为：

$$A_c \cdot \alpha_s \cdot S_0 + \alpha_{sc} \cdot A_s \cdot (t_s-t_c) + \alpha_{wc} \cdot A_w \cdot (t_w-t_c) + \alpha_{wlc} \cdot A_{wl} \cdot (t_{wl}-t_c)$$
$$+ \alpha_{pc} \cdot A_p \cdot (t_p-t_c) + h_{oc} \cdot A_c \cdot (t_o-t_c) + h_{ic} \cdot A_c \cdot (t_i-t_c) = 0 \tag{6-3}$$

式中 S_0——室外太阳辐射照度，W/m²；

α_s——覆盖材料对太阳辐射的吸收率；

α_{sc}, α_{wc}, α_{pc}, α_{wlc}——依次为覆盖材料和地面、覆盖材料和后墙、覆盖材料和作物冠层及覆盖材料和后坡面的辐射换热系数，W/(m²·℃)；

A_c, A_p, A_s, A_w, A_{wl}——依次为覆盖材料、作物冠层、温室地面、后墙和后坡面面积，m²；

h_{oc}, h_{ic}——分别为室外空气和室内空气对覆盖材料的对流换热系数，W/(m²·℃)。

② 墙体热平衡方程：后墙是日光温室重要的组成部分，具有一定的蓄热作用，对于外温的波动有一定的延迟和衰减作用。用反应系数法计算由于室外温度波动和内壁面温度变化造成的墙体传热，其热平衡方程为：

$$\alpha_{sw}A_s(t_s-t_w)+\alpha_{cw}A_c(t_c-t_w)+\alpha_{wlw}A_{wl}(t_{wl}-t_w)+h_{iw}\cdot A_w\cdot(t_i-t_w)$$
$$+A_w\left[\sum_{j=0}^{N}Y_w(j)t_o(n-j)-\sum_{j=0}^{N}Z_w(j)t_w(n-j)\right]=0 \tag{6-4}$$

式中　　　　　Y_w——墙体的传热反应系数；

　　　　　　　Z_w——墙体的吸热反应系数；

$t_w(n-j)$，$t_o(n-j)$——某时刻墙体内、外表面温度，℃；

　　α_{sw}，α_{cw}，α_{wlw}——依次为后墙和地表、后墙和覆盖材料间及后墙和后坡面的辐射换热系数，$W/(m^2\cdot℃)$；

　　　　　　　h_{iw}——空气和墙体间的对流换热系数，$W/(m^2\cdot℃)$。

③ 作物冠层热平衡方程：作物冠层吸收光能，如果忽略光合作用消耗的能量，则冠层吸收的光能一部分被作物蒸腾带走，一部分用于升高叶片的温度，一部分用于和室内空气进行热量交换，其中作物截获的太阳辐射和作物的叶面积指数有关。作物冠层的能量平衡方程为：

$$Q_p+A_p\cdot h_{pi}\cdot(t_i-t_p)+\alpha_{sp}\cdot A_s\cdot(t_s-t_p)+\alpha_{wlp}\cdot A_{wl}\cdot(t_{wl}-t_p)+$$
$$\alpha_{cp}\cdot A_c\cdot(t_c-t_p)+\lambda E_p=0 \tag{6-5}$$

式中　α_{sp}，α_{cp}，α_{wlp}——依次为作物冠层和地面、作物冠层和覆盖材料间及作物冠层和后坡面的辐射换热系数，$W/(m^2\cdot℃)$；

　　　　　　　E_p——作物的蒸腾速率，$kg/(m^2\cdot s)$；

　　　　　　　Q_p——作物冠层吸收的太阳辐射能，J。

④ 后坡面热平衡方程：由于后坡面多为轻型结构，热容量较低，故按稳态传热计算。其热平衡方程为：

$$k_{wl}(t_o-t_i)+\alpha_{cwl}A_c(t_c-t_{wl})+\alpha_{pwl}A_p(t_p-t_{wl})+\alpha_{swl}A_s(t_s-t_{wl})$$
$$+\alpha_{wwl}A_w(t_w-t_{wl})+h_{iwl}\cdot A_{wl}\cdot(t_i-t_{wl})=0 \tag{6-6}$$

式中　　　　　k_{wl}——后坡面的导热系数，$W/(m^2\cdot℃)$；

α_{cwl}，α_{pwl}，α_{swl}，α_{wwl}——依次为后坡面和覆盖材料、后坡面和作物冠层、后坡面和地表及后坡面和后墙内表面的辐射换热系数。

(3) 通风模型　日光温室的自然通风较为简单，其通风窗口仅分布在两个不同的高度，因此利用流体力学理论，在已知室内外温湿度和通风窗口的参数情况下，假设温室进排风口开口一样，利用温室自然通风理论得温室自然通风量：

$$L=\sqrt{(T_i/T_o-1)gh\mu^2F^2+\frac{(\mu F)^2}{2}v_o^2(C_a-C_b)} \tag{6-7}$$

式中　h——二通风窗中心相距高度，m；

F——进风口面积，m^2；

μ——通风窗口流量系数；

T_i，T_o——室内、外空气的热力学温度，k；

v_o——室外风速，m/s；

C_a，C_b——进、排风口风压体型系数，其取值与建筑物外形及具体部位、风向有关；

L——温室自然通风量，m^3/s。

（4）作物蒸腾和土壤蒸发　作物蒸腾速率是温室内的显热、潜热交换和肥水灌溉最主要的影响因子。目前在温室中，采用 Penman-Monteith 模型来计算温室作物的蒸腾速率最为常见，在该模型中，认为植物的蒸腾速率主要和入射到植物表面的太阳辐射强度以及温室内水蒸气的饱和压力差有关，其他的环境因素如 CO_2 浓度、室内空气压力、营养液浓度等影响较小，可以忽略不计。该模型计算蒸腾的公式如下：

$$E_p = \frac{R_n'\Delta + (\rho c_p/r_a)(e_a^* - e_a)}{[\Delta + \gamma(1 + r_c/r_a)]\lambda} \tag{6-8}$$

式中　E_p——作物蒸发率，$kg/(m^2 \cdot s)$；

γ——湿度计常数（$\gamma = 0.0646 kPa/℃$）；

Δ——饱和水汽压随温度变化曲线的斜率，$kPa/℃$；

R_n'——冠层所得的净辐射，W/m^2；

ρc_p——空气的定容比热，J/m^3；

e_a^*、e_a——温室内部空气的饱和水汽压和实际水汽压，kPa；

r_c——冠层对水汽的阻抗，数值上等于气孔平均阻抗，s/m；

r_a——边界层空气动力学阻抗，s/m。

作物冠层叶片截留的太阳净辐射一部分为叶面蒸腾所利用，剩下的才能到达土壤表面。由于作物冠层和土壤表面在太阳辐射能的分配方面存在着这种关系，因而土壤表面蒸发和作物叶面蒸腾之间存在如下关系：

$$E_s = \alpha \cdot E_p \tag{6-9}$$

式中　α——土壤蒸发与叶面蒸腾的比例系数，它与叶面积指数 LAI 等密切相关，而且具有明显的日变化。

2. 日光温室环境的预测模型

上述式（6-1）至式（6-9）即为日光温室中主要热、质传递过程的定量描述，在总体上确定了日光温室环境模型中热、湿环境参数的内在联系。

式（6-1）指出了室内温度的变化与室内各组成部分温度、温室通风和作物蒸腾及地面蒸发之间的关系，这是一个瞬时的动态过程，在实际的温室环境控制中需要对时间进行积分。由于室外光照和温度是一个缓变过程，除了突然有云遮住外，正常情况下在短时间内变化较小，可以假设受光照强度影响较大的覆盖材料、作物冠层和地表的温度在短时间内变化也较小，看成不变，对(6-1)式两边积分，则短时间内室内温度的变化为：

$$\Delta t_i = \begin{bmatrix} h_{ic} \cdot A_c \cdot (t_c - t_i) + h_{iw} \cdot A_w \cdot (t_w - t_i) + A_p \cdot h_{pi} \cdot (t_p - t_i) + A_{wl} \cdot h_{wli} \cdot (t_{wl} - t_i) \\ + h_{is} \cdot A_s \cdot (t_s - t_i) + L \cdot C_a \cdot \rho_a \cdot (t_o - t_i) + L \cdot \rho_a \cdot \lambda \cdot (W_o - W_i) + \lambda (E_p + E_s) \end{bmatrix} \\ \Delta t / (V \cdot C \cdot \rho_a) \tag{6-10}$$

式中 Δt_i——Δt 时间后室内温度的变化值，℃；

Δt——时间步长，min。

式（6-2）为室内湿度变化的动态模型，表明了室内水汽蓄积和温室通风、作物蒸腾及地面蒸发之间的关系，对其两边积分，得短时间内室内湿度的变化为：

$$\Delta W_i = [A_s(E_s + E_p) + L(W_o - W_i)] \Delta t / V \tag{6-11}$$

式中 ΔW_i——Δt 时间后室内绝对湿度的变化值，kg/m^3；

Δt——时间步长，min。

3. 模型实验研究与验证

为了验证模型的准确性，研究人员于 2004 年 6 月和 7 月在北京农林科学院（东经 116°，北纬 40°）的单栋塑料日光温室内进行了试验，试验温室为钢结构骨架，覆盖材料为聚乙烯膜，温室东西走向，脊高 3.5m，跨度 8m，长 50m。温室后墙为砖结构，厚度为 50cm。室内种植黄瓜，采用基质盆栽，定植时间为 2004 年 4 月 17 日，种植密度为 5 株/m^2。由于温度较高，温室采用自然通风，除靠近温室东西两侧墙处由于结构原因有 $2.5m^2$ 左右的上下通风口不能打开外，其余通风口开度均为 25cm。室外环境由安装在温室东侧墙顶部的室外气象站监测，主要监测对象为室外温度、湿度、光照强度。室内所测的环境因子主要为作物群体内的温湿度和室内空气部分的温湿度、地表温度、覆盖材料温度、后墙和后坡内表面温度。取 6 月 11 日的数据进行分析，此时黄瓜的叶面积指数为 2.5。取预测的时间步长 Δt 为 30min。

图 6-31、图 6-32 所示为模拟结果和实测结果的比较，从图中可以看出，利用该模型预测 30min 后室内温湿度的结果和实测结果基本相符。

（二）新型温湿度模糊神经网络控制算法

温室系统是个非线性、慢时变、滞后的复杂大系统，由于其内部的各环境因子之间存在强耦合关系，要想对温室环境因子进行控制，必须先建立温室系统的数学模型，而用传统的建模方法很难为温室系统建立一个精确的数学模型，这对温室系统控制器的设计提出了考验。

模糊神经网络是一种集模糊逻辑推理的结构性知识表达能力与神经网络的自学习能力于一体的新技术，它是模糊逻辑推理和神经网络有机结合的产物，

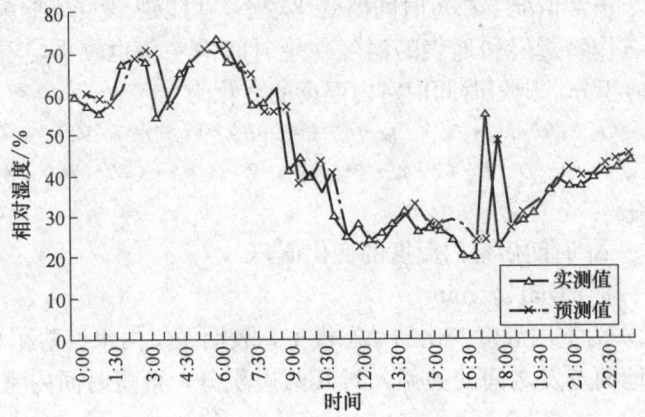

图 6-31　室内湿度实测值与模拟值的比较

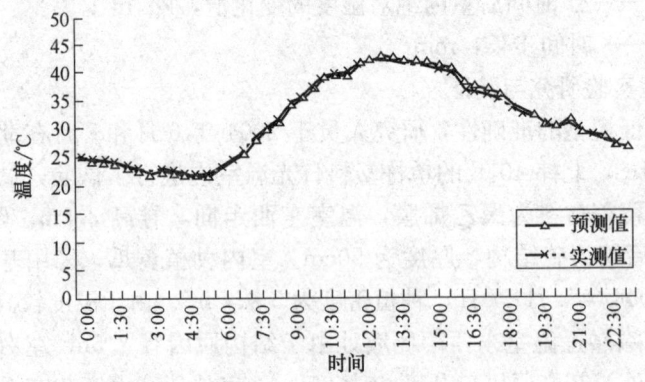

图 6-32　室内温度实测值与模拟值的比较

不需要对控制对象建立精确的模型。于是很多人提出用模糊神经网络控制器控制温室系统，如宫赤坤等提出用模糊神经网络控制器控制温室环境因子，要求模糊神经网络的权值调整，是在预先确定好模糊子集的情况下进行的，且随着模糊子集的增加，模糊规则将以指数形式增加，这使得网络结构十分庞大，降低了模型的可行性。钟应善、杨家强等介绍了一种基于 MCS-51 单片处理机的模糊控制温室温度和湿度技术，但是需要确定每个变量的模糊集、隶属度，建立模糊规则库，占用大量的内存，这样就降低了系统的自适应性，故系统的实时性不是很理想。近年来，国外关于模糊神经网络模型的研究报道也不少，他们在模糊神经网络控制器的结构参数、训练算法、规则获取等方面提出了许多观点，如 P. P. Angelov 等人针对那些高维的、难以建立数学模型的系统，提出用遗传算法自动获取模糊规则，在提取模糊规则的同时可以确定模型结构和参数。J. Chen 和 D. C. Rine 用综合的自适应算法，训练模糊逻辑控制器的软件部分，通过测试和自调整两个阶段完成模糊推理，但它是一种离线学习、训练的推理机。Sukumar Chakraborty 提出一种神经模糊推理器，是对单结论模糊规则推理的一种推广，是一个前提条件下，有多个结论的模糊神经网络推理机。Meng Joo Er 等人提出基于 RBF 的动态学习训练算法，A. Blanco 等人用十进制编码的遗传算法，训练环形神经网络模型结构，这些都是在训练算法方面的研究。Arnold F. Shapiro 等人分析研究模糊逻辑、神经网络、遗传算法的优缺点，阐述了三者结合的必然性，从理论上为遗传算法训练模糊神经网络模型的可行性奠定了基础。结合国内外的研究状况，下面详细介绍针对温室具有的特点而设计的模糊神经网络控制器。

1. 模糊神经网络控制器的设计

模糊神经网络控制器主要是指利用神经网络结构来实现模糊逻辑推理，从而使传统神经网络没有明确物理含义的权值，被赋予了模糊逻辑中推理参数的物理含义。设计模糊神经网络控制器时，主要包括以下几部分：确定模型的输入/输出个数、模糊神经网络的层数、神经元的激励函数、去模糊化的方法等。需要控制的温室环境因子很多，如温度、湿度、光照、CO_2、EC 值等，一般情况下，温度、湿度是温室环境中影响作物生长的主要因子，所以我们首先考虑对温室环境的温度、湿度进行控制，此时模糊神经网络的控制器输入个数初步定为 2，在实际中我们采用 4 个输入量，即温度误差、湿度误差、温度误差变化率、湿度误差变化率。温室系统的输入量有天窗、侧窗、风扇、湿帘、喷雾、内遮阳幕、外遮阳幕、加热设备等，针对温室是个多输入多输出的系统，如果按常规思路设计模糊神经网络控制器，那么就会出现以下问题：模型结构的神经元节点太多，计算耗时，占用大量内存，实时性差，模型的可靠性小等。

本书提出一种新的设计模糊神经网络控制器的思路：温室系统的输入量（模糊控制器的输出量）主要有两个功能，改变温室环境的温度、改变温室环境的湿度，但是不同的执行机构对温度、湿度的影响程度是不同的，根据其影响强度的大小，给不同的执行机构分配不同的权值、阈值，如表 6-12 所示。这样就把温室系统的多个执行机构等效成 1 个执行机构，然后用模糊神经网络控制器的输出量（C）乘以各自的权值，如果所得结果大于对应执行机构的阈值，那么执行机构就发生动作，否则，不发生动作，当然执行机构之间也存在一定约束关系。

表 6-12　　　　　执行机构的权值、阈值（实验数值）

执行机构名称	权值	阈值	执行机构名称	权值	阈值
侧窗	0.15	0.10	喷雾	0.25	0.30
天窗	0.15	0.10	加热设备	0.50	0.20
风机	0.40	0.30	内遮阳幕	0.05	0.50
湿帘	0.15	0.30	外遮阳幕	0.05	0.50

设计模糊神经网络控制器结构如图 6-33 所示，由输入层、两个隐含层和输出层构成四层神经网络，从第二层到第四层的神经元都有明确的模糊逻辑含义。第二层是将输入变量模糊化，即求输入变量的隶属度，选择拟高斯函数作为隶属度函数，第三层实现模糊推理功能，选高斯函数为模糊推理函数，第四层实现去模糊化功能，这里采用重心法去模糊化。拟高斯函数：

$$f(x)=1/\{1+\exp[-0.5\times\left(\frac{x-c}{\sigma}\right)^2]\} \tag{6-12}$$

高斯函数：

$$f(x)=\exp[-0.5\times\left(\frac{x-c}{\sigma}\right)^2] \tag{6-13}$$

其中公式中的中心 c 和半径 σ 都是可调整的参数。

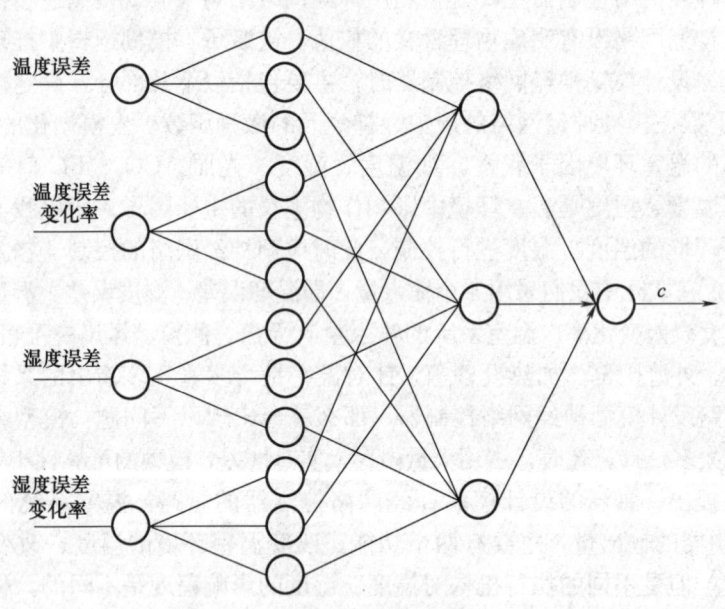

图 6-33　模糊神经网络控制器模型

2. 辨识温室系统模型

由于训练模糊神经网络控制器模型需要控制对象的输入输出数据，故需要对温室系统进行建模，为此所建模型如图 6-34 所示：由三层神经网络构成，输入层有 1 个神经元节点，输入量为 I，I 是根据执行机构对温度、湿度影响程度大小的一个等效输入量，隐层有 6 个神经元节点，输出层有 2 个神经元节点，分别是温度、湿度，隐层的激励函数选 S 型函数，输出层采用线性激活函数。通过把辨识模型与温室系统并联，选择系统的实测输出和辨识模型输出的误差平方和为目标函数，利用改进遗传算法对辨识模型调整、训练后，得温室系统的等效输出/输入关系模型。

3. 采用改进遗传算法训练模糊神经网络控制器

与以往所采用的模型训练算法如 BP 算法、梯度法、牛顿法等相比,改进遗传算法在搜索过程中不易陷入局部极值点,能在全局范围内较快的找到最优解,且不要求目标函数具有可微、非凹等特性,还具有编程简单的优点。算法步骤主要为:

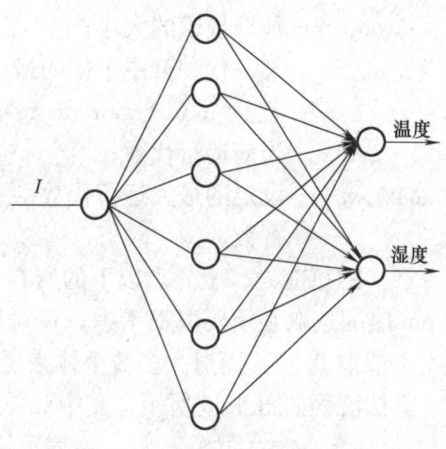

图 6-34　模糊神经网络辨识模型

(1) 输入输出变量归一化　设输入变量的变化范围是 $[a, b]$,输出变量的变化范围为 $[c, d]$,设归一化后的输入为 I,输出为 O,则

$$I = \frac{i-a}{b-a} \quad (i\text{——系统实测输入量})$$

$$O = \frac{o-c}{d-c} \quad (o\text{——系统实测输出量})$$

(2) 个体编码　个体是由模型神经网络结构的权值 w_i、隶属度函数的参数中心 c_{ij}、半径 σ_{ij} 构成,如图 6-35 所示。

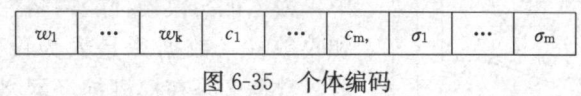

图 6-35　个体编码

(3) 计算个体适配值、排序　由于改进的遗传算法中,个体的进化是根据个体的适配值的大小来决定,所以要根据适配值对个体进行排序。然后对排好序的种群标出上、下界,一般下界标在排序号是种群的中间那个个体,或中间偏下的个体,而上界标在排序号是种群总数的 10% 的个体上。例如一个种群规模是 120,那么上界点一般标在排序号为第 12 的个体上,下界点标在第 70 或第 60 个个体上。

(4) 智能变异　由于排在前面个体的适应值比排在后面的个体的适应值高,所以排在前面的个体变异步长相对小一些,而排在后面的个体的变异步长相对大一点,以上界点为界,在上界点处的个体变异步长 a 是 1,排在此个体后的个体变异的步长 a 将按公式 (6-14) 线性增加:

$$a = (ind - ucb)(a_{max} - 1)/(pop - ucb) + c \tag{6-14}$$

式中　ind——个体的排序号;

ucb——上界点处的排序号;

pop——种群规模的大小；

$a_{\max}$——某一代种群中个体的最大变异步长，可由公式求得：

$a_{\max}=a_0(1-gen/\max gen)+1$，$a_0$ 是 $a_{\max}$ 初始给定值；

gen——当前运行代数；

$\max gen$——设定的最大运行代数；

c——常数。

（5）随机变异 上界点以下的所有个体都要按概率 pm 进行随机变异，对于 pm 值的选取必须要慎重考虑，只对种群中一小部分个体，pm 取大一点的值（一般取 0.5），而对大多数个体来说，pm 取较小的值（一般取 0.01）。

算法流程如图 6-36 所示，其中 m 表示个体的维数，N 表示种群的大小，e 表示计算误差，e_0 表示给定误差限，c 记录迭代次数，gen 表示设定最大计算代数。

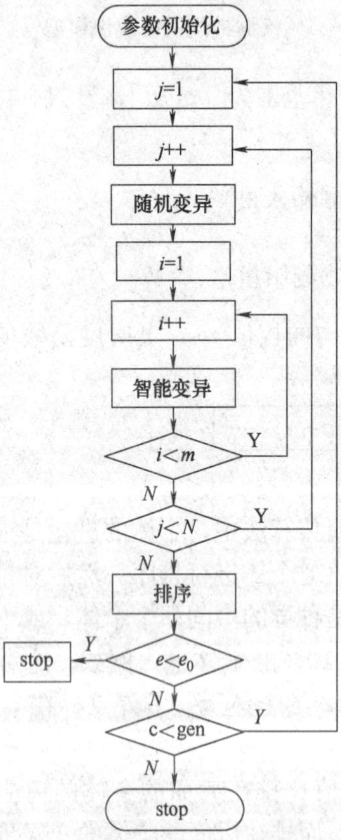

4. 数值实验

通过在北京某研究中心环境控制部的温室中实验，得实验结果如图 6-37、图 6-38 所示。图 6-37 中数据 1 是温室系统的实测输出温度，数据 2 是温室辨识模型输出结果（温度），在辨识过程中辨识模型的最大相对误差是 7.8%，最小误差是 0.2%。在图 6-38 中，为了证明模糊神经网络控制器的快速性和收敛性，数据 1 是人为设定的目标温度值，数据 2 是在模糊神经网络控制器下温室系统实际的温度输出。控制最大相对误差是 2.8%，最小相对误差是 0.001%。

本实验采用的样本量是 2000 个，其中 1800 个用来模型训练，200 个样本点用来进行数值检验。样本点是根据对温室系统每 10min 采一次样，共采样 2000 次所得。通过实验可见此模糊神经网络控制器的控制性能良好。

图 6-36 主程序流程图

（三）温室生产智能决策系统

1. 知识库的构建

知识是农业专家系统的重要组成部分，知识的质量和数量是衡量一个专家系统水平高低的关键，领域知识的获取是一个专家系统开发的瓶颈。

（1）知识规则的获取方式 主要包括如下几个方面。

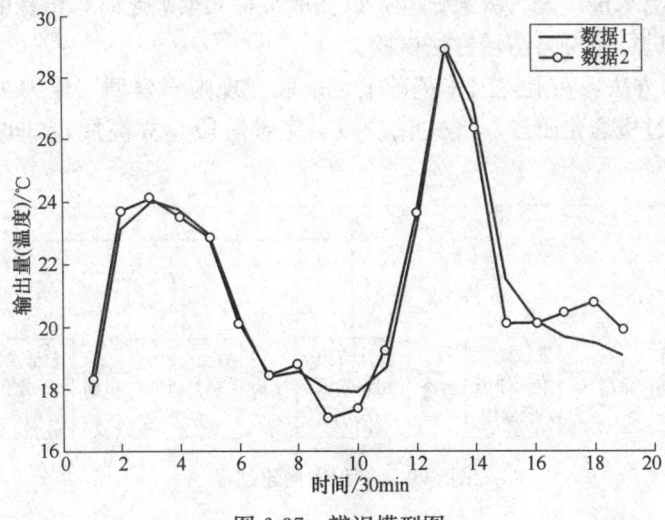

图 6-37　辨识模型图

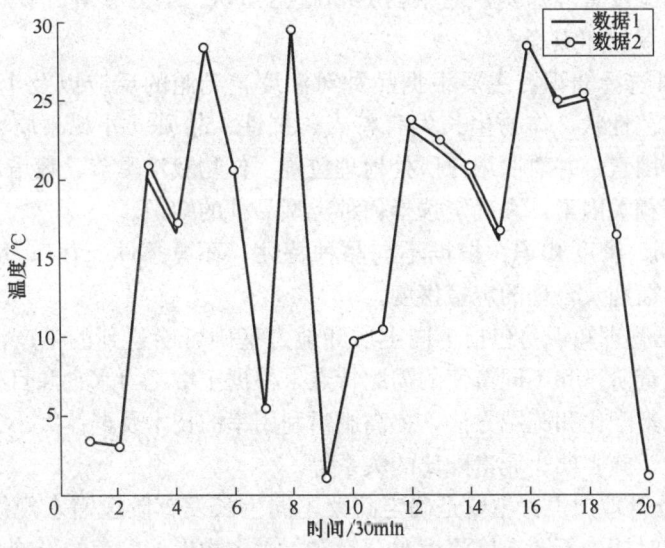

图 6-38　模糊神经网络控制器输出

① 收集领域专家的管理经验：聘用植保、土肥、设施和蔬菜等方面的专家为顾问，搜集和整理不同领域专家多年来所积累的栽培经验。

② 分析整理高产典型地块技术资料和有关基础数据：在生产技术水平较高的示范区设样板田，通过观测温湿度、水肥、病害防治等方面管理经验，总结和整理高产、高效栽培技术资料。

③ 开展相关试验获取有效的实验数据：通过监测土壤水分以确定最佳的

浇水时期和浇水量；进行缺素试验，以获取某种元素缺乏时，植株的表现症状知识；最后进行病虫害防治方法试验。

④ 表示方法：在上述工作基础上，采取"规则＋模型"作为主要知识表示方法，通过概念化阶段、形式化阶段、完善阶段建立高质量知识库，如图6-39所示。

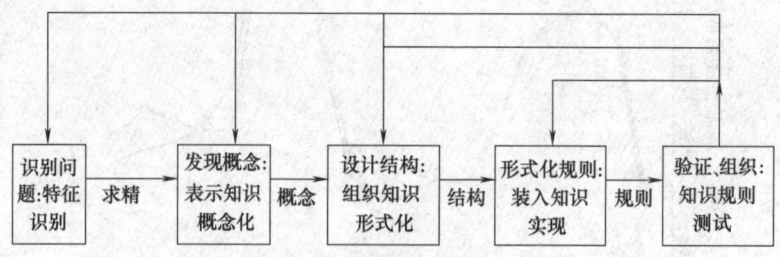

图 6-39　知识库构建过程

（2）知识库的内容　知识库的主要内容有：品种选择知识、播期和密度知识、苗期温湿度管理知识、蔬菜营养和施肥知识、水分管理知识、CO_2 施肥知识、植物保护知识等。

① 品种选择知识：主要根据品种对温度、光照的反应以及生态适应性，综合考察农艺性状、作物生长发育特点、抗性、品质（外观品质、营养成分等）等综合因素，并对照用户所处地理位置、作物栽培季节、栽培水平和土壤肥力状况等相关因素，来确定选择何种类型品种的知识。

② 播期、密度知识：根据不同品种特性、环境条件、茬口及产量水平，确定适宜的播期及合理的定植密度。

③ 施肥管理知识：包括不同土质和地力基础可能达到的生产潜力，作物不同生长发育阶段和不同苗情的需肥特点，根据土壤肥力水平和目标产量确定施肥量、元素配比和施肥方法，提高肥料利用率的技术及群体大小、长势、长相与施肥量、施肥期、元素配比的关系等。

④ 水分管理知识：主要是确定蔬菜不同生长发育阶段需水规律和实际耗水量；不同时期、不同土壤深度水分动态，对作物生长发育的影响及临界含水量；最后根据天气、墒情和苗情确定关键灌溉时间和灌水量的知识。

⑤ 营养失调诊断知识：蔬菜植株缺乏某种营养元素时，用来判断不同症状的知识。

⑥ 生长调节剂的使用知识：主要是常用生长调节剂的种类、特点及使用方法。根据蔬菜的生长发育时期，选用适当的化学制剂和生物制剂，以达到生长调控、保花保果和促进早熟的目的。

⑦ 病虫害与防治知识：包括病虫害的主要种类及其识别、发生规律、预

测技术、综合防治的策略和措施。

⑧ 形态诊断知识：在不同的发育时期，植株形态（子叶形态、叶柄和茎夹角、生长点是否舒展、生长点上是否有雌花、叶柄与节间长度比值、雌花开向、花瓣颜色、正开放雌花距龙头距离）发育异常与不良环境条件关系的知识。

⑨ 叶片养分诊断知识：根据叶片中某种元素的含量来判断土壤中这种元素的含量是缺乏、合适还是过剩。

⑩ CO_2 施肥知识：根据蔬菜发育时期、光照、温度和栽培季节等，确定 CO_2 施肥的量。

⑪ 设施栽培温度调控知识：在不同的栽培季节，根据蔬菜的发育时期和光照条件，分四个时间段（上午、下午、上半夜、下半夜）进行设施内温度的调控。

2. 数据库和模型库的构建

(1) 数据库的构建

① 建立主要作物当前生产中主要推广品种资源数据库：包括品种农艺性状、产量潜力、品质、抗病性等。

② 建立设施环境数据库：包括不同季节和一天中的不同时段及设施中的不同位置、光照、温度、CO_2 浓度、相对湿度的数据。

③ 建立作物生长发育与环境关系数据库：包括环境条件对作物生长、开花节位、座果率和果实发育等的影响。

④ 建立气象资料数据库：包括纬度、海拔、日照百分率、日平均温度、最高、最低温度、空气相对温度、风速、降雨、降水量等。

⑤ 建立逆境引发的生理障碍数据库：包括高温、低温、弱光对植株形态、开花节位、座果率和果实发育等的影响。

⑥ 建立水培生产营养液成分和浓度及理化特性数据库：包括黄瓜、番茄水培的最佳营养液配方、营养液浓度和理化特性随时间变化的数据。

⑦ 建立主要病虫害和缺素多媒体数据库：包括病虫害种类、发病症状、发病条件和主要的防治措施及缺乏各种营养元素的症状。

⑧ 建立土壤资料数据库：包括土壤类型、土壤质地、土壤有机质、全氮、速效氮、速效磷、速效钾及其他主要营养元素的含量、酸碱度（pH）和土壤含水量等。

(2) 模型库的构建　构建设施生产智能决策系统所采用的模型，主要有三种来源：

① 充分利用现有模型：在本决策系统涉及的各种模型中，有很多模型都是已经公开发表，或有应用开发的先例，对于这些模型，直接应用到模型库中，供系统在进行决策时供调用。

② 改造现有的模型：对于有些机理性的模型或相同领域的模型，在实际

应用过程中，根据实际情况进行了必要的改进。

③ 新建模型：在某些方面缺乏现有模型或可以利用、改造的情况下，根据已有的研究成果或经验知识，通过数学或统计的方法进行初步建模，然后对模型精度进行检验，最后确定该模型，并应用在专家系统中。

3. 温室生产智能决策系统的集成

（1）系统集成的技术特点　目前，进行设施生产智能决策系统集成的高效方法，是采用由北京某研究中心研发的构件化、网络化的系统开发平台，该平台具有层次化、智能化、可视化的特点。采用 Browser/Server/DBMS 三层网络模型，只要遵循该平台技术规范开发的农业智能系统，无需任何修改均能在 Internet/Intranet 网络环境下运行，支持分布式计算和远程多用户、多目标任务的并行处理。采用软构件技术，基于面向对象技术 COM/DCOM 技术规范，平台具有开放性、异构性、封装性和继承性的特点，容易跟其他关键技术集成。可面向对象进行定制组件，挂接任何基于 Windows 开发的动态连接库 DLL（服务器端）和基于 OLE 技术的 ActiveX 构件（客户端）。实现与界面分离，分层管理，满足不同层次用户（系统管理员、知识工程师、普通用户）的需要，是一个具有真正意义的构件化、规范化的开发平台。

面向系统程序员，可对系统所有的数据表进行结构定义和属性编辑；管理和维护系统正常运行所需的账户信息、界面信息、系统运行参数、编辑控制文档、文件类别、用户类别；对特定领域的知识、规范、事实数据等进行重新描述和说明。

面向知识工程师，可采用先进数据挖掘算法，支持半自动知识获取和规则的生成；根据农业领域问题的特点，建立"规则＋模型"的知识表示规范；通过可视化的界面定义已知的知识和规则；通过数据表的方式维护知识库。

面向普通用户，可以进行原始数据编辑、修改、删除等操作；对特定农业领域问题进行定性推理和定量决策，并对结果进行解释；支持用户对输入事实数据和决策结果进行查询。

网络版设施生产智能决策管理系统基于服务器运行，服务器端采用 NT4.0 操作系统、IIS 信息服务器、SQL Serve 数据库，客户端的硬件平台为 PC 机，操作系统 Windows NT/98/2000，IE4.0 以上浏览器，互联网用户通过访问信息中心的网站（http://www.baitrc.org.cn/znjc/default.asp）就可以获得服务。单机版设施生产智能决策管理系统基于个人 PC 机运行，操作系统 Windows NT/98/2000，ACCESS 数据库，IE4.0 以上浏览器，只需要一台计算机即可得到服务。

（2）决策方式和框架结构　设施生产智能决策系统中，知识规则的编辑采用最为广泛的知识表示法产生规则，它较好地表达了事物之间的因果关系，便于计算机处理。产生式规则的一般形式是：

如果（前件），则（后件）。

其中，前件表示前提条件，后件表示结论或行动。

如播前模块中的播期决策：

条件：采用春大棚方式种植，地区为北京，且大棚内无前茬。

结论：播期为 2 月 10 日。

如果采用春大棚方式种植地区为北京且大棚内有前茬，则播期为 2 月 20 日。

这样，由 3 个条件可以推出结论，即相应播期。

再如，要知道霜霉病的防治方法：

如果为害部位是叶片，且叶面上有黄褐色病斑，且病斑沿叶脉扩展呈不规则形，且湿度大时叶背面有黑毛，则是霜霉病。

如果病害为霜霉病，则用 50% 多菌灵 800 倍水溶液喷洒叶面。

当事实编辑中的条件满足第一条规则时，先后运用两条知识规则计算机便会自动产生出"50% 多菌灵 800 倍喷洒叶面"的结论，而隐含了"是霜霉病"的中间推理过程。在第二条规则中自动利用了第一条规则的结论作为条件，这样就体现了推理过程的连续性。以上只是简单的例子，中间可以有多项步骤、多个规则隐含其中。

在设施生产智能决策系统中，要解决某一问题，需要通过"匹配"来实现，即从知识库中搜索出可用的知识规则，并从中选出一条最适用的规则。所谓匹配，是把知识库中的产生式前提条件与当时的事实进行比较，看是否符合，若符合则匹配成功，否则匹配失败。匹配成功的规则就是搜索出可用规则，得出结论后，通过推理把产生的后件作为新的事实，引起新的搜索，推理，如此往复，直至给出科学的决策方案。

(3) 设施生产智能决策系统的作用　设施生产智能决策系统向生产者提供了有关栽培、环境控制、品种选择、科学施肥、节水灌溉、植物保护、轮作倒茬等方面的科学决策方案，提高了生产过程中的科学性，最大限度地发挥了品种生产潜力，提高了产量、品质和效益。系统具有较强的科学性和综合性，具有较好的功能结构，便于维护、界面友好、使用方便，能够根据条件的变化模仿领域专家进行逻辑推理，给出科学决策，从而指导设施农业生产精准管理。

第七章 温室农业机械选型

第一节 温室农业机械的特点及国内外发展现状

温室农业的出现和大力发展改变了传统的农业生产模式，极大提高了土地利用率和单位劳动力单位面积产量，也一定程度地摆脱了自然环境对农业生产的影响，为经济社会发展和人民生活水平提高提供了有力保障。然而，随着设施农业生产水平的进一步提高，传统农业用农机具已不能满足设施农业的发展要求，逐渐成为发展设施农业的瓶颈，因而对我国温室作业机械发展趋势进行探讨，对促进我国设施农业的发展具有重要意义。

一、国内外温室农业机械现状

我国温室农业起步较晚，但发展速度非常快。现阶段我国大部分地区的温室为结构简单、农民自行建造的塑料棚和日光温室，对环境的调控能力差。而现代化的大棚和配套的机械设备价格昂贵，很难大面积推广，因而设施栽培机械化程度低，设施水平低，抗御自然灾害的能力差。机械化水平低表现在生产过程中的自动控制设备少，调控能力差，大部分劳动靠人工完成，生产过程中的土壤耕作、播种、灌溉、施肥、收获、环境监控及草苫卷帘等绝大部分工作靠人工进行，作业环境差，劳动强度大，生产效率低。

随着设施农业的发展，研究开发设施农业配套设备和机械化技术的应用有了长足发展，并与农业生物技术措施紧密结合，将节水灌溉、增温保温、机械耕整、深施化肥、植保等先进的农机化技术、新机具、新设备应用到温室农业的各个生产环节，发挥出农业现代化设施和机械化技术结合的巨大作用。

(一) 节水灌溉设备及技术的应用

温室栽培设施的灌溉技术是从最初的人工地面漫灌，逐步发展到采用节水灌溉技术。目前，国内外温室中采用的节水灌溉设备主要有管道灌溉、滴灌、微喷灌、渗灌以及适用于育苗和叶菜类栽培的悬挂式室内喷灌装置等。我国从20世纪70年代开始在温室中采用管道灌溉技术，20世纪80年代初期，引进日本温室灌溉设备进行试验，并取得了良好的效果，引起了国内有关单位的关注。随之，国内一些省市开展了温室节水灌溉的研究工作。进入20世纪90年代以后，在学习国外先进技术的基础上，我国研制出了滴灌、微喷灌、膜下灌、渗灌等节水灌溉的设备和技术，同时还引进了一些具有世界先进水平的节水灌溉设备和配套的施肥系统设备，使我国节水灌溉的技术水平迅速提高，为我国大面积推广节水灌溉技术打下了良好基础，温室节水灌溉技术也由此获得了快速发展。目前，国内温室中较多采用地面灌溉，但管道灌溉和膜下暗灌已成为温室中常用的节水措施。节水效果显著的微喷灌和滴灌等先进的节水灌溉技术已在温室中推广。总之，我国温室的节水灌溉技术虽然起步较晚，但已开始步入世界先进水平。

（二）机械化设施设备及技术的推广应用

设施机械化技术应用是近几年在农业中引进、推广的先进实用性技术。我国众多科研、生产单位及各地农业机械技术推广部门研究开发出设施农业生产机械化技术，主要包括温室内土地耕整、施肥、植保及自动卷帘装置等作业项目。开发推广应用设施栽培的小型耕作机械，可配套旋耕铺膜机、小型播种机、农用挂车和植保喷药泵等多种机具进行深松土壤、开沟、起垄、施肥、作畦、铺膜、植保喷药等项作业，作业质量能够达到农艺要求，土壤理化性质得到改善，提高土壤保水保墒能力。深施肥提高了化肥利用率，达到节肥增收效果。研制推广电动及手动卷帘机，可轻松完成卷落草帘工作，由于卷帘及时而增加温室内光照时间，提高了产量。据有关单位验证，在日光温室内推广机械化技术，使用小型农机具进行整地、施肥等项作业，并在温室钢架结构上安装电动卷帘机，会使蔬菜等作物产量和质量都有所提高，效益可观。虽然我国设施农业机械化技术应用还不普遍，但却显示了农机化设施设备及技术的应用对推动我国设施农业发展起到的促进作用。

目前，发达国家设施农业机械化和自动化的水平都很高，且技术先进。日本、韩国、美国和意大利等国家在发展温室的过程中，对温室中作业的机具进行了开发、研究、推广和应用。其温室生产过程中的耕整地、播种、间苗、灌溉、中耕和除草等作业均已实现机械化。日本、韩国等国家生产的手扶系列多功能耕耘机，其操作把手上下左右可随意调节，作业性能好。一个底盘往往可以配套十几种作业机具，可以在温室中进行耕整地、移栽、开沟、起垄、中耕、锄草、施肥、培土、喷药及短途运输等多种作业。美国、意大利、德国和日本都开发出温室用小型蔬菜移栽机，使用移栽机移植的秧苗，其深浅、间距都很均匀，有利于作物成活和生长，促进作物高产。日本和美国均已开发应用了温室机械化育苗播种成套设备，可将穴盘装土、刮平、压窝、播种、覆土和浇水等多道工序在一条作业线上依次自动完成，既能大大降低作业的劳动强度，提高劳动生产率，提高播种覆土的均匀性，又利于培育健壮而一致的秧苗。

设施农业是现代农业的显著标志，是发展农业机械化的重要内容，大力促进农业现代化又好又快地发展，走中国特色的农业现代化发展道路，成为现阶段的主要任务。

二、温室机械发展的特点

由于我国是传统的农业大国，现代工业和设施农业生产技术起步较晚，从而使我国温室作业机械呈现如下特点。

（一）设施农业起步晚、发展快与温室作业机械发展较慢之间存在矛盾

我国设施农业是在引进和改进国外先进栽培和控制等技术基础上迅速发展起来的，经历较短时间就发展到比较高的水平。但是，由于劳动力成本比较低等原因，我国在温室作业机械方面引进的技术和设备很少，主要靠自主研究和开发，导致目前温室作业机械的技术和相关性能与温室生产要求不同步，温室作业机械的作业性能、可靠性、耐久性等方面还存在问题，不能完全满足用户需要，限制了温室作业机械的推广，致使温室机械作业水平低，大部分作业项目仍然由手工完成，劳动强度大，效率低，作业质量差，与发达国家相比存在较大差距，成为设施农业发展的薄弱环节和设施农业向现代农业发展的约束因素。温室作业机械发展滞后的现状也与目前设施农业整体发展水平不同步，阻碍了我国设施农业的整体发展水平和后期的继续发展。

（二）温室作业机械的配套水平不高

国外对温室作业机械开展研究较早，也在实际生产中得到了大力推广和应用，许多作业项目如前期育苗、耕整、播种，中期的间苗、中耕、施肥和除草，后期的清选、分级、包装和冷藏等都已实现了机械化。相比而言，我国温室作业机械数量和品种都很少，不能满足设施农业大面积推广应用的需求，并且现有的多为把大田用机械简单转移到温室内使用，不能适应温室内特定的作业环境，生产效率不高，作业质量难以保证，而且在温室内转向和转移也较困难，这些都导致温室作业机械的应用受到限制。因此，在设施很好的环境条件内，依然存在着低级的生产方式。

（三）温室作业机械的推广受到劳动力富余的限制

目前开发应用的温室作业机械生产批量小，价格偏高，而我国人口众多，劳动力成本相对较低，作业机械的方便性与人工劳动的廉价相比，劳动力富余的现状限制了作业机械的大幅度推广。

（四）农业机械的标准化工作不够完善

目前我国农业机械的标准化工作仍不够完善，这使得温室作业机械质量和售后服务水平不能得到很好的保证，也影响了温室作业机械的应用推广。不能够实现标准化生产，则机械配件难以购买和自主更换，如果作业机械出现故障就不能够实现自己维修，而需要专业的维修人员，这样会变相增加温室作业机械的费用。

三、温室作业机械的发展趋势

温室作业机械的研究与开发必须基于我国的国情，充分考虑减少生产费用与降低劳动强度平衡，先进技术应用与生产质量提高并重，坚持系列化、小型化、智能化和多功能化的发展思路，研究和开发适合我国温室发展现状和未来的温室作业机械，为我国农业实现现代化奠定一定基础。

（一）系列化

相对大田作业来说，温室作业机械是一种不同的生产类型，要求与之配套的机械形成系列，可供用户在较大范围内选择。它应涉及农业生产的各个环节，对各个环节都应该有其相应的机械，广大农民需要使用多品种、多型号、多功能，并能适应不同地形作业的农业机械。系列化可以促进标准化生产，标准化生产有利于机械质量的提高，也使温室作业机械具有良好的互换性和可维修性，降低了作业机械生产运行的成本。

（二）小型化

目前，我国大规模的连栋温室发展还不太多，主要是小型温室，特别是日光温室取得了较快的发展。因此，在发展大型高性能的温室作业机械的同时，应注意发展适用于小规模经营和老年农民及妇女操作的小型温室作业机械。这类小型温室作业机械不仅适用于温室，还可以在山区、丘陵地区小块大田中应用。另一方面，我国现有国情是壮年男子很多在外打工，从事农业生产的是所谓的"留守老幼队伍"。从这个角度考虑，发展小型温室作业机械可以使体质较弱人员适应温室内或小块大田中的劳动强度，因而发展配套的温室作业机械有利于设施农业的发展和农村劳动力的充分利用，同时小型机械在节约能源、降低费用方面也可以带来较好的市场前景。

（三）智能化

发达国家的设施农业内部环境因素控制实现了多因子动态智能控制，作业机械已普遍实现了播种、育苗、定植、管理、收获、包装、运输等的机械化、自动化。智能型温室作业机械是实现智能型温室的基础，智能化技术在设施农业上的研究运用直接推进了智能型温室作业机械的发展，使设施农业整体机械化水平提高。

（四）多功能化

为了保证温室的相对密闭和温室环境状态的相对稳定，同时降低作业成本，应该尽量减少生产人员特别是作业机械的进地次数。比如采用小型中耕机可以一次完成开沟、培土、起垄等作业，就没有必要对每项作业单独操作。从我国温室生产智能化技术发展趋势来看，功能单一的作业机械逐渐要被智能化复合作业机械代替，逐步向工厂化农业的全程机械化方向发展。

同时，要加大温室作业机械推广力度，促进产生良好的经济效益。我国温室作业机械在机型、数量、质量上都有一定的数量，但实际应用中范围很小。因此，要研制农民买得起、用得起的温室作业机械，经营要注重效益，同时也要考虑设施农业的规模化经营趋势。

在当前的农业生产实际中，应用广泛的温室农业机械有卷帘机械、种植机械、移栽机具、穴盘播种成套设备、灌溉施肥机械、收获运输机械、供暖机械、开窗通风机械、气调机械以及病虫防治机械等，本书将着重介绍温室耕作、种植、收获、灌溉、贮藏运输等类型的机具与设备。

第二节 耕作和种植机械选型

一、耕耘机械

土壤耕作在工厂化农业中极为重要，是恢复和提高土壤肥力的重要措施。它的主要作用是疏松土壤，恢复土壤团粒结构，以便积蓄水分和养分，覆盖杂草、肥料，防治病虫害，为作物的生长和发育创造良好条件。温室内耕地的农业技术要求是土壤松碎，地表平整，不漏耕，不漏油，对温室空气污染小，机械不能损坏温室设施。

因温室内空间比较小，所以使用的耕耘机械动力比较小，一般为2.2kW左右，且应满足体积小、质量轻、转弯灵活、操作方便等要求。按其工作原理分类，主要有双向犁和旋耕机两种。一般温室内用的小型旋耕机又可分成带驱动轮行走式和不带驱动轮行走式两种。日本使用的多为有驱动轮式，而我国多采用后者。

（一）无驱动轮行走式旋耕机

国产 ZY-DTJ-3 型无驱动轮行走式旋耕机如图 7-1 所示，主要由发动机、变速箱、旋耕刀及一个双向犁等组成。其发动机功率为 2.2kW，旋耕刀转速为 58～109r/s，整机质量为 70kg。扶手可以作水平方向 360°、垂直方向 30°调整。装上随机带的阻力铲和其他农具，该机还可在山区、水田、茶园、果林等地进行除草、碎土、开沟、培土、覆膜等作业。

该机在温室内耕地的工作原理是：发动机的动力经变速箱减速后传至旋耕机刀

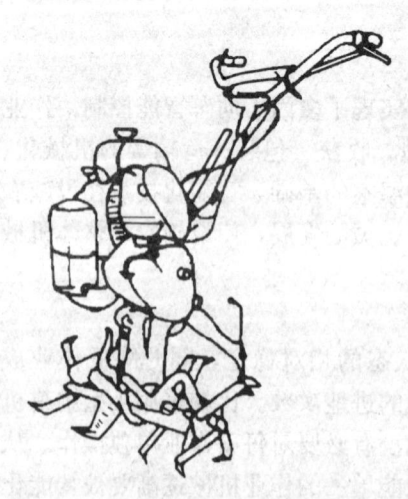

图 7-1 无驱动轮行走式旋耕机示意图

轴，由刀轴带动的圆形刀片在旋耕作业过程中起切土、碎土和翻土等作用。同时，由于土壤对旋耕机刀片的反作用力，使得旋耕机能够向前行驶，所以这种旋耕机无需专门的行走机构。它的优点是机构简单、操作方便、造价低。但是，当土壤比较坚实时，如果刀轴转速选择太低会使耕深很小，达不到要求；而当土壤比较松软时，如刀轴转速选择太高，则会造成刀片原地转、机器不前进的问题。因此，在使用中应根据土壤情况选择工作档位（刀轴转速）。

（二）带驱动轮行走式旋耕机

日本产带驱动轮行走式旋耕机如图 7-2 所示，主要由发动机、变速箱、驱

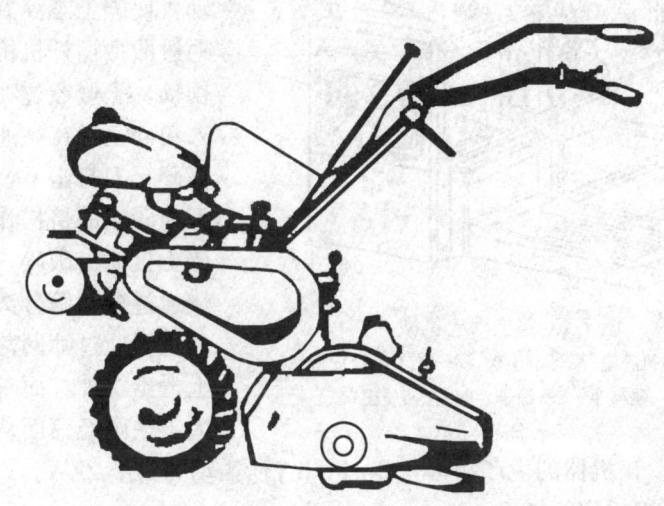

图 7-2　带驱动轮行走式旋耕机示意图

动轮、旋耕刀和扶手等组成。其优点是驱动性好，不会产生耕深不够和不能行驶等问题。但机构复杂，造价比较高，功耗较大。

（三）温室用双向犁

日本产用于温室内作业的双向犁的示意图如图 7-3 所示，主要由发动机、变速箱、驱动轮、犁铧、扶手和双向犁的换向机构等组成。在工作中，发动机的动力经过变速箱传给驱动轮，使机体向前行驶，进而牵引着犁体进行耕地作业。该机所用的犁是一种水平摆式双向犁，在地头转弯后，通过换向手柄，使犁体绕着其上方的纵向销轴翻转，用一套犁体实现左右交替翻垡的要求，达到地

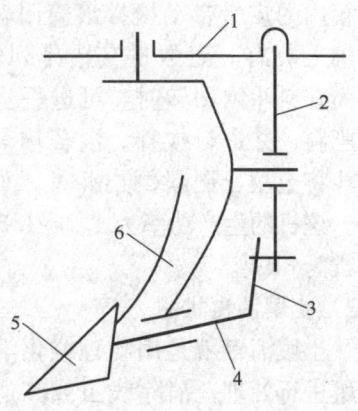

图 7-3　温室用双向犁示意图
1—犁铧　2—换向拔杆　3—换向柄
4—转向轴　5—铧尖　6—犁壁

表平整的目的。

二、土壤处理机械

(一) 碎土筛土机械

在蔬菜育苗生产过程中，需要将苗床或制钵用的土壤破碎、过筛，图7-4所示为一种由旋转碎土刀与振动筛配合的组合式机具。发动机的动力经过皮带传动，使碎土滚筒旋转，同时通过曲柄摆杆机构带动筛子摆动。土壤经过喂料漏斗进入粉碎室，在高速旋转的滚筒碎土刀打击下，通过碎土刀与凹板的挤搓作用，抛向碎土板撞击破碎。破碎的土壤通过振动筛分离后，细碎的土壤通过筛网落在滑土板上滑出机外，而未被粉碎的大土块则经筛面从大土块出口送出机外。

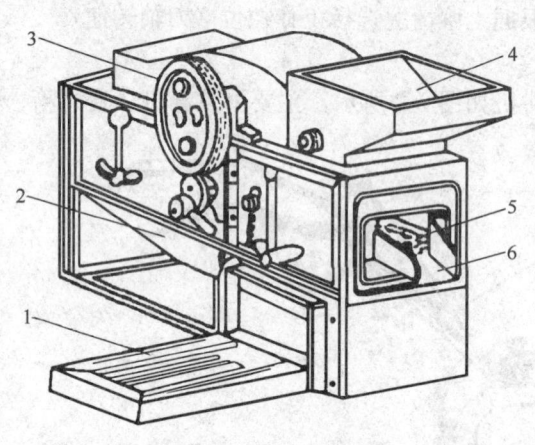

图7-4 碎土筛土机械
1—发动机底座 2—滑土板 3—碎土滚筒皮带轮
4—喂料斗 5—筛子 6—大杂质出口

该机器的生产功率为2~3t/h，所需动力为2.2kW。

(二) 土壤肥料搅拌机械

土壤肥料搅拌机用于将土壤和肥料搅拌均匀。工作过程中，电动机通过传动箱内的皮带带动搅拌滚筒回转，搅拌滚筒轴上装有一定数量交错排列的钩形刀，滚筒在料斗内回转时，可进一步松碎土壤和肥料，并进行搅拌。混合均匀后，转动料斗将土壤、肥料倒出斗外，如图7-5所示。该机的生产功率为1.2~1.5t/h，配套电机为3kW。

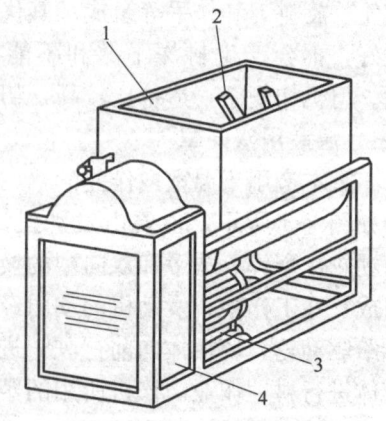

图7-5 土壤肥料搅拌混合机械
1—喂料斗 2—搅拌滚筒
3—电动机 4—传动箱

(三) 土壤消毒机械

土壤消毒就是用物理或化学的方法对土壤进行处理，消除线虫或其他病菌的危害。由于在同一温室内连续种植相同的作物，土壤中有害微生物就容易高密度地发生，影响作物生长，导致产量下降，甚至使作物成片死亡。长期以来人们一直采用轮作、灌水处理、更新土壤等栽培或耕作方法来消除这种危害。但是，由于土地利用率不断提高，上述措施往往影响经济效益，而采用物理或化学的方法进行土壤消毒是行之有效的，也是积极的。目前的土壤消毒机可以把液体药剂注入土壤达一定深度，并使其汽化扩散，使用的机械有人力和机动两种。人力土壤消毒器由活塞、药液箱、吸排液阀、注入针、喷头等组成，适用于小面积作业；机动土壤消毒机有注入棒式和凿刀条注入式两种。

图 7-6 所示为一种注入棒式土壤消毒机，它安装在手扶拖拉机上，由药液箱、液泵、注入棒、压封滚轮等组成。由动力将注入棒打入土壤一定深度（15cm 左右）再点注药液。左右相距 30cm 的两根注入棒交替工作，以减少机体振动。当注入棒达到最大深度时，喷头喷出药液，其后以滚轮压封土壤表面，以减少汽化药液的泄露。这种机具效率比较高。

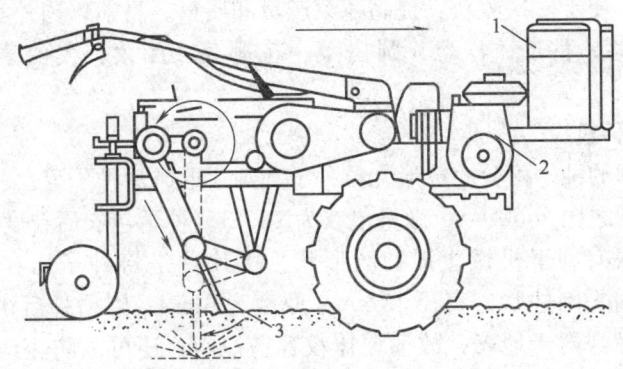

图 7-6 注入棒式土壤消毒机示意图
1—药液箱 2—手扶拖拉机 3—注入棒

日本于 1983 年研制了一种与旋耕机配套的热风消毒装置，被旋耕的土壤同时受到热风的加热处理。此法省工、省费用，并且无污染、无药害，能保证消毒的深度和均匀度。目前，法国出售的热蒸汽式土壤消毒设备系列产品有 8 种，每小时可提供（29 万～537 万）kJ 的热蒸汽。

日本、荷兰、西班牙、韩国等国家，为了适应设施园艺的发展，生产了多功能管理机。近年来，我国从韩国引进了此项技术，生产了类似机械。这种机械的发动机为 2.2～5kW 汽油机，操作手柄在水平方向可在 360°范围内调节，垂直方向可多级调节，操作灵活，可充分利用棚室空间。

三、种植机械

温室作物的播种方式一般有传统播种方式和温室工厂化育苗两种。

传统作物播种常采用通用的条播机、单体播种机和蔬菜专用播种机。目前，作物播种正向着精密播种方向发展，各种气动播种机应用比较多。由于蔬菜种子多为不规则形状，为了保证精密播种，通常用包衣材料把蔬菜种子处理成丸粒，或者将种子制成饼片状。为了播种发芽缓慢的小粒蔬菜种子，英国发明了液体播种催芽种子的新方法，已有相应的成套设备。我国研制了一些作物播种机，可播种白菜、萝卜、菠菜、油菜和豆类等，基本可以满足农业技术要求。

蔬菜种子尺寸差别大，质量轻，形状复杂，有些种子如胡萝卜、番茄等，表面粗糙，带有绒毛，要精确地分成单粒比较困难。有些种子存在高温休眠和低温休眠的问题，要求在理想条件下发芽后才能播种。为此，精密播种前需将种子预先进行清选、分级、包衣等处理。清选分级处理多用于球形种子和丸粒化种子，其目的在于提高种子纯度并使其尺寸一致，以便于播种。

蔬菜精密播种可以节省种子，减少间苗用工量，出苗齐，群体结构合理，成熟期一致，便于一次收获，提高蔬菜产量和质量。目前，国外实现精密播种的蔬菜有生菜、番茄、洋葱、圆白菜、花椰菜、芹菜、大白菜、萝卜和黄瓜等。

（一）饼片播种机

包衣处理的种子可分为球形丸粒种子和圆片形饼片种子等。一般包衣材料与种子的质量之比为 50∶1，微量包衣为 10∶1。种子包衣后粒度可达到 2.5～4.5mm，形成有利于机械化播种的形状。饼片种是将种子压在包衣材料中间，使之呈扁平圆柱状，直径 19mm，厚度为 6mm。因播种后饼片直立于土壤中，上边缘裸露于地表，故播深比较容易控制，还可以防止地表板结对出苗的影响。

饼片播种机结构如图 7-7 所示，其定向锥由两个截锥体及槽底组成。槽底与左侧锥体装成一体，靠地轮驱动，其转速为右侧锥体的两倍。工作时，种子箱底部提供的饼片靠这种转速差扭转而平行于种槽，进而被带动落入单排的饼片滑道中。播种轮由播种盘和倾斜限深环组成，播种轮转动，饼片由滑道落入播种盘的缺口内，倾斜的限深环挤压土壤使饼片保持在压入的位置上。

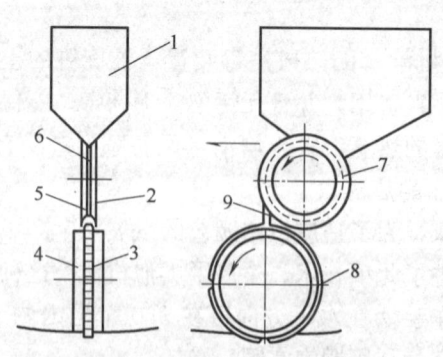

图 7-7 饼片播种机示意图
1—种子箱 2—右锥体 3—播种盘 4—限深环
5—左锥体 6—饼片槽 7—定向锥
8—饼片槽口 9—饼片滑道

（二）冲穴播种机

另一种类型饼片播种机为冲穴播种机，如图 7-8 所示。在排种轮的圆周上开有用于捡拾种子的缺口,当缺口通过种子箱时,拾起一粒种子。圆柱形冲头装在冲穴轮上,冲穴轮紧靠排种轮安装在传动轴上,利用一个偏心盘使冲头与地面保持垂直。当冲头运动到带有一粒种子的排种轮缺口时,含有 Fe_3O_4 成分的包衣种片被磁性冲头吸引,冲头带着种子压入土中,冲头退回时,种子靠周围土壤的附着力来克服冲头吸

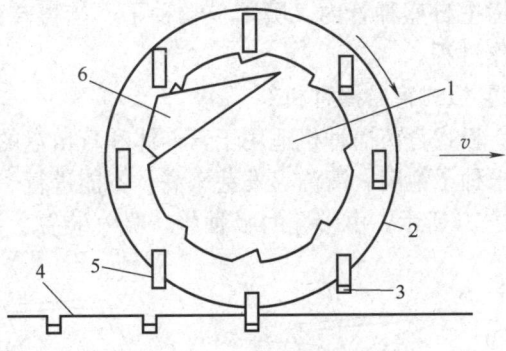

图 7-8　冲穴播种机示意图
1—排种轮　2—冲穴轮　3—饼片种子
4—地面　5—磁性冲头　6—种子箱

引力,使其保留在种穴内,播后不覆盖土壤,以利于出苗。

(三) 吸嘴式气力播种机

吸嘴式气力播种机适用于营养钵育苗单粒点播。图 7-9 所示是一种制钵播种联合作业机的播种装置,它由吸嘴、压板、排种板、盛种盘和吸气装置等组成。吸嘴为吸种部件,它的内部有孔道与吸气道相通,端部有吸气口,用以吸附种子,里边装一个顶针,平时顶针吸入吸气口内,当压板下压顶针时,顶针由吸气口伸出将种子排出。其工作过程如下:吸嘴Ⅰ和Ⅱ直立时,压板压下,顶针由吸种口伸出,吸嘴Ⅰ吸附的种子落到电木板上,种子以自重落入营养钵块的种穴内。在电木板右移时吸嘴Ⅱ将种子吸附,转入下方的

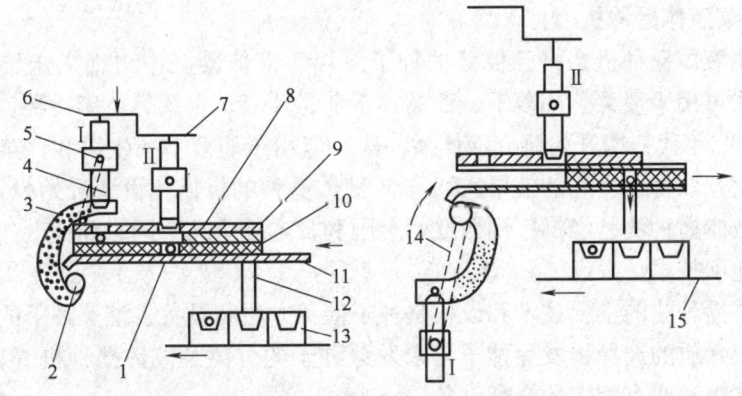

图 7-9　吸嘴式育苗播种装置工作原理
1—种子　2,5—吸气管　3—盛种盘　4—吸嘴　6—压板　7—顶针　8—带孔铁板　9—斜槽板
10—电木板　11—下挡板　12—排种管　13—营养钵块　14—吸气道　15—输送带

吸嘴 I 自盛种管内又吸附一粒种子。当再转到上方直立位置时，又重复上述工作过程。

（四）板式育苗播种机

板式育苗播种机适用于营养钵和育苗盘的单粒播种，生产效率比较高，但要求种子饱满、清洁、发芽率高，不能进行一穴多粒播种。板式育苗播种机如图 7-10 所示，由带孔的吸种板、吸气装置、漏种板、输种管、育苗盘等机构组成。工作时，种子被快速地撒在吸种板上，吸种板上的吸孔在负压的作用下，将种子吸住，多余的种子流回吸种板的下面。当吸种板转动到漏种板处时，通过控制装置，切断真空吸力，种子自吸种板的孔落下并通过漏种板孔和下方的输种管，落入育苗盘上相对应的营养钵块上，然后覆土和灌水，将种盘送入催芽室。该装置可配置各种尺寸的吸种板，以适应各种类型的种子和育苗盘。

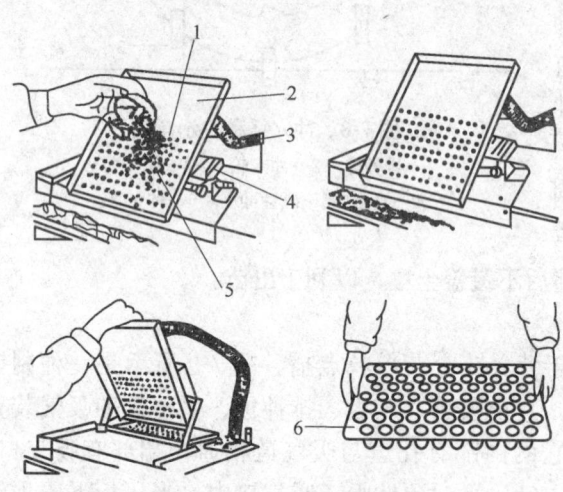

图 7-10　板式育苗播种机
1—吸孔　2—吸种板　3—吸气管　4—漏种板　5—种子　6—育苗盘

（五）蔬菜液体播种机

蔬菜液体播种机是将已催芽的种子悬浮于液体凝胶中再播入土壤中的机具。此法可用于菠菜、胡萝卜、茼蒿、番茄、芹菜、生菜等苗床播种。英国在 20 世纪 60 年代初期开始研究液体播种法，应用于胡萝卜、生菜和芹菜等蔬菜的栽培上，取得了良好的效果。1977 年液体播种的机械化设备开始投入市场。目前，液体播种法已经推广到西欧、美国和日本等十几个国家和地区，我国尚未应用此项技术。

液体播种法的主要技术和设备是种子催芽方法和设备、催芽种子的贮存设备、凝胶介质的选择、发芽种子与未发芽种子的分离及液体播种机等。因此，应用液体播种要有相应的全套设备。

图 7-11 所示为一种液体播种机的示意图。把催芽的种子均匀地悬浮在凝胶中以后，种子在凝胶中处于静止状态，只要均匀地排出凝胶，就能实现精密播种。为了排出含有催芽种子的凝胶，液体播种机采用了特殊的排种机构——

蠕动泵。蠕动泵主要由软导管和滚子组成,滚子在转动时周期性地挤压软导管,从而不断地排出含有催芽种子的凝胶。改变滚子的转速,就可以调节液体播种机的播种量,转速越高,播种量越大。改变凝胶与种子的混合比也可以调节液体播种机的播种量,但种子的比例不能太高,否则凝胶就不能流动。

液体播种机多为条播机,也有人力手推液体播种机,还有与小型拖拉机配套的多行液体播种机。液体播种机的特点是:种子的发芽条件好,播种后出苗率高。播种前,种子在催芽设备内集中催芽,可为种子发芽提供最适宜的温度、水分、光照和通气条件,并能克服种子的休眠问题。出苗迅速一致,增加了蔬菜有价值的生育天数,能提高产量。对种子尺寸要求不严,能播种大小不同、形状各异的种子。

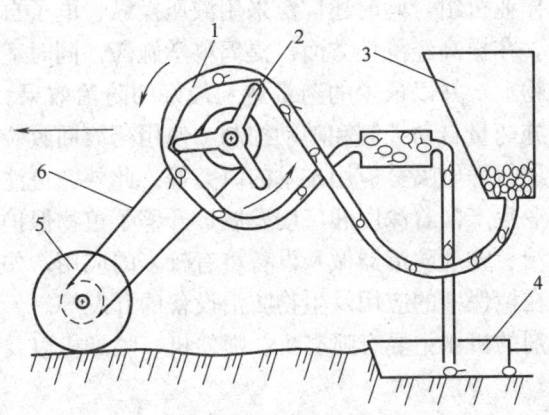

图 7-11 液体播种机示意图
1—软导管 2—转子 3—种子箱 4—开沟器 5—地轮 6—链条

(六) 蔬菜工厂化穴盘育苗技术

20世纪70年代,国外出现了一种以轻质无土材料草碳、硅石等作育苗基质,采用机械化精量播种,一次成苗的现代化育苗技术。这种方法所选用的苗盘是分格室型,播种时一穴一粒,成苗时一室一株,并且每棵植株的根系与基质能够缠绕在一起,根坨呈上大底小的塞子形,故美国把这种苗称为塞子苗(plug plants),把这套育苗体系称为塞子苗生产(plug production),而西欧则称为快速育苗。该技术引进我国之后,被称为机械化育苗或工厂化育苗。

农业部规划设计院在引进、消化及吸收国外穴盘育苗生产线的基础上,根据我国的具体情况开发研制了 ZXB-360 型和 ZXB-400 型国产精量播种机生产线和与之配套的种子丸粒化机。该生产线可用 72 孔、128 孔、288 孔和 392 孔穴盘进行精量播种,播种准确率达 95%,播种速度为 6 盘/min。整套生产线长 4.1m,宽 0.7m,高 1.45m,总质量 0.5t,功率 0.5kW。该生产线包括基质筛选→基质混拌→基质提升进装料箱→穴盘装料→基质刷平→基质压穴→精量播种→穴盘覆土→基质刷平→喷水等工艺过程。

四、植保机械

随着农用化学药剂的发展，喷施化学制剂的机械已日益普遍。这类机械的用途包括：喷洒杀菌剂或杀虫剂，防治植物病虫害；喷洒除草剂，消灭莠草；喷施粒状、粉状或液体的化学肥料；喷洒药剂对土壤消毒、灭菌；喷施生长激素，以促进植物的生长或成熟、抗倒伏。

目前，国内外植物保护机械化总的趋势是向着高效、经济、安全方向发展。在提高劳动生产率方面，如加大喷雾机的工作幅宽、提高作业速度、发展一机多用、联和作业机组，同时还广泛采用液压操纵、电子自动控制，以降低操作者劳动强度。在提高经济性方面，提倡科学施药，同时适时适量地将农药均匀地喷洒在作物上，并以最少的药量达到最好的防治效果。要求施药精确，机具上广泛采用施药量自动控制和随动控制，使用药液回收装置及间断喷雾装置，同时还积极进行静电喷雾应用技术的研究等。此外，更注意安全保护，减少污染，随着农业生产向着深度和广度发展，开辟了植物保护综合防治手段的新领域，生物防治、物理防治器械和设备将有较多的应用，如超声波技术、激光技术、电光源在植保中的应用及生物防治设备的开发等。

喷施化学药剂的机械主要有喷雾机、喷粉机、喷烟机以及喷撒固体颗粒制剂的喷撒机等。

（一）喷雾机

喷雾机的功能是使药液雾化为细小的雾滴，并使之喷洒在农作物的茎叶上。田间作业时对喷雾机的要求是：雾滴大小适宜，分布均匀，能达到被喷目标需要药物的部位，雾滴浓度一致，机器部件不宜被药物腐蚀，有良好的人身安全防护装置。喷雾机按药液喷出的原理有压力式喷雾机、离心式喷雾机、风送式喷雾机和静电式喷雾机等。此外，如按单位面积施药液量的大小来分，可分成高容量、中容量、低容量、很低容量和超低量喷雾机。

图7-12所示为我国研制的东方红-18型背负式弥雾喷粉机进行喷雾时的情况。该机由一个1kW发动机、一个风机、药液箱和喷头等组成，整机重9kg左右，射程可达9m以上，通过更换不同形式的喷头等部件该机还可进行喷粉作业。如图7-12所示，药液箱通过一个软管与风机的高压出口相连通，在喷粉作业时，其内的药液由药箱经另一个软管流向喷头。喷头上带有叶片，在风机产生的高压气流作用下能高速旋转，转速一般为8000～12000r/min。药液先在圆盘中形成水膜，利用高速旋转产生的离心力把水膜分散成细小的雾滴向四周飞溅出去。因喷出去的药液雾滴很细（80～100μm），故可实现超低量喷雾。

（二）喷粉机

喷粉机喷撒的粉状固体制剂，颗粒在 $3\sim 5\mu m$ 左右。喷粉的优点是作业效率高，不需要载体物质，不用加水，因而节省劳力和作业费用。喷粉的主要缺点是粉粒在植株上的附着性差，容易滑落。喷粉机按照工作原理可以分为射流式、吹送式和离心式等。图 7-13 所示为一种吹送式喷粉机工作示意图，它实际上是东方红-18 型背负式弥雾喷粉机的一种工作形式。如图 7-13 所示，风机产生的高速气流大部分吹向弯头，小部分吹至粉箱底部的吹粉管，从吹粉管的小孔吹出，并将药箱底部的药粉吹松散，送至粉门。同时，由于大部分气流通过弯头时，在输粉管出口处造成一定的真空度，药粉就通过粉门、输粉管被吸入弯头，与大量的高速气流混合，经喷管喷出。这种喷粉机水平射程最高可达 30m。

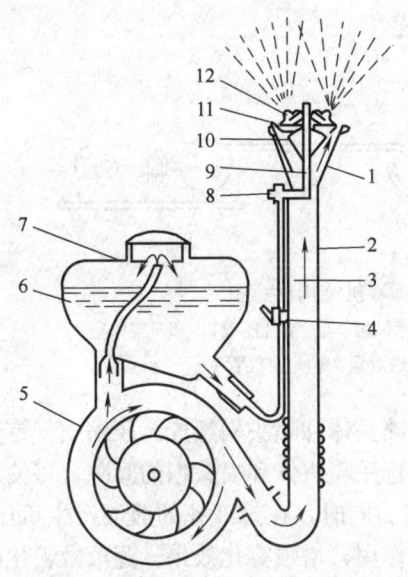
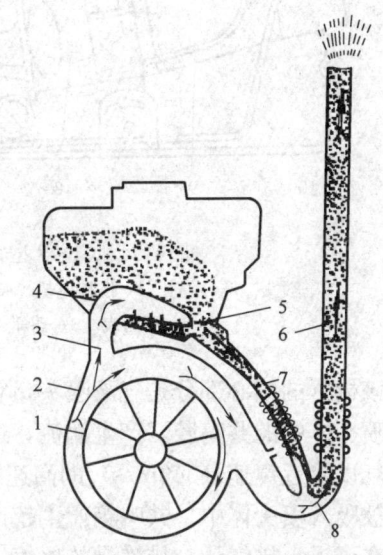

图 7-12　超低量喷雾机工作示意图
1—喷头　2—喷管　3—输液管　4—开关
5—风机　6—药箱　7—滤网　8—调量
开关　9—喷嘴轴　10—分流锥
11—驱动叶轮　12—齿盘组件

图 7-13　吹送式喷粉机工作示意图
1—叶轮　2—壳体　3—进风门　4—滤网　5—药粉
6—喷粉管　7—出粉管　8—出风阀

（三）喷烟机

喷烟机产生直径小于 $50\mu m$ 的固体或胶态悬浮体。烟雾的形成分为热、冷雾和常温烟雾三种方法。热雾是将很小的固体药剂粒子加热后喷出，粒子吸收空气中的水分，使之在粒子外面包上一层水膜。冷雾则是液体汽化后冷凝而产生的烟雾。常温烟雾机是指在常温下利用压缩空气使药液雾化成 $5\sim10\mu m$ 的超微粒子的设备。由于在常温下使农药雾化,农药的有效成分不会被分解,并且水剂、乳剂、油剂和湿剂等均可以使用。与热烟雾机相比,不苛求某种特定的农药,无需加扩散剂等添加剂,故可扩大机具的使用范围。常温烟雾机主要用于防治在温室内的作物的病虫害。

日本从 1973 年开始研制常温烟雾机,图 7-14 所示为日本研制的 CF-77 型常温烟雾机的结构示意图。

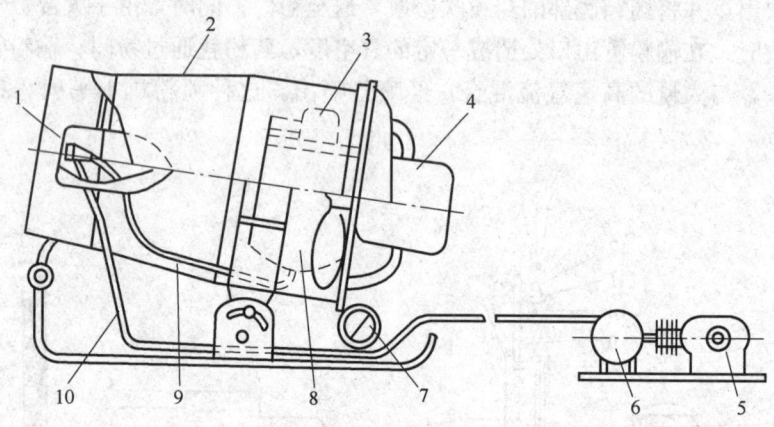

图 7-14　CF-77 型常温烟雾机结构示意图
1—喷头　2—风筒　3—搅拌电机　4—轴流风机　5—空气压缩机　6—空气室
7—压力表　8—药箱　9—送液管　10—空气管

该机具的核心部分是气液喷头,它由喷头体和喷头帽组成。压缩空气首先进入喷头体中的共鸣腔,产生涡流,适当选用喷头体和喷头帽的间隙,可使压缩空气以接近声速 (340m/s) 的高速喷出。同时,在排液孔的前端产生负压,药液被吸入喷头体中。共鸣箱产生超声波作用,增强雾化效果。药液微粒化的关键在于提高排气量与排液量的比值,气液比越大,则粒子越细,这主要靠适当选用间隙值来实现。

喷烟机可由人工控制,也可实现自动控制。人工控制时需要将喷头架和药液瓶放置于室内,发动机或电机以及空气压缩机等放在室外。自动控制时,整机均放在室内,预先用定时器选择喷烟时间,整个喷烟过程即可自动进行,操作者无需进入室内,可以避免农药对人体的危害。喷雾时产生强制对流,加之利用温室内的小气候,故扩散性好,可弥漫到温室的每个角落。尤其在作物封行时,雾滴也能渗入,因而药液附着性好。常温烟雾机喷烟停止 2~3h 后,雾滴即可沉降到作物表面。这种机具具有节省能源、造价不高、对作物和环境污染小、耐久性好等优点。

五、育苗、移苗及嫁接机械

（一）育苗机械设备

蔬菜育苗工厂化，又称做蔬菜工厂育苗或蔬菜快速育苗。它是指从种子处理、播种、催芽出苗、幼苗绿化、花芽分化、幼苗发育生长、移苗囤苗，到提供保护地或露地栽培用芽苗，根据蔬菜生长发育的要求，用一定的技术措施和集约管理的方法，成批生产规格齐全的优质壮苗的过程。与这个过程相关联的设施、机具、仪器等构成了蔬菜育苗工厂化设备。

育苗工厂化技术不仅能够显著提高蔬菜的产量，而且还可以大幅度地减少育苗用工量，做到提前上市和延长供应期，经济效益高。

荷兰、美国等发达国家于20世纪50年代开始进行蔬菜育苗工厂试验研究。日本于20世纪60年代初期开始进行这方面的研究。他们比较全面地掌握了温度、光照、水分、肥料、气体等因子的自动控制技术，进而在播种、分苗、移栽等环节的机械化、自动化等方面取得了显著成绩。

美国发明了培育蔬菜幼苗的装置，该装置包括TODD育苗箱（如图7-15所示）、自动播种系统、自动浇水施肥系统以及高速移栽机等，采用无土生长基质育苗，从而消除了由土壤有机物引起的病害问题。由TODD育苗箱育成的幼苗，可以直接用机械或人工移栽到田间。该育苗系统可用来培养番茄、辣椒、芹菜、离苗、卷心菜、花椰菜、茄子、西葫芦、黄瓜、甜瓜和西瓜等幼苗。日本于1963年研制成功纸钵育苗系统，1979年研制成功了旱田用育苗箱，可用来培育白菜、生菜、卷心菜等菜苗。1980年，日本又生产出与之配套的自动播种机和全自动移栽机。

育苗工厂化技术用于蔬菜，在我国只有十几年的时间，主要用于辣椒、茄子、番茄、黄瓜等，而且目前的机械化和自动化水平还不高。

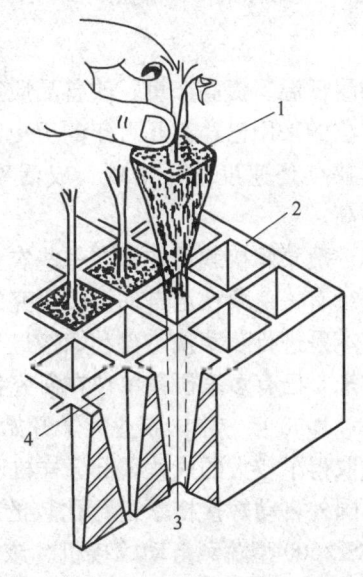

图7-15　TODD育苗箱及其倒锥结构
1—无土生长基质　2—短壁
3—底孔　4—向下延伸的壁

（二）钵体苗移栽机械

蔬菜秧苗的定植，也称栽植或移栽，主要包括起苗、运苗、开沟或挖穴、栽苗、灌水、覆土和镇压等工序。蔬菜钵体苗栽植机就是用来栽植培育营养钵内的蔬菜秧苗。它可完成开沟或挖穴、栽苗、覆土和镇压等工序。钵苗栽植在蔬菜生产中起着主要作用，是蔬菜生产中的一项主要措施，茄果类和瓜类蔬菜主要采用钵苗栽植。但缺点是人工栽植效率低，用工量多，劳动强度大，迫切要求实现机械化。国外早在20世纪30年代就研制出栽植机，由于育苗技术的改进，先后研制出纸钵和营养钵育苗，从而推动了钵苗栽植机的研制工作，并取得了一定进展。1972年，法国从荷兰引进钵苗栽植机，先用于大面积菜园，然后推广到温室，目前在继续发展。德国由于推广钵苗栽植机，生菜、白菜等蔬菜由直播改为栽植。日本的钵苗栽植机类型很多，大多数为小型半自动栽植机。我国从20世纪70年代开始研究蔬菜钵苗栽植机，已经有两种机具通过鉴定。

我国典型的钵苗移栽机结构示意图如图 7-16 所示，它主要由喂入机构、栽植器、开沟器、覆盖镇压装置、传动机构等组成。栽植器采用圆盘钳夹式，有纵向送秧和横向送秧两级送秧机构，能够保证分秧清楚，速度比较快。

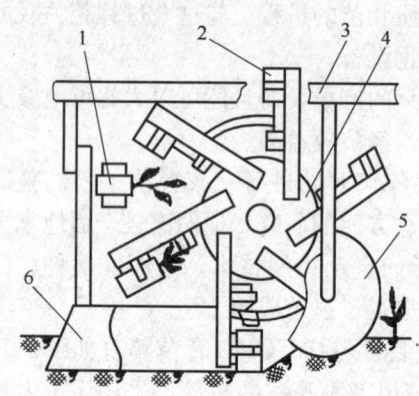

图 7-16 钵苗移栽机结构示意图
1—横向输送链 2—苗夹组合 3—机架
4—栽植圆盘 5—覆土器 6—开沟器

（三）作物嫁接机械

嫁接对植物的品种改良、抗病害和耐低温、提高产量、改善品质等方面都起着重要作用。人类栽培史上，嫁接方法的采用已经有几百年的历史。但是，我国目前仍主要采用人工嫁接方法，其缺点是速度慢、繁琐、成活率低。机械嫁接的突出优点是速度快、成活率高。

蔬菜嫁接栽培技术在一些农业发达的国家已经得到相当普遍的应用，但是进行有关蔬菜秧苗自动嫁接研究的只有日本、韩国和中国等为数不多的国家。日本是进行蔬菜秧苗自动嫁接最早的国家，自 1986 年开始研究蔬菜嫁接装置以来，已有多家研究单位在研究各种形式的蔬菜嫁接机。

1993年，中国农业大学开始进行蔬菜自动化嫁接研究，目前已在多个领域取得了较大的成就，部分样机已投入生产。研究人员在对国内传统手工嫁接和国外自动嫁接技术进行比较的基础上，提出了自动嫁接方案，成功研制了 2JSZ-600 型蔬菜自动嫁接机。该自动嫁接机采用计算机控制，实现了砧木和穗木的去苗、切苗、结合、塑料夹固定、排苗等嫁接作业的自动化。它可以完成黄瓜、西瓜、甜瓜等瓜菜苗的自动嫁接工作，嫁接性能可靠，各项技术指标居国内领先水平，在体积、质量、嫁接速度、嫁接性能等方面均达到和超过了世界水平。其嫁接作业流程如图 7-17 所示。

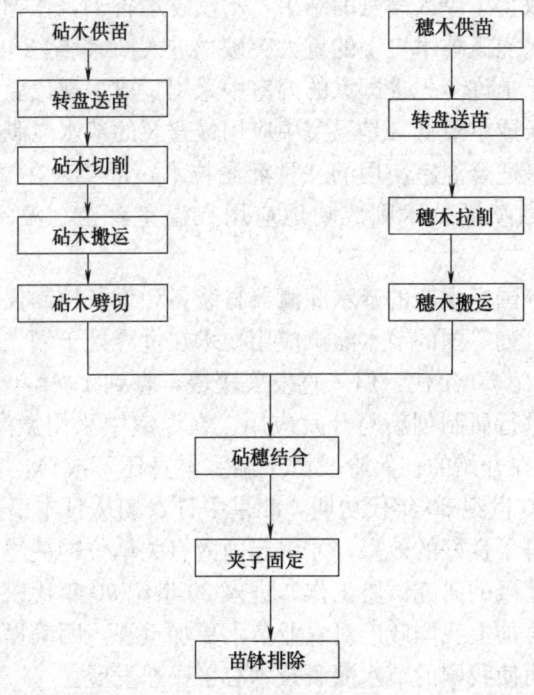

图 7-17 自动嫁接机工作流程图

第三节 灌溉机械选型

温室是一个相对封闭的生产环境，天然降雨不能被直接利用，温室中作物需要的水分完全依靠人工控制的灌溉措施来解决。灌溉设备是温室设施的重要组成部分，可靠的灌溉技术是温室生产的基本保证。由于温室作物的生产环境与大田作物的生产环境有较大差别，一些适合露地作物的灌溉技术（如大型喷灌技术等）不能在温室里使用。同时，温室作为一种现代高效农业栽培设施，灌溉中除了要求节水外，更注重的是能够取得省工、增产和增收等效果。

一、温室灌溉技术的发展

现代温室应用节水灌溉技术的历史可以追溯到 20 世纪 30 年代，德国等一些发达国家开始利用轻型钢管、铝合金管等新材料替代沟渠在温室中输水和灌溉，既节水又省工，这是人们最初在温室中使用的节水灌溉技术。20 世纪 40 年代初，随着塑料工业的发展，出现了各种塑料管，它易于穿孔和连接，而且价格低廉。英国率先采用这种塑料管道制成滴灌设备并在温室中试验，同时进行灌溉和施肥，取得了令人满意的结果，不仅省水省工，作物产量也有明显提高，成为温室节水灌溉技术史上的重大突破。进入20世纪80年代以后，节水灌溉设备已在世界上许多先进国家的温室中采用，成为现代温室配套设施。目前，管道灌溉由于成本最低，是温室中应用最普及的节水灌溉方法。滴灌技术被认为是现阶段最适合温室使用的一种灌溉技术，近年来在温室中发展很快，面积迅速增长。微喷灌技术则成功地应用在温室育苗、温室加湿及降温等方面。

德国、瑞士等国家生产的节水灌溉器材装备和设备控制仪器处于全球先进水平，美国、以色列等国的节水灌溉应用技术在世界处于领先地位。微灌技术在我国始于20世纪50年代，但一直发展缓慢，直到1974年，引进了墨西哥微灌技术才开始进行研制创新与开发应用。在温室中采用微灌技术开始于20世纪70年代，但在开始的初始阶段由于温室本身还不成熟，微灌技术并未得到重视和推广。20世纪80年代初期，北京中日农场从日本引进了温室滴灌设备进行试验，取得了良好的效果，才引起国内有关单位的关注，随之一些省市开展了温室节水灌溉的研究试验工作。进入20世纪90年代以后，随着温室产业的蓬勃发展，再加上我国政府对农业节水更加重视，明确提出要大力普及节水灌溉技术，从而使我国的节水灌溉技术有了飞速发展。

通过近几年各界的不懈努力，我国的微灌技术有了长足的发展，在学习国外先进经验的基础上，又相继研制成了低压管道灌溉、滴灌、微喷灌、膜下灌等节水灌溉技术及配套设备，同时还引进了一些具有世界先进水平的滴灌、微喷灌、渗灌的生产技术及设备，使我国节水灌溉设备的技术水平迅速提高，为大面积推广节水灌溉技术打下了良好的基础，温室节水灌溉技术也由此获得了快速发展。目前，虽然国内温室中采用较多的仍然是传统的地面灌溉（漫灌），但管道灌溉和膜下暗灌已成为温室中常见的节水措施，效果显著的滴灌和微喷灌等先进的节水灌溉技术已在温室中推广了数万公顷。我国温室的节水灌溉工作虽然起步较晚，但已开始接近国际先进水平。

目前，我国已成为世界上拥有温室栽培面积最大的国家，进一步发展我国温室节水灌溉必将带来更加可观的环境效益、社会效益和经济效益。

二、温室灌溉的特殊性

与露地种植比较，温室内作物种植环境发生很大变化。温室内无风，任何形式的喷灌都不必考虑风的影响；绝大多数温室种植地面是非常平整的，灌溉系统设计不必考虑地形的坡度影响；室内紫外线照射强度低，对灌溉设备的输水管道和灌水器的老化作用影响小，这些都是对温室灌溉有利的一面。但任何形式的灌溉都会引起温室内温度和湿度的变化，这是露天灌溉不必考虑的问题，而在温室生产中却是必须高度重视并需要正确处理的关键问题。因为这种温湿度变化对温室作物生长有时是有利的，有时却是有害的。如夏季高温干燥季节，采用喷灌可辅助温室降温，灌溉具有降温增湿的作用，但在低温潮湿季节，喷灌引起的降温增湿将对作物正常生长带来威胁。所以，温室灌溉必须合理选择和利用灌溉方式，扬长避短，充分发挥灌溉系统的综合环境调控能力。由于温室作物种植方式的特殊性，温室灌溉也存在一些特定的要求，详述如下。

（一）温室灌溉要求完全的管道化

管道灌溉是通过水泵（或利用天然水源头）和管道系统将低压水引入田间进行灌溉的方法。管道灌溉出水口的压力通常在 0.05MPa 左右。

温室中采用管道灌溉具有以下优点。

1. 节水

用管道代替沟渠可以大量减少输水损失，输水有效利用系数可达 95% 左右，比土渠提高 30% 以上。同时，由于田间水流路径缩短，灌水比较均匀，可采用低灌水定额，有效减少了田间水的深层渗漏损失。

2. 省地

温室采用管道灌溉后，减少了沟渠占地，一般可省地 1%～5%。

3. 使用方便、适应性强

采用管道灌溉操作简单、管理方便，可以在不同作物和不同土壤上使用，还可以克服地形障碍，具有较强的适应性。

（二）温室灌溉要求节水、灌溉与施肥一体化

露地栽培以地表灌溉为主，由于受灌水方法的制约，使得灌溉水难以控制在只湿润根系活动层而不产生深层渗漏。因此，在灌溉过程中同时进行施肥效果差，肥料损失严重，造成资源浪费。温室灌溉采用管道灌溉后，则很容易实现灌溉施肥技术的一体化，只需在灌溉装置上附加施肥设备，就能满足作物对水和肥的需求，使作物产量和品质都得到提高，进而取得良好的经济效益。

温室灌溉施肥一般使用农用化肥，肥料以液体的方式与灌水同时向作物提供营养。与直接将化肥施入土壤相比，其主要特点如下。

1. 有效性高

节水灌溉施肥使用的化肥及其他营养元素能在液体情况下相当长时间内保持有效性，其浓度符合作物吸收要求，从而提高了化肥的有效利用率。

2. 施肥均匀，养分均衡

因为肥料是在对作物营养诊断的基础上按需配制的，肥料的供应和水的供应相一致，从而使肥料均匀分布在作物根系附近，更好地满足了作物对养分的需要。

3. 养分供应充分且迅速

由于灌溉施肥完全处于人为监控下，对其消耗变化充分了解，可以随时调整补充，作物能以最快途径获得养分，并能定量按需满足。

4. 节省化肥，减少污染

温室灌溉可避免由于施肥过量、漫灌水肥流失和渗漏引起的地下水质污染和土壤板结等问题。

（三）温室灌溉要求与温湿度环境控制紧密结合

温室灌溉采用现代高新技术研制的先进的滴灌、微喷灌、渗灌、多孔管等微灌系统，不仅控制精确，而且使作物生长处在最佳环境下，不仅有效提高了作物的产量和质量，而且适应市场需要，大大提高了产品竞争力。

温室作物生产的局部环境能够实现部分或完全的人工控制，温室中环境的温度、湿度、CO_2浓度、光照强度等可以控制在作物生长要求的最佳或适宜范围内，同时还可实现环境与灌溉的协调控制，能根据温室中当前的温度、光照、CO_2浓度等环境水平和历史的灌溉记录以及实测的土壤含水量等参数，通过计算机分析得到合理的灌溉指标，并控制相关设备运行，达到优化灌溉的目的。由于对灌溉的精确控制，反过来，又作用于对环境参数的控制，可保证温室内环境温度和湿度不致因灌溉出现大起大落，从而为作物生长提供了一个稳定的生长环境。而且由于环境与灌溉的联合控制，温室运行能耗大大降低，从而也控制了温室的管理和运行成本，相应地提高了温室生产的经济效益。再加上稳定环境促进作物品质的提高，其综合经济效益将得到大幅度提高，这就是现代工程技术通过温室设施组装应用来获得农产品的产量和品质大幅度提高的最佳典范。

（四）温室灌溉要求与室内作物栽培方式高度统一

同一种栽培方式可能有多种灌溉方法与之相匹配，但温室栽培中往往一种种植模式只对应唯一的灌溉方法，如盆花栽培可用滴箭滴灌，也可以用潮汐灌或喷灌等，但潮汐灌要求有防水条件的栽培床，而喷灌不适用于在花期灌溉，所以滴箭滴灌几乎成了盆花栽培惟一的选择。再如水培栽培中，任何的滴灌、喷灌和渗灌等都不适用，循环往复的水流灌溉才是其真正需要。所以，在选择应用灌溉设备和技术前首先了解和分析作物的栽培方式非常重要，这是温室灌溉系统设计的前提。

三、温室灌溉系统的组成

目前，我国温室已开始普及推广以管道输水灌溉为基础的各种灌溉方式，包括直接利用管道进行的管道输水灌溉，以及具有节水、省工等优点的滴灌、微喷灌、渗灌等先进的灌溉方式。此外，为满足温室环境或作物特殊栽培的需要，喷雾、潮汐灌、水培灌溉等灌溉方式也开始应用在温室中。为正确选用温室灌溉方式，首先需要了解温室灌溉系统的组成及各种灌溉方式对应的配套设备。

采用灌溉设备对温室进行灌溉的过程，就是将灌溉用水从水源提取经适当加压、净化、过滤等处理后，由输水管道送入田间灌溉设备，最后由温室田间灌溉设备对作物实施灌溉。一套完整的温室灌溉系统通常包括水源、首部枢纽、供水管网、田间灌溉系统、自动控制设备五部分，如图7-18所示。当然，简单的温室灌溉系统也可以由其中某些部分组成。

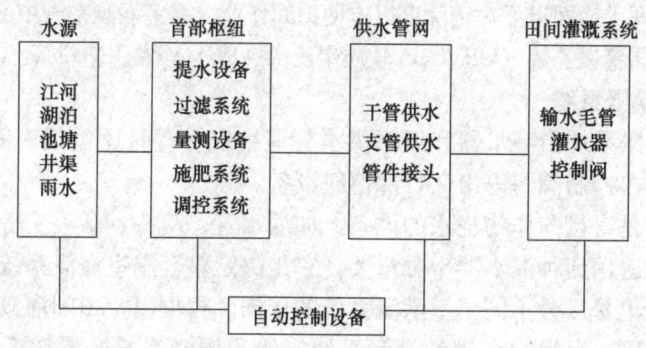

图7-18 温室灌溉系统组成

（一）水源

江河湖泊、井渠沟塘等地表水源或地下水源，只要符合农田灌溉水质要求，并能够提供充足灌溉用水量，均可以作为温室灌溉系统的水源。有多处水源可供选择时，应尽量选择杂质少、位置近的水源，以降低灌溉系统中净化处理设备和输配水设备的投资。水源条件较差时，可考虑通过修建引水、蓄水等工程措施来保证温室灌溉用水的要求。含砂量大的水源，如果采用滴灌、微喷灌等对水质要求高的灌溉系统时，应考虑修建沉淀池去除水中的砂粒等固体杂质，以防灌溉系统的堵塞。温室不能直接利用天然降水，但通过温室屋面收集储存天然降水可用于温室灌溉，而且随着我国水资源越来越匮缺，充分考虑利用天然降水将是一种经济有效的手段。在经济核算的条件下，必要时将海水、城市污水、工厂废水等经过处理也可以作为温室生产的水源。对建设在城市或城市近郊的温室，利用城市中水也将是温室灌溉水源的重要来源之一。

温室供水可在灌溉时直接从水源提取，但更多的是在温室内、温室周围或温室操作间修建蓄水池（罐），以备随时使用，也可防止由于水源短暂的意外中断而影响温室的正常生产。

（二）首部枢纽

温室灌溉系统中的首部枢纽由多种水处理设备组成，用于将水源中的水处理成符合田间灌溉系统要求的灌溉用水，并将这些灌溉用水送入供水管网中，以便实施田间灌溉。完整的首部枢纽设备包括水泵及动力机、净化过滤设备、施肥（加药）设备、测量和保护设备、控制阀门等，有些温室灌溉可能还需要配备水软化设备或水加温设备等。

（三）供水管网

供水管网将经首部枢纽处理的压力水按照要求输送到温室各灌溉单元，以便通过田间灌溉设备实施灌溉。供水管网一般由干管、支管两级管道组成，干管是与首部枢纽直接相连的总供水管，支管与干管相连，为各温室灌溉单元供水，一般干管和支管应埋入地面以下一定深度以方便田间作业。温室灌溉系统中的干管和支管通常采用硬质聚氯乙烯（UPVC）、软质聚乙烯（PE）等农用塑料管。

（四）田间灌溉系统

田间灌溉系统由灌水器和田间供水管道组成，有时还包括田间施肥设备、田间过滤器、控制阀门等田间首部枢纽设备。

灌水器是直接向作物浇水的设备，如灌水管、滴头、微喷头等。在田间灌溉系统中，选用何种灌水器十分重要，它是决定整套温室灌溉系统的性能和价格的关键，也是区分不同温室灌溉系统的依据。根据温室田间灌溉系统中所用灌水器的不同，温室中常用的灌溉系统有管道灌溉系统、滴灌系统、渗灌系统、微喷灌系统、喷雾灌溉系统、潮汐灌溉系统、水培灌溉系统以及自走式喷灌机等多种。

（五）自动控制设备

传统的灌溉方式是人工观察作物生长状况和天气情况，需要灌溉时，手动打开灌溉阀门或接通灌溉水泵进行灌溉，这种灌溉方式工作效率低、劳动强度大，已越来越不能满足现代温室生产的需要。随着技术进步，现代温室灌溉系统中已开始普及应用各种灌溉自动控制设备，如利用压力罐自动供水系统或变频恒压供水系统控制水泵的运行状态，使温室灌溉系统能获得稳定压力和流量的灌溉用水，极大地方便了田间灌溉系统的操作和管理。又如采用时间控制器配合电动阀或电磁阀，能够对温室内的各灌溉单元按照预先设定的程序，自动定时定量地进行灌溉。还有利用土壤湿度计配合电动阀或电磁阀及其控制器，能够根据土壤含水情况进行实时灌溉。

自动控制设备能够自动定时定量地进行灌溉，还能够按照预先设定的施肥配方自动配肥并进行施肥作业，极大地提高了温室灌溉系统的工作效率和管理水平，已逐渐成为温室灌溉系统中的基本配套设备。

四、温室灌溉系统的选用

温室的灌溉方式多种多样，选择最适合特定的温室种植作物的灌溉系统是温室建设灌溉系统设计和配套中首先需要解决的问题。灌溉系统首先要考虑在节约用水的前提下满足种植作物正常生长对水的需要，其次要考虑灌溉系统的造价与建设温室的性能及使用寿命的匹配性，如塑料大棚和日光温室要求灌溉系统应尽量简易，大型连栋温室则要求配置相对高档。从温室形式来选择使用灌溉系统只是初步的，作物在温室中的种植方式才是真正决定选择什么样的灌溉系统的核心。

（一）塑料大棚配套灌溉系统

塑料大棚主要用于冬季耐寒叶菜类栽培及春秋季瓜类、茄果类、甘蓝类蔬菜的早熟栽培，其中叶菜类、甘蓝类蔬菜可使用沟灌进行灌溉，大棚春茬栽培茄果类、瓜类可以采用沟灌或膜下沟灌方式进行，施肥可随水追施或通过穴施到根际来完成。大棚秋延后栽培由于秋季温差大可导致棚内高湿易于诱发病害，最好使用地膜下滴灌进行灌溉，以降低棚室内湿度和维持地温在较高水平。为降低生产成本，亦可选用膜下管带滴灌进行灌溉。追肥可通过施肥器随水施入，也可通过打药防病时从叶片喷施。

这种类型的温室本身投资很低，所种作物的附加值不大，对灌溉系统的要求不高，因此应根据所种作物的类型，选用投资较低的灌溉系统，参见表7-1。

表7-1　　　　　　　　塑料大棚灌溉系统的选用

栽培作物	低档配置	中档配置	高档配置
果菜类作物	管道灌溉	管道灌溉＋微喷带微灌或滴灌带滴灌	管道灌溉＋滴灌带滴灌＋微喷头微喷灌
野菜类作物	管道灌溉	管道灌溉＋微喷带微灌或微喷头微喷灌	管道灌溉＋自行走式喷灌机

（二）日光温室配套灌溉系统

日光温室多用于秋冬茬作物栽培，以秋冬低温季节栽培为主，春夏高温季节一般不再用日光温室进行生产。这种类型的温室本身投资较高，所种作物一般有较高的附加值，因此应根据所种作物的类型选择适中的灌溉系统。为防止低温季节灌溉后温室内湿度过高产生病害，栽培果菜类作物或行栽花卉的日光温室一般都应选配滴灌系统，参见表7-2。

表7-2　　　　　　　　日光温室灌溉系统的选用

栽培作物	低档配置	中档配置	高档配置
果菜类作物、行栽花卉、果树	管道灌溉＋多孔管滴灌或滴灌带滴灌	管道灌溉＋多孔管滴灌或滴灌带滴灌＋微喷头微喷灌	管道灌溉＋滴灌管滴灌＋微喷头微喷灌
野菜类作物、育苗	管道灌溉	管道灌溉＋微喷头微喷灌	管道灌溉＋自走式灌机
盆栽花卉	管道灌溉	管道灌溉＋滴箭滴灌	管道灌溉＋滴箭滴灌＋微喷头微喷灌

（三）连栋温室配套灌溉系统

连栋温室一般都配有比较完善的环境调控设施，投资成本也比较高，因此，多采用周年生产方式，无论秋冬季低温或春夏季高温，连栋温室都可以进行生产。这种类型的温室本身投资很高，温室配套设备齐全，所种作物必须有很高的附加值才能维持其运行费用，因此应根据所种作物的类型，选择优质可靠的灌溉系统，参见表7-3。

表 7-3　　　　　　　　连栋温室灌溉系统的选用

栽培作物	低档配置	中档配置	高档配置
果菜类作物、行栽花卉	管道灌溉＋滴灌管滴灌	管道灌溉＋滴灌管灌＋微喷头微喷灌	管道灌溉＋滴灌管滴灌＋微喷头微喷灌＋喷雾系统＋喷淋系统
野菜类作物、育苗	管道灌溉＋微喷头微喷灌	管道灌溉＋自走式喷灌机＋微喷头微喷灌	管道灌溉＋自走式喷灌机＋微喷头微喷灌＋喷雾系统＋喷淋系统
盆栽花卉	管道灌溉＋微喷头微喷灌	管道灌溉＋滴箭滴灌＋微喷头微喷灌	管道灌溉＋滴箭滴灌＋微喷头微喷灌＋喷雾系统＋喷淋系统

五、常用温室灌溉机械及其选型

（一）滴灌机械

滴灌，顾名思义是将水以水滴的方式浇灌作物。它是通过安装在毛管上的滴头、孔口或滴灌带等灌水器将水一滴一滴地、均匀而又缓慢地滴入作物根区附近土壤中对作物进行灌水。由于滴水流量小，水滴缓慢入土，因而在滴灌条件下除紧靠滴头下面的土壤水分处于饱和状态外，其他部位的土壤水分均处于非饱和状态，土壤水分主要借助毛细张力作用入渗和扩散。在各种灌溉方法中，滴灌是灌水有效利用率最高的先进灌溉技术，是应用最为广泛的一种节水灌溉技术。滴灌技术的优势在温室土壤栽培和无土栽培灌溉施肥应用中得到了充分发挥，为使用者带来了丰厚收益。

应用滴灌系统的好处主要是节水、灌水均匀、节能、土壤和地形的适应性强、增产、省工、方便田间作业等。该系统主要由压力水源、首部过滤、干支线输水网、田间首部（施肥、控制等）和毛管灌水器等几部分组成，如图7-19所示。

灌水器是滴灌系统的关键部件，它的作用是将毛管（最后一级管路）中具有一定压力的水通过各种类型的水路消能，最后将水成滴状均匀而稳定地灌到作物根部附近的土壤中，满足作物生长对水肥的需要。灌水器质量的好坏直接

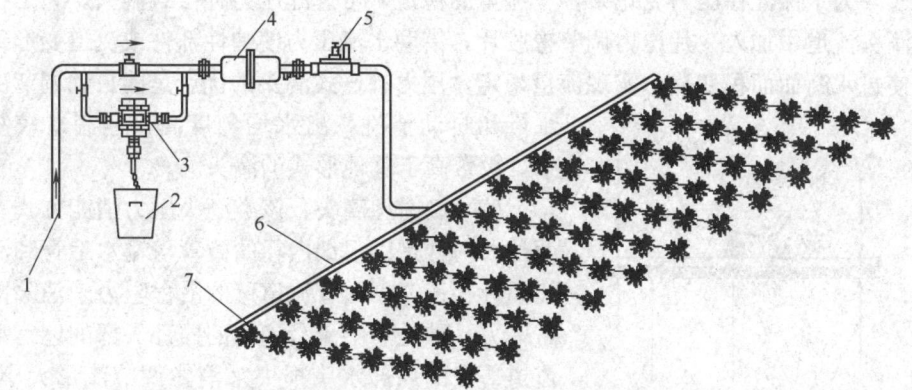

图 7-19 田间滴灌系统示意图
1—有压水源 2—施肥罐 3—施肥泵 4—过滤器
5—电磁阀 6—支管 7—滴灌带（管）

影响到系统的运行可靠性、寿命的长短和灌水质量的高低，在选用之前了解不同灌水器的功能和性能是非常必要的。常用的滴灌灌水器可分为滴头和滴灌管两大类。

1. 滴头

我国常用的滴灌设备按滴头与毛管的连接方式和消能方式主要分为管上式滴头、滴箭型滴头和发丝管滴头。

（1）管上式滴头 也称线上式，安装施工时在毛管上直接打孔，然后将此滴头插在毛管上，如孔口滴头、纽扣管上式滴头、滴箭等。管上式滴头一般是安装在 12~20mm 的聚乙烯（PE）管（毛管）上，常用规格有流量 2.3L/h、2.8L/h、3.75L/h 和 8.4L/h，工作压力为 0.08~0.3MPa。其特点是滴头安装间距可按种植作物的栽培株距任意调整位置，滴头可在工厂安装，也可在施工现场安装。管上式滴头实物图如图 7-20 所示。

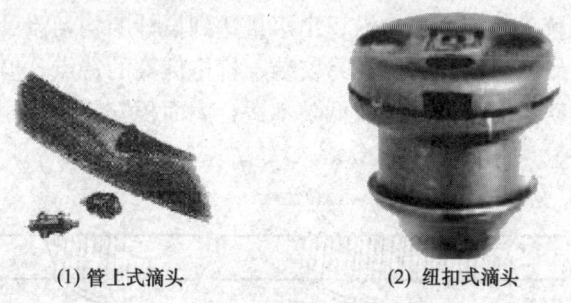

(1) 管上式滴头　　(2) 纽扣式滴头

图 7-20 管上式滴头外观图

为了保证在压力变化条件下流量的稳定，可选配压力补偿式滴头。它是在滴头流道中加入一片压力调节橡胶片，借助水流压力使弹性部件或流道变形致使过水断面面积变化，实现流量稳定。压力补偿式滴头的优点是能自动调节出水量和自动清洗，出水均匀度高，但制造较复杂，投资高于其他形式的滴头。

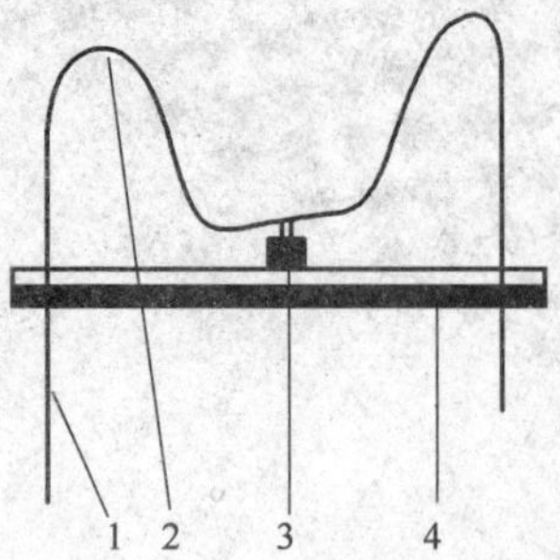

(2) 滴箭型滴头　该类滴头压力消能方式有两种：一种是以很细内径的微管与输水毛管和滴箭插针相连，靠微管流道壁的沿程阻力来消除能量，另一种是靠出流沿滴箭的插针头部的迷宫型流道造成的局部水头损失来消能调节流量大小，其出水可沿滴箭插入土壤的地方渗入。有些滴箭可以与压力补偿式接头连接，保证灌溉量不受压力变化和安装位置的影响。滴箭还可以多头出水，一般用于盆栽作物或无土栽培，如图 7-21 所示。微管出水的水流以层流运动的成分较大，层流滴头流量受温度影响，在夏季昼夜温差较大的情况下，流量差有时可达 20% 以上，如表 7-4 所示。

图 7-21　二分头滴箭组件示意图
1—滴箭插件　2—微管　3—压力初偿式接头　4—毛管

表 7-4　　　　　　　　　国产压力补偿式滴头性能

压力/MPa	0.08	0.12	0.18	0.22	0.30
流量/(L/h)	3.91	4.41	4.75	4.71	4.43

(3) 发丝管滴头　该类滴头是把一种内孔直径为 0.8~1.5mm 的聚乙烯塑料细管（发丝管），按供水压力和需要截成一定长度的出水管（一般长为 10~30cm）。使用时一端插入打好孔的毛管中，然后将软管缠绕到毛管上，形成螺纹流道，并把软管的另一端固定在毛管上，形成滴头，如图 7-22 所示。当毛管内具有压力的水流通过发丝管时，由于沿程阻力损失，逐渐消耗掉了压力水流所具有的能量，使压力水变成水滴流出灌溉作物。用调节软管长度的方法控制出水流量，使整个毛管沿程出水量达到设计的均匀流量。这种产品是最原始的滴灌产品，具有简单、容易安装、价格低廉的特点，但安装时需要现场打孔插管，劳动强度较高，工效低，不适合大面积安装使用。常用发丝管的产品规格见表 7-5。

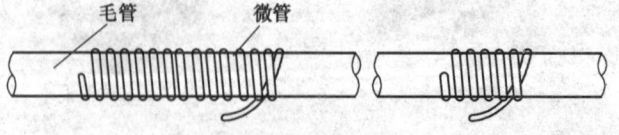

图 7-22　发丝管示意图

表 7-5　　　　　　　　　　　聚乙烯发丝管产品规格

内径/mm	内径公差/mm	壁厚公差/mm	近似质量/(g/m)
2.0	±0.05	0.7±0.05	9.5
1.5	±0.05	0.65±0.05	7.0
1.2	±0.05	0.6±0.05	5.5
1.0	−0.10	0.6±0.05	5.0

2. 滴灌管（带）

随着制造技术的发展，为了降低制造和施工成本，提高生产效率，人们开发了滴灌管（带）。它是将滴头与毛管在制作过程中组装成一体的管状或带状灌水器，有滴灌带和滴灌管两种，其中管壁较薄（一般小于0.4mm）、出水口在管壁打孔或直接在结合缝处热合成流道或成双壁管，以及在出水口装有片状滴头等，可压扁成带状的称为滴灌带（图7-23）；管壁较厚（一般大于0.4mm）、管内装有专用滴头的称滴灌管（图7-24）。内镶贴片式迷宫滴灌带的管壁厚度介于其他滴灌带和内镶管式滴灌管之间，其性能和特点弥补了其他两类滴灌管、滴灌带的缺陷，它的出现，使滴灌产品形成了高中低档系列产品，供用户选用。

　　　　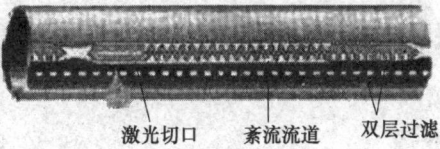

(1) 边裙迷宫式滴灌带　　　　　(2) 内镶贴片式滴灌带

图 7-23　内镶式滴灌带

滴灌带体积小，便于运输安装，一次性投资低，但铺设时不能弯曲，而且使用寿命较短。特别是边裙迷宫式滴灌带使用一段时间后，由于老化，容易在边裙位置发生迸裂，所以最适合一次性应用。滴灌管一次投资较高，但使用寿命长，一般抗堵塞性能和出水均匀性均高于滴灌带。国产滴灌管、滴灌带的规格、性能见表7-6至表7-11。

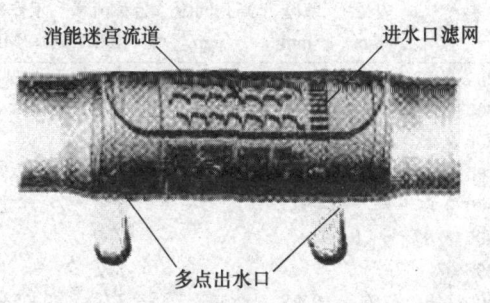

图 7-24　内镶式滴灌管（迷宫式）

表 7-6　　　　　　　　　　　　国产内镶式滴灌管规格性能

管径/mm	壁厚/mm	长度/(m/卷)	滴头间距/m	工作压力/MPa	流量/(L/h·m)	铺设长度/m
φ16/φ14.8	0.6	500	0.3/0.5/1.0	0.05/0.10/0.15	2.4/3.1/3.6	100
φ15	—	400	0.3～0.8	0.1～0.2	—	160
φ16	0.6	500	0.3/0.4/0.5	≤0.25	2.3/3.75	70～100
φ16	0.4	1000	0.3/0.4/0.5	≤0.2	2.3/3.75	—
φ16	0.2	2000	0.3/0.4/0.5	≤0.1	2.3/3.75	—
φ12	0.4	2000	0.3/0.4/0.5	≤0.2	2.3/3.75	—

表 7-7　　　　　　　　　　　　内镶式滴灌管产品系列

规格	内径/mm	壁厚/mm	滴头间距/m	公称流量/(L/h)	工作压力/MPa	流量公式/(L/h)	每卷滴灌管长度/m
300-2.3	16、20	0.2、0.4	200、300	2.3	0.05～0.12	$Q=0.764H^{0.97}$	2000
300-2.5			400、500	2.5		$Q=0.755H^{0.52}$	

表 7-8　　　　　　　　　　　　国产迷宫式滴灌带规格性能

管径/mm	壁厚/mm	长度/(m/卷)	滴头间距/m	工作压力/MPa	流量/(L/h·m)	铺设长度/m
φ15	—	500	0.25	0.02～0.08	2～6	100
φ16	0.2	500	0.3/0.4/0.5	0.1	2.7	70
φ16	0.2/0.4	—	0.3	0.5～1.5	2.1～3.3	70
φ12	0.4	—	0.3	0.5～1.5	2.1～3.3	70
φ15.9	0.1	—	0.3/0.2	0.25～0.7	3.7	150/130
φ15.9	0.2	—	0.6/0.3	0.25～1.0	3.7	200/150
φ15.9	0.4	—	0.6/0.4	0.25～1.0	3.7	200/150

表 7-9　　　　　　　　　　　　单翼迷宫式滴灌带系列产品

规格	内径/mm	壁厚/mm	滴孔间距/mm	公称流量/(L/h)	工作压力/MPa	流量公式/(L/h)	每卷滴灌管长度/m
200-2.5	16	0.18	200	2.5	0.05～0.1	$Q=0.658H^{0.58}$	2000
300-1.8	16	0.18	300	1.8	0.05～0.1	$Q=0.452H^{0.60}$	2000
300-2.1				2.1		$Q=0.528H^{0.60}$	
300-2.4				2.4		$Q=0.603H^{0.60}$	
300-2.6				2.6		$Q=0.653H^{0.60}$	
300-2.8				2.8		$Q=0.703H^{0.60}$	
300-3.2				3.2		$Q=0.804H^{0.60}$	
400-1.8	16	0.18	400	1.8	0.05～0.1	$Q=0.432H^{0.62}$	2000
400-2.5				2.5		$Q=0.600H^{0.62}$	

注：H 为滴灌管或渗灌管中的水流压力，单位为 kPa，如 $Q=0.658H^{0.58}$，该关系式说明流量 Q 与水压 H 之间为幂次关系，幂次指数为 0.58。

表 7-10　　　　　　　　　　单翼迷宫式滴灌带工作参数

规格	铺设长度/m	平均滴头流量/(L/h)	滴灌带进口流量/(L/h)
200-2.5	87	2.0	870
300-1.8	124	1.4	578
300-2.1	116	1.6	618
300-2.4	107	1.9	676
300-2.6	102	2.1	714
300-2.8	96	2.3	736
300-3.2	85	2.7	764
400-1.8	154	1.4	539
400-2.5	130	2.0	650

注：工作状态为进口压力 0.1MPa、零坡度、灌水均匀系数 90%。

表 7-11　　　　　　　　　　内镶式滴灌管工作参数

规格	铺设长度/m	平均滴头流量/(L/h)	滴灌带进口流量/(L/h)
300-2.3	123	1.5	615
300-2.5	110	2.0	732

注：工作状态为进口压力 0.1MPa、零坡度、灌水均匀系数 90%。

3. 渗灌管

渗灌是利用埋于地表下开有小孔的多孔或微孔管道，使灌溉水均匀而缓慢地渗入作物根区地下土壤，借助土壤毛细管力的作用而湿润土壤的一种灌溉法。

渗灌出水也是以滴状出水，其应用模式也与滴灌系统类似，故在此也并入滴灌的行列。渗灌管是渗灌系统的关键部件，它是在管壁上无规则地分布着毛细微孔，如图 7-25 所示。

渗灌系统首部的设计和安装方法与滴灌系统基本相同，所不同的是渗灌毛管对于空气的通透较差，需要在渗灌毛管尾部安置

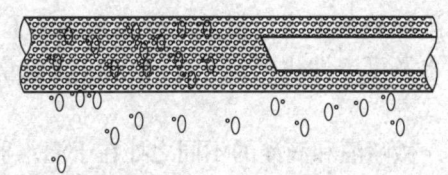

图 7-25　渗灌管示意图

排气装置，一般是将尾部串联起来后与排气阀相连。另外一点不同的是：地埋渗灌管渗水量的主要制约因素是土壤质地和渗灌管的入口压力，所以渗灌系统运行时的主要控制条件是流量，而滴灌系统完全是通过调节压力来控制流量。

渗灌与滴灌的区别在于出水点分散，无规律，管孔大小不一。渗灌工作压力低，一般为 10~50kPa，出流量为 1~5L/h·m。渗灌对水质要求高（过滤器要求配置 250 目以上的），抗堵塞能力较差。另外，渗灌系统因堵塞或虫咬等因素破坏后，不能及时发现。近年来，随着工业技术的发展，国外的渗灌技

术有了很大的进展。我国虽已起步，但与发达国家的差距还很大。目前应用的渗灌管种类较少，实际应用的技术手册和配套产品亦不完备。国产渗灌管的规格性能如表7-12和表7-13所示。

表7-12　　　　　　　国产渗灌管（Φ20）渗水量参考表　　　　　　单位：L

压力/MPa	长度/m						
	1～10	11～20	21～30	31～40	41～50	51～60	91～100
0.1	3.88	3.78	3.73	3.53	3.50	3.30	1.50
0.2	4.83	4.60	4.31	4.06	4.00	3.71	2.31
0.3	5.08	4.81	4.63	4.41	4.29	4.15	3.30

表7-13　　　　　　　　　　渗灌管规格性能

渗灌内径	壁厚	土壤湿润半径	最大安装长度	出水率	工作压力
9.5mm	2.6mm	50～65cm	180m	0.7～1.6L/(h·m)	0.6～0.8MPa

渗灌主要适用于空气湿度要求较低的作物栽培中应用，其埋置深度根据作物的根系分布深度确定，可参考表7-14。

表7-14　　　　　　　　　渗灌管的埋设深度参考值　　　　　　　单位：cm

作物	草莓、春菊、西瓜、菠菜、韭菜、生姜、葱等	黄瓜、茄子、番茄、青椒等	菊花、玫瑰、康乃馨、草坪等	果树
埋深	5～30	20～40	10～30	20～60

（二）微喷灌机械

滴灌技术一般是将水灌溉到作物的根部，如果需要在作物叶面喷洒水分或湿润种苗土壤，就需要微喷来解决了。微喷灌是通过管道系统利用微喷头将水及可溶性化肥或化学药剂以微流量喷洒在枝叶上或地面上的一种灌水形式。

微喷灌和滴灌的不同之处在于灌水器由滴头改为微喷头，滴头是靠自身结构消耗掉毛管的剩余压力，而微喷头则是用喷洒方式消耗能量。微喷灌的湿润面积比滴灌大，这样有利于消除含水饱和区，使水分能被土壤随时吸收，改善了根区通气条件，同时会使土壤表面增加蒸腾，降低室内温度。这样一方面可以调节田间小气候，但另一方面在温室、大棚中使用又会造成湿度增加，若不能及时通风，则易发生病虫害。

1. 微喷头的分类及结构

微喷灌灌水器简称微喷头。微喷头品种较丰富，主要有折射式和旋转式，每个系列有多种喷嘴和多种喷洒形式，并且方便装拆和清洗。形态功能各异的微喷头，品种规格不胜其繁，但以水源压力来分，可分为高压（>0.3MPa）和低压（<0.3MPa）两类。从温室大棚应用角度来划分，目前常用的微喷头以低压为主，有折射式、旋转式、离心式三种主要类型。

（1）折射式微喷头　折射式微喷头是使微喷头喷嘴喷出的水柱撞击到分水面后，被破碎成微小水滴后洒向空间。这类微喷头在喷洒图形上可以不同，如水的喷洒可呈全圆、伞形、条带状、放射状或呈雾化状态等。在喷嘴的结构上可以是孔状、缝篱状或其他几何形状。其共同特点是：

① 水滴的尺寸小，射程近；

② 雾化程度相对较高；

③ 降雨强度较大（专用雾化喷头除外）；

④ 降水范围内降水特性曲线的分布常呈近似的三角形；

⑤ 结构简单，造价低廉，流道变化较多，互换性强，适用范围广。

图 7-26 给出了几种不同的折射微喷头外观及喷洒示意图。

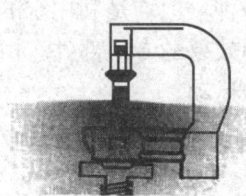 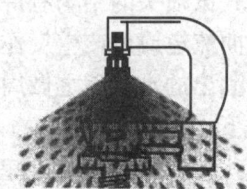 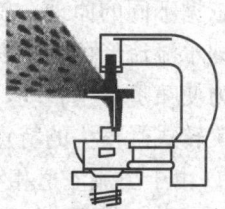

(1) 雾化折射微喷头　　　(2) 线状折射微喷头　　　(3) 180°折射喷头(半圆)

图 7-26　折射式微喷头

（2）离心式微喷头　离心式微喷头是指能使水流在喷出喷嘴之前，经微喷头内设的流道或利用偏心作用使水流产生旋转并以此状态喷洒出去。水源压力为高压设计时，雾化效果很好，主要用于喷灌、增加湿度和温室降温。喷头型式及应用情况如图 7-27 和图 7-28 所示。

(1) 防滴雾化微喷头组合　　　　　　　(2) 雾化喷头及原理图

图 7-27　雾化微喷头

(1) 高压雾化喷头　　　　　　　　(2) 高压超细雾喷头

图 7-28　高压雾化喷头

（3）旋转式微喷头　旋转式微喷头的主要特征是微喷头中设有运动部件，辅助水流呈束状喷出并产生旋转。旋转式微喷头的喷洒图形一般为圆形或扇形。依据不同的原理，旋转式微喷头的结构有许多种，但均是利用水的反作用力，即水流流经可转动的弯曲流道或可产生反作用效果的专用部件，由水的反作用力使喷嘴产生转动，喷洒出的水束随之做周向运动。

旋转式微喷头的特点如下：

① 由于出流流道相对较长，可有较远的射程；

② 由于水束做周向运动，使得降水强度大大降低。

通过对出流流道的专门设计，可以获得不同的降水曲线和满足不同的用途，从而获得较高的均匀度。由于旋转式微喷头有旋转运动部件，对喷嘴尺寸与精度要求高，从而对旋转轴及与其配合的固定部件材料的抗磨性能提出较高的要求。目前在实用中比较有代表性的几种旋转式微喷头如图 7-29 所示。

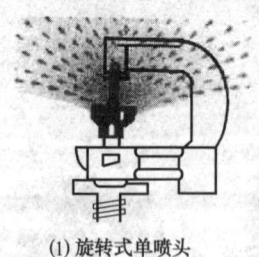 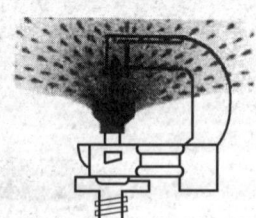 

(1) 旋转式单喷头　　　(2) 旋转式双向喷头　　　(3) 悬挂旋转式喷头

图 7-29　旋转式微喷头

2. 微喷头的组成

微喷头（折射式、旋转式）有多种安装使用方式，可用螺纹直接固定在输水支管（PE）上，也可以组装成组合体后再与输水支管连接。下面以常用的扦插式微喷头为例进行介绍。

地面扦插式微喷头组合体如图 7-30 所示，一般由以下 7 个部分构成。

(1) 接头　用于微喷头引水管与地面(或地下) 毛管的连接 (一般直径为 4mm)。

(2) 连接管　用于将水从毛管引至微喷头。一般直径 (内径) 为 4mm 或略大，通常用聚氯乙烯、聚乙烯添加防老化材料制成。

(3) 支撑杆　用于将微喷头支撑在地面上一定高度 (一般在 35～50cm)。

(4) 转换接头　用于将微喷头与支撑杆连接管连接在一起。

(5) 喷头体　喷头体通常是一个综合部件，可起连接支撑杆、连接管以及固定喷嘴和分流器的作用。

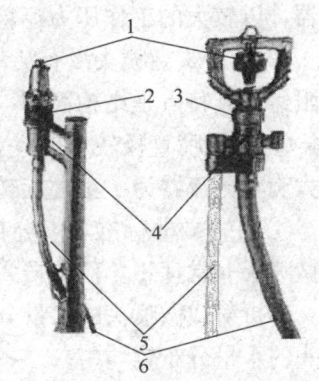

图 7-30　扦插式微喷头
1—分流器　2—喷头体　3—喷嘴
4—转换接头　5—支撑杆
6—连接管

(6) 喷嘴　喷嘴是微喷头的关键部件，过去有些产品往往将其做成喷头体的一部分，以降低造价，但近几年来微喷头的研制与应用表明，将喷嘴单独做成一个零件更为合理。一方面可以选用高标准的材料，保证微喷头长期使用过程中保持基本不变的水力性能；另一方面不同喷嘴之间可灵活更换，更加方便不同情况的应用。

(7) 分流器　分流器是改变水流方向或同时产生水束旋转作用的零件，分为旋转分流器 (用于旋转式微喷头) 和固定分流器 (用于折射式微喷头)。分流器也是微喷头的关键零件，它对微喷头的洒水特性有很大的影响。因此，近几年来应用较多的微喷头类型都将分流器设计成可更换的标准件，使一个喷头体可以通过不同的喷嘴和不同分流器的组合，形成多种多样的洒水特性，供用户选用。

悬挂式微喷头组合体 (如图 7-31 所示) 与地面扦插式微喷头组合体不同的是没有支撑杆，而增加了重锤管，有时为了防止停止灌溉后管内余水由悬挂式微喷头滴出，还可在微喷头前选装防滴器。

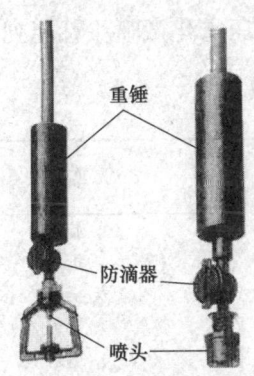

图 7-31　悬挂式微喷头

3. 折射式微喷头与旋转式微喷头的比较与选择

折射式微喷头与旋转式微喷头尽管都属于同一类灌水器，但却具有不同的特性。

① 折射式微喷头喷洒的水滴较小，这就是其射程有限以及压力增大时趋向于喷雾的原因。旋转式微喷头的水滴大，射程远，但如没有抗雾化装置或调

节器，以较大的工作压力运行时，也可能产生雾化效果。

② 折射式微喷头没有活动部件，不像旋转微喷头那样易于受到草等杂物的阻碍。其特点是结构简单，造价低。

③ 在喷嘴直径较小时，折射式微喷头和旋转式微喷头都可以低压运行。但大旋轮分流器为了正常旋转，需要的喷嘴直径均不能小于1.1mm。

④ 在需要非标准水量分布的场合（如条状、扇形、雾化喷洒），使用折射式微喷头非常理想，而旋转式微喷头只能产生全圆喷洒图形。

⑤ 折射式微喷头的水量分布均匀度有时很差，且水分易于飘移；旋转式微喷头的水量分布较均匀。

⑥ 小角度散水器的折射式微喷头射程较近。

⑦ 折射式微喷头不可能实现小灌水强度。如要求的灌水强度较低，应使用旋转式微喷头。

⑧ 在不更换喷嘴及改变工作压力的条件下，旋转式微喷头可通过更换分流器来增大湿润直径。折射式微喷头要达到这一效果，必须更换大喷嘴，有时需增大压力。

⑨ 折射式微喷头的最大特点是可以倒装喷洒。这个特点被应用于温室内，支管悬在半空中，凸形的喷洒器变成凹形喷洒器，增大了湿润直径。

⑩ 为避免渗漏损失，使用折射式微喷头要求频繁的灌溉，灌水周期短。

⑪ 折射式微喷头的降雨强度与喷嘴大小、湿润直径和工作压力关系不大。

旋转式微喷头和折射式微喷头在喷洒覆盖内的水量分布是不均匀和不一致的，选用时，要参考生产厂家提供的技术资料，根据具体应用需要灌溉量和覆盖范围、作物品种、栽培方式等情况而定。

部分微喷头产品规格性能如表7-15所示，部分高压雾化微喷头性能列于表7-16。

表7-15　　　　　　　　部分微喷头产品规格性能

规格	工作压力/MPa	流量/(L/h)	喷洒直径/m	喷洒强度/(mm/h)	备注
WPX60-150	0.2	65	6.5	—	旋转
WPZ30-100	0.15	38	3.6	—	折射
WP-1	0.1	36.2	1.32	5.9	折射
WP-2	0.1	61.7	1.45	7.3	折射
WP-3	0.1	53.6	1.46	6.2	折射
WP-61	0.1	60	1.5	14.3	折射
5415	0.2	72	3.0	—	旋转
5414	0.2	72	2.5	—	折射
5412	0.2	72	1.5	—	防虫旋转
5411	0.2	72	1.0	—	折射

表 7-16		高压雾化微喷头性能		
规格、型号	雾滴直径/μm	喷雾射程/m	工作压力/MPa	流量/(L/h)
9WX-Ⅰ	≤100	4	1.5~2.5	1~1.4
9WX-Ⅱ	≤50	3	3	0.5~0.8

(三) 行走式喷灌机

20世纪90年代，随着我国温室产业的快速发展，温室生产也从单一的蔬菜栽培发展为花卉栽培、果树栽培、育苗等多种生产形式，从而对温室灌溉设备提出了更高的要求。这样，温室行走式喷灌机有了快速的发展。目前行走式喷灌机（如图7-32所示）主要用于温室中要求灌溉喷洒均匀度很高的盆栽和袋栽作物、穴盘育苗等。

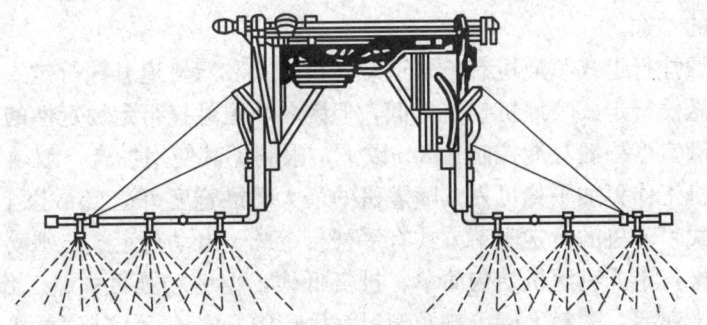

图 7-32　行走式喷灌机示意图

通常固定式微喷灌系统的喷洒水滴落在地表面时，分布不够均匀，还需要通过这些滴落水在土壤中的进一步扩散，才能达到喷洒水均匀分布到各处的作物。但在盆栽和袋栽作物、穴盘育苗等生产中，由于盆、袋、穴盘等栽培容器的限制，固定式微喷灌系统中滴落在地面的喷洒水无法进一步扩散，导致灌溉水不能均匀分布。因此，这些采用容器栽培的温室生产中无法依靠普通的固定式微喷灌系统进行灌溉。

行走式喷灌机能够通过微喷头的密集排列使滴落在地面上的喷洒水达到理想的分布均匀度，直接喷洒就能获得良好的灌溉效果，因此特别适合采用容器栽培以及需要高喷洒均匀度的温室生产使用。温室行走式喷灌机一般采用喷洒水能均匀分布、且水滴大小基本一致的低射程微喷头，如缝隙式微喷头、离心式微喷头、涡流式微喷头等。性能优良的温室行走式喷灌机喷洒水在地面分布的均匀度应在90%以上（普通固定式微喷灌系统喷洒水在地面分布的均匀度仅为70%左右）。此外，由于行走式喷灌机可以获得很高的喷洒均匀度，在温室生产中还可以通过配备注肥或加药装置，利用行走式喷灌机对温室作物进行均匀的施肥或喷药作业，不仅可以大大减轻劳动强度，还可以提高肥、药的利用率，减轻温室的环境污染。因此，行走式喷灌机正越来越多地应用在现代温室生产中。

1. 行走式喷灌机的分类及特点

温室行走式喷灌机通常在专用的移动轨道上行走进行喷洒作业，这样可以避免喷灌机运行过程中发生偏移而与温室结构发生碰撞的问题。

依据喷灌机轨道的安装位置可将温室行走式喷灌机分成地面行走式喷灌机和悬挂行走式喷灌机两种。地面行走式喷灌机的移动轨道安装在地面，具有投资低、遮光少、安装方便等优点，但存在着占地面积大、影响温室其他作业等缺点。悬挂行走式喷灌机的移动轨道固定在温室的桁架上，虽然采用这种喷灌机要求温室本身强度高，且安装复杂、投资较高，但因其不占用温室有效生产面积、不影响温室其他作业等优点，已经成为生产水平较高的连栋温室中行走式喷灌机的首选。

温室悬挂行走式喷灌机有单轨道悬挂行走式和双轨道悬挂行走式之分。采用单轨道悬挂行走式喷灌机投资更低，但因单轨道悬挂行走稳定性的限制，喷灌机的喷洒宽度一般只能控制在8m以下，限制了其使用场合。双轨道悬挂行走式喷灌机工作更加平稳可靠，喷灌机的最大喷洒宽度可达15m以上。

行走式喷灌机的行走驱动方式有手推行走式、电动行走式、水动行走式等多种。手推行走式喷灌机结构简单、投资低廉，但劳动强度大、工作效率低，多用于日光温室、塑料大棚等普及型温室生产中。水动行走式喷灌机一般只用于电力供应不能保证的地方，但需要注意的是水动行走式喷灌机工作时需要消耗灌溉系统的供水压力，对喷洒效果有一定的影响。电动行走式喷灌机工作灵活方便、可靠性高，且易于实现自动控制，因此是目前在各种温室中应用最多的一种温室喷灌机。各种行走式喷灌机的分类如图7-33所示。

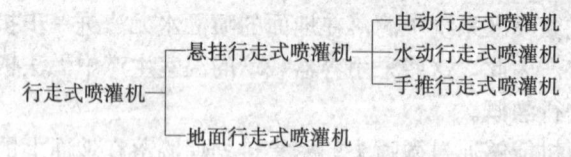

图7-33 温室行走式喷灌机类型

温室行走式喷灌机停止工作时，由于其供水管道内残留水及水压的存在，微喷头中有可能产生持续滴水现象，这对处于开花授粉期的作物生长存在一定威胁，因此温室行走式喷灌机一般应选用有防滴漏功能的微喷头。此外，为适应作物不同生长期的灌溉要求，满足利用喷灌机施肥或喷药的要求，通常为温室中使用的喷灌机配备多种不同喷洒效果的微喷头。

2. 几种典型温室行走式喷灌机

（1）地面行走式喷灌机　主要技术参数为供水压力0.1～0.2MPa，供水流量1500L/h，最大喷洒宽度8m，最大喷洒行程100m。

该喷灌机的移动轨道固定在地面上，喷灌管通过支架固定在移动小车上，工作时接通水源，人工推动喷灌机即可进行灌溉。该喷灌机的喷灌管高度可在一定范围内调整，两边喷灌管设有单独的控制开关，可分别进行灌溉，同时选用流量可调式喷头，以满足不同生长期的作物灌溉要求。

该喷灌机结构简单合理，投资低廉。但由于喷灌机移动时需要在地面上拖动供水管一起移动，因此劳动强度大，供水管容易受损伤，使用寿命短。

(2) 单轨悬挂水动行走式喷灌机　主要技术参数为供水压力0.15～0.2MPa，供水流量2000～3000L/h，运行速度3～7m/min（与供水压力和流量有关），最大移动距离100m，最大喷水宽度8m，整机质量约30kg（不含水）。

工作时接通供水水流，喷灌机就开始行走和灌溉。喷灌机运行到温室端头时，可自动转换运动方向，向反方向运行。需要喷灌机停止灌溉时，关闭供水水流即可。在喷灌机运行中，也可以人工改变喷灌机的运行方向。供水管和水力驱动的行走机构悬挂在单根轨道上，供水管提供的灌溉水先进入行走结构，从而驱动喷灌机的行走，然后流入行走机构下部的过滤器和喷灌管中进行灌溉。

该喷灌机直接在喷灌管上加工喷水微孔进行喷洒作业，其喷洒水柔若细雨，可广泛应用于温室中的育苗和作物栽培，具有节约能源、造价低、使用方便等特点。

(3) 双轨悬挂行走式喷灌机　机型为PG-Ⅰ型双轨悬挂行走式喷灌机的实物应用如图7-34所示。

图7-34　双轨悬挂行走式喷灌机

其主要技术参数为供水压力 0.2～0.3MPa，供水流量 2000～5000L/h，3 种喷嘴的流量分别为 136L/h、90L/h、45L/h，运行速度 4～12m/min（无级调速），最大移动距离 65m，最大喷水宽度 15m，每台最佳控制面积 2000m^2，整机质量约 70kg（不含水）。

该喷灌机采用减速电机驱动，可通过变频控制系统调整喷灌机的运行速度。喷灌机悬挂在温室上部由两条镀锌钢管组成的运行轨道上，供水管和供电电缆通过轨道上的悬挂滑枪垂吊在运行轨道上，并可随喷灌机的前后移动而伸展或收拢。喷灌管上每个喷头均采用含 3 个不同流量和雾化程度的喷嘴，可根据灌溉要求选用合适喷嘴。每次启动喷灌机自动往返运行一次后自动停止运行，等待下一次的启动。喷灌机的前进和返回速度可分别设定。喷灌机左右两侧的喷灌管分开控制，可预先设定两侧喷灌管在喷灌机运行时是否进行喷灌作业。也可在喷灌机运行时，人工控制按钮转换喷灌管的工作状态，从而达到精确灌溉、节约用水的目的。

连栋温室中使用这种喷灌机时，可在温室一端增设转移轨道，使喷灌机连同供水管和供电电缆一起转移到下一跨温室中进行灌溉（如图 7-35 所示），这样利用一台喷灌机就可实现多跨温室的灌溉，从而降低设备的投资。

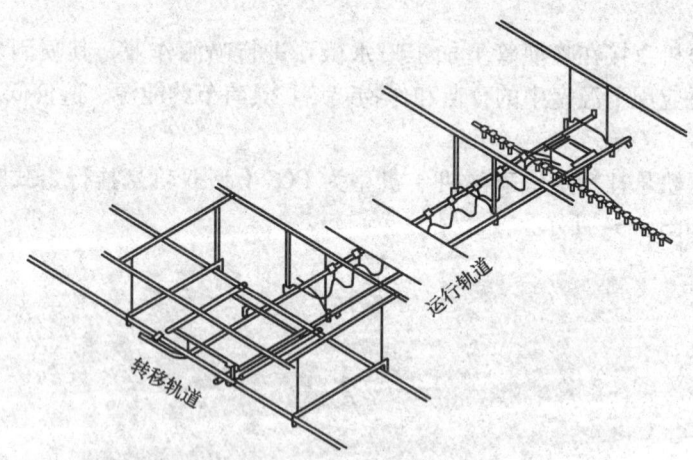

图 7-35 悬挂行走式喷灌机运行及转移

目前，双轨悬挂行走式喷灌机已经研究出第二代机型。第二代 PG-Ⅱ型喷灌机具有更多的优点。

PG-Ⅱ型采用微电脑编程控制技术，带液晶显示屏（LCD）的控制器，可轻松启动喷灌机进行灌溉，也可预先设定重复灌溉时间自动启动喷灌机进行灌溉。

喷灌管上每个喷头均采用含三个不同流量和雾化程度的喷嘴，可根据灌溉要求轻松选用合适喷嘴。安装在轨道上的供水转换磁性贴可改变两侧喷灌管的工作状态，在温室走道两边安装两个供水转换磁性贴，可使喷灌机经过走道时停止喷水，以保持室内清洁。

(4) ITS 自行走式喷灌机　机型为 ITS 顶级型自行走式喷灌机的实物应用如图 7-36 所示。

图 7-36　ITS 顶级型自行走式喷灌机

主要技术参数为供水压力 0.2～0.3MPa，供水流量 2000～5000L/h，3 种喷嘴的流量分别为 136L/h、90L/h、45L/h，运行速度 1.5～30m/min（无级调速），最大移动距离 121m，最大喷水宽度 15m，每台最佳控制面积 3000m^2。

ITS 系列温室自行走式喷灌机种类很多，按喷灌机的轨道方式可分成单轨道悬挂行走式和双轨道悬挂行走式两种；按喷灌机的控制方式分成基本型、顶级型、经济型三种；按喷灌机在不同跨之间的转移方式分成人工转移和自动转移两种；按喷灌机供水管的悬挂方式分成垂管悬挂（端部供水）和平管悬挂（中间供水）两种。

垂管悬挂方式的供水管通过轨道上的悬挂滑轮垂吊在温室中，这种方式的优点是安装方便，供水管和供电电缆可随喷灌机一起转移到下一跨中进行灌溉，因此设备投资较低。但这种方式限制了供水管的使用长度，即限制了喷灌机的行程，且垂下的供水管有可能影响植物的生长。平管悬挂方式的供水管通过盘卷小车平铺悬挂在轨道两侧的滑轮上，这种方式的优点是美观实用，供水管不影响温室生产，允许喷灌机有较大的行程，喷灌机工作平稳安全。但这种方式供水管和供电电缆无法随喷灌机一起转移到下一跨中进行灌溉，因此设备投资较高。

ITS 顶级型自行走式喷灌机能够实现以下控制功能：

① 采用微电脑编程控制喷灌机的运行。带液晶显示屏的手持悬挂式编程器，利用滚动编程菜单使每个编程参数都能在屏幕上显示，并方便地用按键技能型编制设定，手持悬挂式编程器能够从喷灌机上拆除，以防止无关人员随意改动灌溉程序。同时可以使用一只编程器对多台喷灌机编程，以节约成本。

② 一台喷灌机最多可编制 50 个灌溉程序，能控制 50 个灌溉区。编程时根据"行走距离"或"磁性贴位置感应"设定灌区。采用一台喷灌机就可以满足统一温室中多种作物的灌溉要求，每个灌区可以根据独立的灌溉程序自动实施灌溉作业。每个灌溉程序有独立的启动时间、停止时间、重复灌溉时间、灌溉次数、喷灌机运行速度和喷灌阀门控制，可以通过编程让一个编程程序连续运行多天，或让一个灌溉程序从某一天开始工作。同时，也可以让一个灌溉程序间隔 1d、2d 或几天进行灌溉工作。

③ "停下灌溉模式"可更好地浇灌蓄水量大的作物。通过编程，可任意让喷灌机在大容量的花盆或育苗盘上方停止，进行一定时间的静止灌溉，然后喷灌机自动移动到下一行的上方停止，再进行一定时间的静止灌溉，如此反复进行，以满足某些作物浇大水的要求。

④ 喷灌机上配有"慢行"控制盒，必要时可用该控制盒手动操作喷灌机的运行。该控制盒设有"暂停"、"紧急制动" 2 个按钮以制动喷灌机。其中，"暂停"的时间通过预先编程设定，如果喷灌机被"暂停"后到了预先设定的暂停时间，喷灌机将自动恢复被"暂停"的灌溉工作。这就能够避免操作人员暂停喷灌机运行后，忘记去恢复喷灌机的工作，从而影响作物生长的可能性。

⑤ 配有故障诊断模式，可手动检测手动继电器和控制盒上的按钮，这对及时发现和处理喷灌机的故障很有帮助。"出错记录"将对喷灌机出现的错误进行跟踪记录。如果操作人员进入温室中发现喷灌机没有按照预期的方式工作，检查"出错记录"就会知道喷灌机的错误是何种类型、发生在什么地方。

⑥ 喷灌机可以安装 2 个喷灌管，一个用于普通喷灌，一个用于雾化喷灌，可以根据使用要求在编程中选择采用哪种喷灌。这使在同一温室中既生产小苗，又使生产其他作物的灌溉作业十分方便。小苗可以采用安装雾化喷嘴的喷灌管灌溉，其他作物可用安装普通喷嘴的喷灌管灌溉，这就避免了人工更换喷嘴或对需水量大的作物进行补充灌溉的麻烦。

温室自行走式喷灌机通常还配有施肥或加药设备，以便利用其对作物进行施肥或喷药作业。同时采用可更换喷嘴的微喷头，可根据作物或喷洒目的不同选择合适的喷嘴进行喷洒作业。此外，喷灌机上所用喷头也必须有防滴器。由于投资较高，温室自走式喷灌机多用于穴盘育苗、观叶性花卉栽培等有特殊灌水要求的温室生产中。

ITS系列温室自行走式喷灌机技术先进、性能可靠、价格合理，是目前国内连栋温室中应用最多的进口喷灌机。

（四）薄壁多孔管微灌

薄壁多孔管微灌是在可压成平带的薄壁塑料管的管壁上加工出呈现一定规则分布、直径一般在1mm以下的众多小孔，当管道中充满水时，水就从这些小孔中喷出，对周边作物实施灌溉。目前我国已有许多厂商开始研制、生产和销售各种形式的薄壁多孔管微灌产品，从而使该技术在我国的普及推广进入了快速发展时期。

薄壁多孔管微灌与其他微灌技术相比，具有以下优点：投资较低、抗堵塞性能好、工作压力低、耗能少、规模可大可小、安装使用方便、能够实现滴灌与微喷灌的转换等优点。其主要缺点：一是由于工作压力低，不能在坡度较大的地面使用，否则灌水均匀度不好；二是由于其流量较大，多孔式滴灌带或喷水带的使用长度较短，在取水点很少的地方采用这一技术有可能增加微灌系统的投资。

我国的薄壁多孔管微灌技术是在日光温室、塑料大棚中成功应用后而发展起来的。由于温室、大棚中的特殊环境及要求，除了采用微灌技术外，再没有其他更好的方法。温室、大棚中种植茄类、瓜类、绿叶菜类等蔬菜，以及花卉、蘑菇等采用薄壁多孔管微灌效果十分突出。

1. 薄壁多孔管的分类

从用途上分，多孔管一般分为多孔式滴灌带、多孔式喷水带两大类；从每组出水小孔的数量上则可分为单孔式滴灌带、双孔式滴灌带、三孔喷水带、五孔喷水带和其他孔数的多孔式喷水带；按多孔管的结构分，有压边式多孔管和普通多孔管；按小孔加工形式分，有机械打孔多孔管和激光打孔多孔管；按多孔管的管材分，有吹塑管和编织管。

薄壁多孔管多采用圆形出水小孔，孔径大小是决定多孔管的水力学性能和抗堵塞性能的关键因素。孔径小，流量小，灌水均匀度高，供水设备和管道成本低。但出水小孔堵塞的可能性大，对水质要求高，需要增加过滤和净化设备等方面的投资；孔径大，抗堵塞性能好，系统流量大，对供水设备和管道系统的要求高。因此，合理确定出水小孔的孔径十分重要。从有关试验和实际应用得知，当孔径为0.7mm左右时，抗堵塞性能较好，而且即使孔径加大，抗堵塞性能改善得也不多；当孔径小于0.6mm时，抗堵塞性能较差，且随着孔径减小，堵塞的可能性急剧增加。因此，薄壁多孔管上出水小孔的孔径在0.6mm以上时，只需对水质进行简单的过滤处理即可；而出水小孔孔径小于0.6mm时，必须采取有效的水过滤措施。

图 7-37（1）所示的双上孔滴灌带是目前在国内日光温室和露地栽培中应用最为广泛的一种多孔式滴灌带。由于这种滴灌带在一条毛管的左右两边各有一排出水小孔，其湿润范围大，一根滴灌带可以浇灌两行作物，节省了滴灌带的用量。图 7-37（2）所示为交叉孔滴灌带，这种滴灌带与双上孔效果相似，但灌溉水在地面形成的湿润区中分布更加均匀。图 7-37（3）所示的三孔滴灌带一般用在日光温室中，前期通过地膜覆盖形成滴灌，后期去掉地膜并增加供水压力可进行喷灌作业。多孔式滴灌带的工作压力一般在 10～30kPa，管径一般在 12～40mm，出水小孔直径在 0.3～2.0mm，每组小孔之间的距离在 150～600mm。轻质土壤、水质较差时一般应选择出水小孔流量较大的滴灌带，黏性土壤宜选择流量较小的滴灌带。

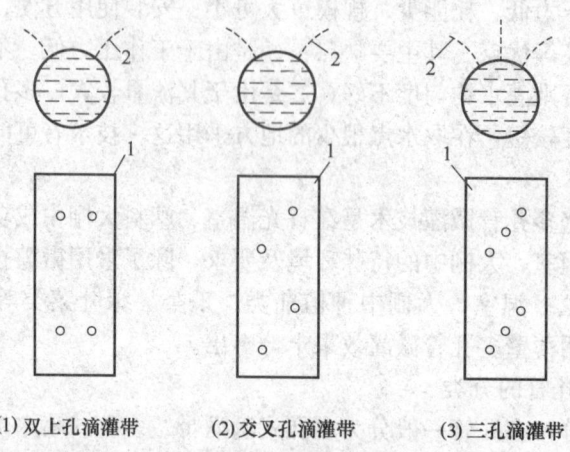

(1) 双上孔滴灌带　　(2) 交叉孔滴灌带　　(3) 三孔滴灌带

图 7-37　几种多孔式滴灌带
1—喷水带　2—水流

2. 田间微灌系统组成配件

（1）微灌系统主管　　与多孔滴灌带或喷水带直接连接的配水管常称为微灌系统的主管。多孔微灌系统的主管可以采用低密度聚乙烯管、改性聚乙烯薄壁软管、涂塑软管等。

低密度聚乙烯管（LDPE 管、PE 管）是利用低密度聚乙烯树脂添加一定辅料挤出成型，盘绕成卷，具有质量轻、韧性好、耐低温性能强、强度好、使用寿命长、易于打孔和连接等特点，其抗冲击能力、抗老化能力比聚乙烯管好，是微灌系统中最常用的输配水主管。其缺点是投资较高、耐高温性能较差、抗张强度低。

改性聚乙烯薄壁软管（PE 薄壁软管）是利用低密度聚乙烯树脂添加一定辅料吹至成型，管壁薄（一般壁厚在 1mm 以下），可压扁后卷成盘，具有用料省、投资少、耐腐蚀、体积小、质量轻、易收藏等特点，缺点是强度低、易被刺破、使用寿命短。通过向低密度聚乙烯中加入适量的 EVA、线性低密度聚乙烯（LIDPE）或其他辅料，可以改善聚乙烯薄壁塑料软管的韧性、塑性、耐拉性和耐磨性，在一定程度上提高其强度和使用寿命，所以称之为改性聚乙烯薄壁软管。由于薄壁多孔管微灌系统的工作压力较低，对主管的强度要求不高，因此日光温室中的多孔管滴灌系统已广泛采用特制的改性聚乙烯薄壁软管作为主管。

大田滴灌系统和采用喷水带的微灌系统中，也有采用涂塑软管作为主管的。涂塑软管以合成纤维为管胚，内外壁涂以聚氯乙烯树脂支撑，管壁较薄，可压扁后卷成盘，具有质地强、耐酸碱、耐腐蚀、耐穿刺、耐摩擦、使用寿命长等特点，且投资较低，在我国农业灌溉系统中应用较为广泛。此外，消防带具有耐压力能力高、耐穿刺、耐摩擦等特点，也可以做主管，缺点是抗太阳辐射而老化的能力较低，使用时应设法避免阳光直接照射在消防带管上。

为了防止光线透过管壁进入管内，引起藻类等微生物在管道内繁殖而堵塞出水小孔，同时也为了减少紫外线对管道老化的影响，增强抗老化性能，微灌系统中的主管一般应选择黑色或不透光线的有色管。

（2）专用配套接头　将多孔式滴灌带和喷水带连接到主管上需要专用的配套接头，图 7-38 所示为几种典型的多孔管配套接头。

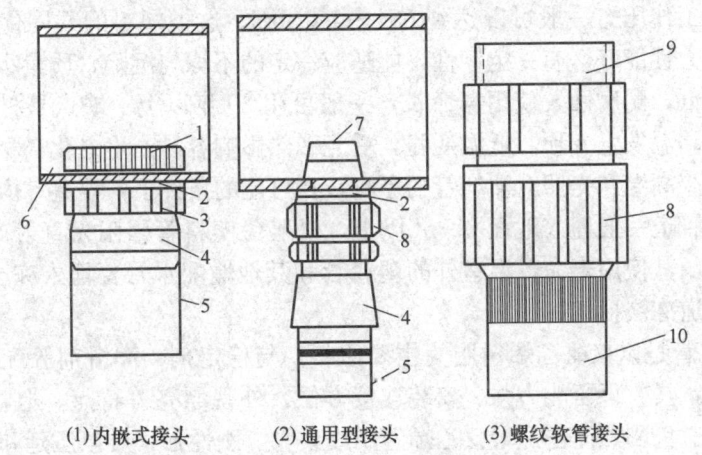

(1) 内嵌式接头　　(2) 通用型接头　　(3) 螺纹软管接头

图 7-38　几种薄壁多孔管专用接头
1—内接头　2—垫片　3—外接头　4—套圈　5—滴灌管　6—薄壁塑料软管
7—接头体　8—缩紧圈　9—螺纹接头　10—喷水带

主管为可压扁的薄壁软管时，采用图 7-38（1）所示的内接式旁通接头，安装时将旁通的内接头从主管两端塞入管道中，从事先用冲子或打孔器加工的旁通安装孔中取出，连接在旁通外接头上，然后与滴灌带或喷水带连接。主管为聚乙烯管等有一定弹性的厚壁塑料管时，采用图 7-38（2）所示的外接式旁通，安装时将旁通直接挤入钻头或打孔器加工的旁通安装孔中锁紧，然后与滴灌带连接。主管为 PVC 管或其他硬质管时，一般在需要安装滴灌带或喷水带的地方安装三通接头，然后通过图 7-38（3）所示的螺纹软管接头与薄壁多孔管连接。

3. 供水管道与管件

实施薄壁多孔管微灌工程，配套设备主要有供水设备、过滤设备、施肥装置、流量与压力调节控制、保护与测量装置等。这里仅对供水管道与管件选择做些扼要说明。

（1）供水管道　适合灌溉使用的各种铸铁管、钢管、塑料管都可以作为温室微灌工程的供水管道。

铸铁管和钢管承受工作压力大，工作可靠，使用寿命长。缺点是单位长度质量较大，每根管的长度短，接头多，施工量大。由于这类管道不耐腐蚀，所产生的铁絮物会堵塞微灌系统，因此微灌工程中，铸铁管和钢管一般只用在主过滤器以前，作为引水干管用，而不用于田间微灌的输配水管网系统。

各种塑料管由于具有良好的性价比，是微灌工程中最常使用的输配水管道。聚氯乙烯管（PVC 管）、低密度聚乙烯管（LDPE 管、PE 管）、聚丙烯管（PP 管）的应用最为普遍，它们的承压能力因材质、管壁厚度和管径不同而异，额定工作压力一般可以达到 0.4~0.6MPa。这类塑料的共同优点是内壁光滑，水力性能好，有一定韧性，能适应一定的不均匀沉陷，质量小，搬运容易，成本低，耐腐蚀，使用寿命长，一般可用 20 年以上。缺点是材质受温度影响大，高温发生变形，低温变脆，受光和热影响容易产生老化，材料强度降低。为减少高温和光照对塑料管的影响，在可能的条件下，温室室内微灌系统中的塑料管道一般埋入地面 0.3m 以下，以避免塑料管因阳光直射产生老化，从而可延长其使用寿命。温室外的塑料管和其他输配水管要埋入冻土层以下，以避免管道冻裂损坏。

PVC 管是以聚氯乙烯树脂为主要原料，与稳定剂、润滑剂等配合后经挤压成型的，具有承压能力强、安装连接方便、外观漂亮等特点，但材质较脆，需要注意避免剧烈撞击。聚氯乙烯管属硬质管，刚性强，难以压延和拉伸，对地形的适应性和耐高温能力不如 PE 管，因此，一般将 PVC 管埋入地下作为微灌系统中的输配水管道使用。

PE 管对地形的适应性强，综合性能较好，广泛用于微灌系统的田间输配水管和毛管。PE 管目前流行的有两种标准，一种是以外径作为公称尺寸，一种是以内径作为公称尺寸，目前国内生产的多数 PE 管均以内径为公称尺寸，但将逐渐转向以外径作为公称尺寸的国际通用标准。微灌工程中应使用黑色不透明的聚乙烯管，且管道应光滑平整、无气泡、无裂口、沟纹、凹陷和杂质等。

PP管耐高温性能较好，但管道的线性膨胀系数大，一般仅用作微灌工程的地下供水管道。

薄壁多孔管微灌系统的工作压力相对较低，为降低管道系统的投资，还可以根据实际情况考虑选用薄壁塑料软管作为输配水管，如涂塑软管、消防带、改性聚乙烯薄壁软管等。还可以用PVC排水管代替PVC给水管埋在地面以下作为输配水管，以降低工程造价。

(2) 连接管件　管件是连接管道的各种接头，由于温室中经常遇到几种管材在同一个微灌系统中，需要对管道之间的连接有一定认识和了解。管道的连接方式有焊接、粘接、插接、螺纹连接和法兰连接等几种方法。根据连接目的不同，管件被分成直接头、弯头、三通、四通、堵头、旁通等几类。根据连接位置的不同，管件又分为内接式、外接式、对接式、混合式四种。

管件的连接方式与管道材料有关。钢管之间可通过焊接、螺纹连接、法兰连接等多种方式连接，钢管与塑料管之间连接可采用螺纹连接、法兰连接、插接。

PVC管容易粘接，由于以外径作为标准尺寸，PVC管之间的连接一般用外接式管件插接，同时采用专用的PVC胶将管件与管道固定并密封牢固。PVC管与钢管、PE管之间的连接则可以采用法兰对接或螺纹连接，一般管径小于40mm时采用螺纹管件连接，大于40mm时采用法兰管件连接。

PE管可粘接性差，相互之间的连接一般采用机械方式连接和密封。以外径为标准的PE管用外接式管件，用管件上的锁紧套和橡胶密封圈进行连接和密封［如图7-39（1）所示］。以内径为标准的PE管用内接式管件，用管件上的倒刺式密封环配合管箍进行连接和密封［如图7-39（2）所示］。PE管与钢管、PVC管之间的连接一般采用法兰对接或螺纹连接，管径小于40mm时采用螺纹管件连接，大于40mm时采用法兰管件连接。

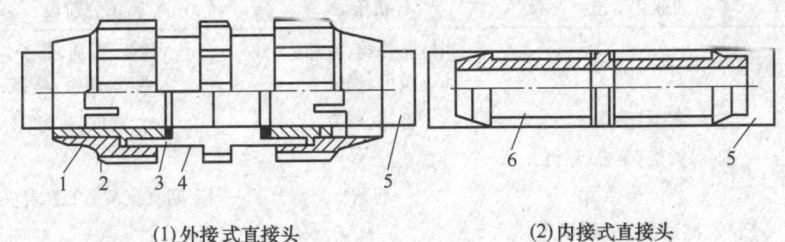

(1) 外接式直接头　　　　　　　(2) 内接式直接头

图7-39　两种标准的PE管直接头结构示意图
1—锁紧套　2—卡环　3—O型密封圈　4—接头体　5—输水管　6—接头

第四节　收获和运输机具选型

水果和蔬菜是人们生活中必不可少的食品，也是我国的大宗外贸出口品。目前，蔬菜的生产、流通、加工、运输和销售已构成完整的系统，并取得了较高的经济效益和社会效益，已成为农业产业结构中的重要组成部分。

水果和蔬菜的种类多，而且成熟期不一致，收获持续时间长。可食用部分差异很大，有根、茎、叶、果、种子等，且鲜嫩多汁极易碰伤。我国目前的温室果蔬收获多采用人工收获，根据尺寸、颜色、形状等直观因素进行选收，摘离方法一般涉及切、掐、拉、弯、折、扭等动作中的一种到几种，机械很难达到这一点。因此，实现果蔬收获机械化难度较大。发达国家为了提高生产效率和降低成本，很重视收获机械的研制，已有某些类型的温室机械用于生产。多数机械只适用于一次性收获，而且损伤率较高，机械收获的产品主要用于加工。我国由于劳动力富余和食用习惯的关系，目前多采用人工收获。但是，很多果蔬极易腐烂，收获季节性强，必须将成熟的水果和蔬菜及时收获、装运、挑选、分级、出售或立即加工，或妥善保存，作业的工序多，工时多，质量要求高，劳动强度大。要保证增产增收，并以优质产品供应市场，果蔬收获和产品处理必须实现科学化和机械化。

法国是研究果蔬采摘机器人较早的国家之一，但由于技术、市场和价格等因素的影响，甜橙、苹果采摘机器人已经停产，采摘机器人的研究工作基本陷于停顿。美国在自动化收获机器人的研究方面没有一个很清晰的战略，研究工作也基本处于停顿状态。日本近年来开展了大量的收获机器人研究项目，进展很快，但还未能真正实现商业化。荷兰收获机器人的研究工作走在很多国家的前面，但研究的果蔬种类并不多。表7-17所示为部分国家果蔬收获机器人的研究进展统计。

表 7-17　　　　部分国家果蔬收获机器人研究进展统计

国家	商业化阶段	样机阶段	研究阶段
日本	—	甘蓝、葡萄、番茄、黄瓜、樱桃	甘蓝、番茄、茄子、西瓜、甜橙、草莓
荷兰	萝卜、蘑菇	番茄、芦笋	黄瓜、葡萄
法国	葡萄、橄榄、苹果、甜橙	—	—
英国	—	蘑菇	定期收获水果的攀岩机器人
美国	花椰菜、甜橙、柑橘	—	—

由于我国设施农业机械化整体水平还不高，蔬菜收获的过程中，运输和包装过程基本上实现了机械化和半机械化，但其采收等作业主要靠手工操作。蔬

菜收获机械在我国比较少，主要是由于蔬菜生产田间管理程序复杂、生产周期比较短、品种繁多、机械适应性差，许多蔬菜是一次播种多次收获，机械化操作比较困难。绝大多数蔬菜都是以鲜嫩的幼叶、多汁的果实为栽培目的，故机械采收容易造成损伤。还有的蔬菜是套种，机械操作困难。因此，设施农业机械的技术发展水平直接影响设施农业机械的运用。

一、收获机具的选型

在果蔬生产作业中，收获采摘约占整个作业量的40%。采摘作业质量的好坏直接影响果蔬的储存、加工和销售，从而最终影响市场价格和经济效益。由于采摘作业的复杂性，采摘自动化程度仍然很低。目前国内果蔬采摘作业基本上还是手工完成。随着人口的老龄化和农业劳动力的减少，农业生产成本也将提高，因此，收获机械化具有重要意义。

收获作业的自动化和机器人的研究始于20世纪60年代的美国（1968年），采用的收获方式主要是机械振摇式和气动振摇式，其缺点是果实易损，效率不高，特别是无法进行选择性的收获。从20世纪80年代中期开始，随着电子技术和计算机技术的发展，特别是工业机器人技术、计算机图像处理技术和人工智能技术的日益成熟，以日本为代表的发达国家，包括荷兰、美国、法国、英国、以色列、西班牙等，在收获采摘机器人的研究上做了大量的工作，试验成功了多种具有人工智能的收获采摘机器人，如番茄采摘机器人、葡萄采摘机器人、黄瓜收获机器人、西瓜收获机器人、甘蓝采摘机器人和蘑菇采摘机器人等。

（一）果品收获方法及其机械选型

水果采收是水果生产中一个很重要的环节，人们利用人工采收、半机械化采收和机械化采收等方式对水果进行收获。利用人工收获，可以保证水果的采收质量，但生产效率低，劳动强度大。利用机械采收水果，虽然生产效率高，但往往会降低水果采收质量。因此，为了提高水果的采收质量，人们正在探索各种新的途径。例如，将果树种植和修剪成篱壁式、成行密植矮化、V形和T形等有利于机械作业和采收的树形。在水果收获前一段时间向果树施药，使果树的成熟期达到一致，以便于采收。目前，利用仿生机器人、机械手等进行水果收获的新技术，正在研究与试验中。

果品机械采收的基本原理是：用机械产生的外力，对果柄施加拉、弯、扭等作用，当作用力大于果实与果柄的连结力时，果实就在连结最弱处与果柄分离，完成摘果过程。根据摘果作用力的形式不同，采收机主要有气力式和机械式两种。

1. 气力式果品采收机

气力式采收机是通过高速吹出或吸入的气流使果实与树枝分离,因此,气力式采收机可以分为吹出式和吸入式两种。吹出式采收机的主要工作参数是气流速度和气流方向的变化频率,如在采收葡萄时气流的速度为150m/s,气流方向的变化频率为16~24Hz。这种采收机的功率消耗比较大,对树叶有损伤,摘果率不稳定(60%~90%)。吹出式采收机工作原理如图7-40所示。

吸入式采收机是将工作吸头对准果实,利用吸头对果实的一侧施加负压,果实在两侧压力差的作用下,克服果柄的连接力从植株上掉下,进入工作头的导管,在气流的作用下被送到收集装置。这种采收装置结构简单,但果实容易被压碎。

图7-40 吹出式采收机工作原理示意图
1—风机 2—空气通道 3—叶片 4—进风口

2. 机械式果品采收机

机械式采收机采摘果实的原理有割下、拉断和振落等。切割摘果是用割刀或旋转刀切断果柄。拉断摘果是利用垂直或水平旋转的钢丝滚筒,或用动力驱动的弹齿或摆动的指刷扯断果柄,摘下果实。目前,生产上应用比较多的是机械振动式采收机。

振动式采收机根据产生振动的形式不同,可以分为推摇式和撞击式两种。推摇式采收机是以一定频率和振幅的机械作用,推摇果树干枝使其摆动,果实产生加速度,当干枝摆到极限位置时加速度最大,当果实的惯性力大于果柄的连接力时,果实脱离枝条,掉下。根据国外经验,树干振摇机最常用的工作频率为800~2500次/min,振幅为5~20mm;大枝振摇机最常用的工作频率为400~2000次/min,振幅为38~50mm。此种方法多用于采收乔木果树。撞击式采收机是利用工作部件冲撞或敲打果树树干,使果实被振落。

图7-41所示为一种推摇式采收机的结构示意图,其主要由推摇器、夹持器和承载装置等组成。工作时,首先由人工将夹持器夹紧在树干或大树枝上,再将承接装置布设在树冠的下面。承接装置的主要部件是由帆布等材料构成的向树倾斜面,果实落到该装置后,滚向中心,落到带式输送器上。风扇的出风口在输送器的后下方,在向运输车卸果时,轻杂物被气流清除。

此外,还有气囊式采果器和电动采果器等。气囊式采果器是一种人力摘果工具,它在采果器手柄的一端装设多个果托,另一端设有空心橡皮球。后者和安放于杯形果托内的摘果橡胶气囊用导管相通。用手挤压空心橡皮球，使气囊内气压增加，将果实夹紧。拉动手柄，即可摘下果实。使用气囊式采果器，可以不移动工作位置而采摘较高、较远处的果实，并保护果实在采收时不受损伤。电动采果器是一种手持式动力摘果器，在空心手柄的端部装设包括微型电机和传动装置的摘果

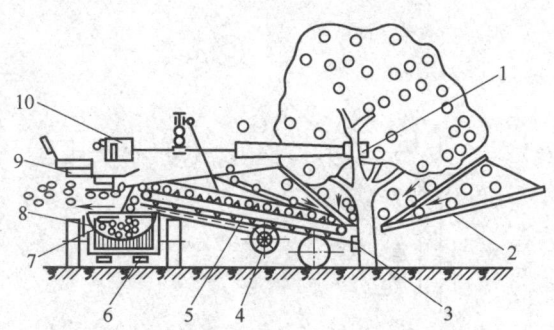

图 7-41 推摇式采收机结构示意图
1—夹持器 2—承接装置 3—固定支柱 4—风扇
5—输送装置 6—支撑架 7—限制器 8—运载车厢 9—座位 10—推摇器

头，摘果头的前端伸出一个果柄引导突片和一把切刀。作业时，果柄引导突片从果实上方将果柄引向切刀，微型电机的动力通过传动装置使切刀往复运动，把果柄切断，果实落入收集网袋。

苹果、桃、梨等在碰撞和挤压的作用下很容易受伤，国内外鲜食苹果一般都采用人工采摘，加工用的苹果一般采用振动采集法收获。杏、李子、枣和樱桃等一般也都采用振动采集法收获。

随着电子技术、信息技术、计算机技术以及机电一体化技术等高新技术的迅速发展及其在水果生产机械化中的应用，水果生产机械化的水平不断提高，并朝着自动化和智能化的方向发展。高新技术在水果生产机械化中的应用，不仅降低了水果生产的劳动强度，提高了劳动生产效率，而且可提高水果的产量和质量，对环境保护和水果生产的可持续发展具有积极的意义。

（二）果蔬采摘机器人

利用机器人进行水果收获已做了不少的研究和试验，它是未来水果收获的发展趋势，随着以计算机为核心的高新技术的发展，机器人的性能将大幅度地提高，价格也将大幅度地下降。

1. 日本的番茄采摘机器人

日本的果蔬采摘机器人研究始于 1980 年，Kawamura 等人开展了番茄采摘机器人的研究。他们利用红色的番茄与背景（绿色）的差别，采用机器视觉对果实进行判别，研制了番茄采摘机器人。该机器人有 5 个自由度，对果实实行二维定位。由于不是全自由度的机械手，操作空间受到了限制，而且坚硬的机械爪容易造成果实的损伤。

日本冈山大学的 Kondo N. 等人研制的番茄采摘机器人，由机械手、末端执行器、行走装置、视觉系统和控制部分组成，如图 7-42 所示。用彩色摄像

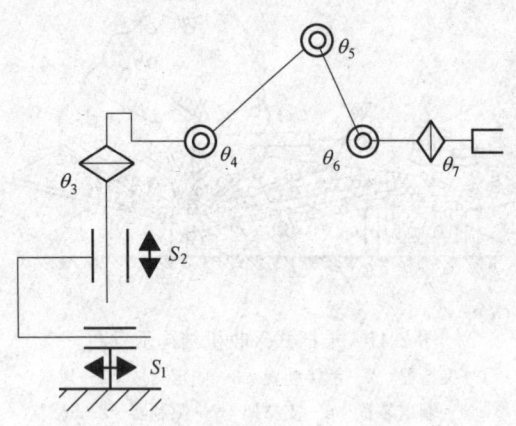

图 7-42 番茄采摘机器人结构简图
S—移动副　θ—转动副

头和图像处理卡组成的视觉系统,寻找和识别成熟果实。由于番茄的果实经常被叶茎遮挡,为了能够灵活避开障碍物,采用具有冗余度的 7 自由度机械手。为了不损伤果实,其末端执行器设计有 2 个带有橡胶的手指和 1 个气动吸嘴,把果实吸住抓紧后,利用机械手的腕关节把果实拧下。行走机构有 4 个车轮,能在田间自动行走,利用机器人上的光传感器和设置在地头土埂的反射板,可检测是否到达土埂,到达后自动停止,转向后再继续前进。该番茄采摘机器人从识别到采摘完成的速度大约是 15s/个,成功率在 70% 左右,成熟番茄未采摘的主要原因是其位置处于叶茎相对茂密的地方,机械手无法避开叶茎障碍物。因此需要在机器手的结构、采摘工作方式和避障规划方面加以改进,以提高采摘速度和采摘成功率,降低机器人自动化收获的成本,这样才可能达到实用化。

2. 日本的茄子采摘机器人

日本国立蔬菜茶叶研究所与岐阜大学联合研制了茄子采摘机器人。机器人由 CCD 机器视觉系统、5 自由度工业机械手、末端执行器以及行走装置组成,作业对象是温室中按照 V 形生长方式种植的 Senryo-2 号茄子。该机器人的末端执行器设计复杂,包括 4 个手指、2 个吸嘴、2 个诱导杆、气动剪子和光电传感器,如图 7-43 所示。工作中,利用模糊视觉反馈系统引导末端执行器靠近果实,完成采摘作业。该机器人在实验室中进行了试验,采摘成功率为 62.5%,工作速度为 64.1s/个。影响成功率的主要原因是机器视觉系统对采摘位置的判断

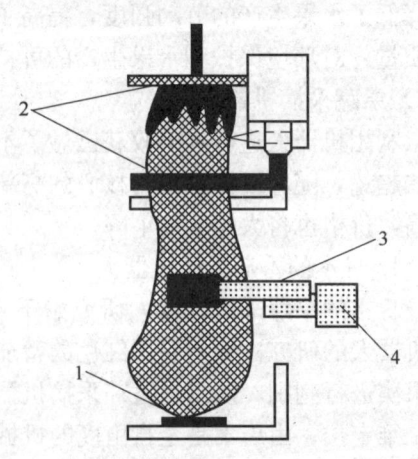

图 7-43 茄子采摘机器人末端执行器原理图
1—光电传感器　2—引导杆
3—橡胶手爪　4—摄像机

不正确。同时，视觉系统占用了72%的工作时间（46.1s），也是影响采摘效率的主要因素。

3. 日本的甘蓝采摘机器人

日本国立农业研究中心的Murakami等人研制了甘蓝采摘机器人。由极坐标机械手、4个手指的末端执行器、履带式行走装置和CCD机器视觉系统组成，整个系统采用液压驱动。系统利用人工神经网络（NN算法）提取果实的二维图像，采用模板匹配的方法识别合格的甘蓝。农田试验表明，采摘的成功率为43%，工作速度为55s/个。影响成功率的主要原因是光照条件的不稳定、超声波测距传感器的误差、叶子的遮挡以及机械故障等。

4. 日本的葡萄采摘机器人

日本冈山大学研制出了一种用于果园棚架栽培模式的葡萄收获机器人。其机械部分是一个具有5个自由度的极坐标机械手，具有4个旋转关节（其中腰部1个、肩部1个、腕部2个）和1个棱柱形的直动关节。这种结构使得机器人在葡萄架下行走时能够有效地工作，旋转关节可以用不同的速度旋转，直动关节可以采用简单的控制方法来获得较高的速度。腕部的2个旋转关节非常有用，它可以保证末端执行器水平和垂直接近葡萄，即使葡萄束倾斜也可以达到目的。而且，为了提高使用率，更换不同的末端执行器，还可以完成喷雾、套袋和剪枝等作业。

5. 荷兰的黄瓜采摘机器人

1996年，荷兰农业环境工程研究所（IMAG）研制出一种多功能黄瓜收获机器人。该研究在荷兰$2hm^2$的温室里进行，黄瓜按照标准的园艺技术种植并把它培养为高拉线缠绕方式吊挂生长。该机器人利用近红外视觉系统辨识黄瓜果实，并探测它的位置。机械手只收获成熟黄瓜，不损伤其他未成熟的黄瓜。采摘通过末端执行器来完成，它由手爪和切割器构成。机械手安装在行走车上，行走车为机械手的操作和采摘系统初步定位。机械手有7个自由度，采用三菱公司（Mitsubishi）RV-E 26自由度机械手，另外在底座增加了一个线性滑动自由度。收获后黄瓜的运输由一个装有可卸集装箱的自走运输车完成。整个系统无人干预就能在温室工作。试验结果为工作速度10s/根，在实验室中效果良好，但由于制造成本和适应性的制约，还不能满足商用的要求。

6. 英国的蘑菇采摘机器人

英国Silsoe研究院研制了蘑菇采摘机器人，它可以自动测量蘑菇的位置、大小，并选择性地采摘和修剪。它的机械手包括2个气动移动关节和1个步进电机驱动的旋转关节。末端执行器是带有软衬垫的吸引器。视觉传感器采用TV摄像头，安装在顶部用来确定蘑菇的位置和大小。采摘成功率在75%左右，采摘速度为6.7个/s，生长倾斜是采摘失败的主要原因。如何根据图像信息调整机械手姿态动作来提高成功率和采用多个末端执行器提高生产率是亟待解决的问题。

（三）果品分选机械

水果分级的主要目的是使水果达到商品的标准化。水果采收后，将大小、质量、色泽不一、有病虫害及有损伤的水果，按照有关分级标准进行分级。通过分级，果品优劣分明，达到国家规定的商品标准；通过分级，可以剔除有病虫害感染和受伤的产品，减少贮运中的损耗，减轻病虫害的传播蔓延；对不宜贮运的果实，可及时就地销售；不宜鲜食的可及时加工利用，以降低成本，减少浪费；通过分级，规格一致，便于包装、运输、储藏、销售，有利于"按质论价"、"优质优价"。尤其是外贸果品，必须分选出符合国际市场规格要求的果实。

1. 简单分级工具

目前我国大多数果农依然采用目测分级或简单的分级模板（如图 7-44 所示）进行分级，而且分级是在果园里进行的。

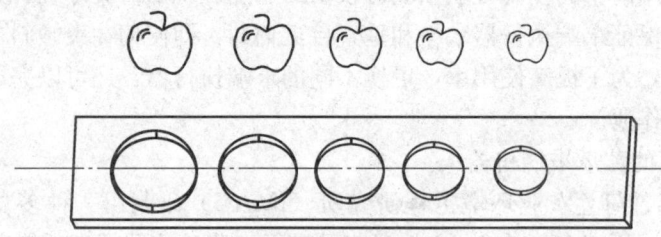

图 7-44　分级模板示意图

2. 尺寸式分选机

尺寸式分选机适用于柑橘类水果的分选，但分选精度不高。

（1）缺口皮带式尺寸分级机　是一种简单的尺寸式分选机，其结构原理如图 7-45 所示。水果在带有缺口的皮带上运动，直到所遇到的缺口足够大，水果即从缺口处下落。这种方法的一种变形是平行圆棒输送带，其基本结构是使圆棒之间的间隙逐渐增大，从而达到分选的目的。

（2）皮带-挡板式分选机　其结构如图 7-46 所示。皮带具有侧向倾角，使挡板与皮带之间形成逐渐扩大的缝隙。当缝隙足够大时，水果即滚落到箱子里。

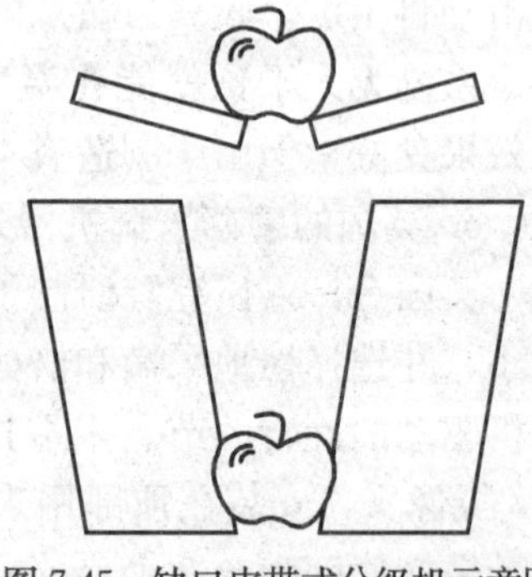

3. 质量式分选机

对于苹果、梨等表皮易受损伤的水果，多

图 7-45　缺口皮带式分级机示意图

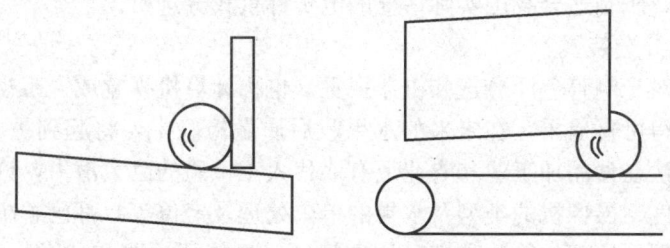

图 7-46　皮带-挡板式分选机示意图

采用质量式分选机进行分选。其工作原理是水果被放置在托盘上，由输送带传送并滑过质量传感器，质量传感器由计算机监测，即可检测水果的质量并控制水果的卸出，使水果按质量进行分组。

(1) 机械式质量分选机　其工作原理（图 7-47）是托盘在分段滑杆上滑动，在滑杆上装有由平衡质量控制的"过桥"，当托盘和水果的质量超过平衡质量时，过桥开启，托盘倾翻，水果即行卸落。机械称重装置比电子称重装置价格低，但精度差。

TN-29 型机械式称重分选机，功率为 0.4kW，生产率为 1t/h。机械式称重分选机在我国四川、江苏、山东和陕西等地得到广泛应用。

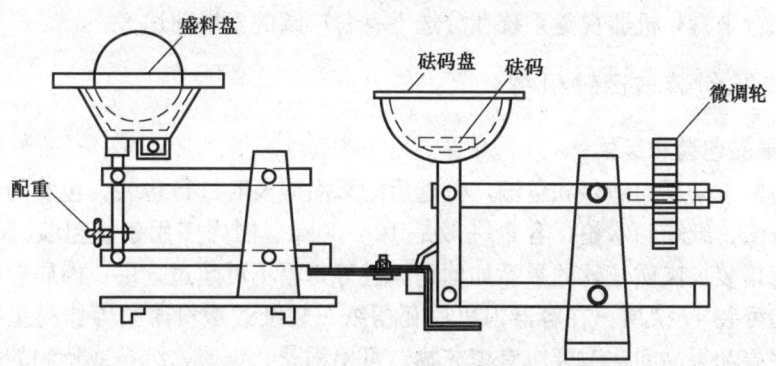

图 7-47　机械式质量分选机原理示意图

(2) 电子式称重分选机　近年来，随着计算机和称重传感技术的迅速发展和现代科学技术的相互渗透，电子称重技术及其应用有了新的发展。电子称重式分选机一般采用压力传感器称量水果，微机系统对传感器输出信号进行采样、放大、滤波、模数转换、运算和处理，并控制机械执行机构进行分选。以色列 ESHET EILON 公司、美国 AUTOLINE 公司生产的电子称重式分选机，在分选检测技术上已经很成熟，工作效率高，并具有较高的分选精度。但是由于该设备操作较为复杂，而且设备成本较高，难以在我国推广使用。我国对该类型水果分选机的研制尚处于起步阶段，需要科研人员充分利用国外已经取得的研究成果,研制适合我国实际情况的电子称重式分选机。

4. 光电分选装置

国际上对光电管色泽分选和机器视觉(也称计算机视觉或人工视觉)装置的研制已取得可喜成果,在未来的水果收后质量检验中,将起到重要的作用。这种检验方法在食品加工业和农业上有取代人工检验的巨大潜力,许多敏感部件(光的照度、摄像机的类型及水果的单个处理及定位等)都已解决。现在正致力于改进图像处理的算法和实时处理问题(如特征提取和分类),改进硬件结构设计等问题。近十年来由于计算机、各种摄像机的迅速发展,成本大幅度降低,且随着图像处理"传输"硬件的价格下降,效率和检验速度的显著提高,这一领域的研究已取得了长足的进展。通过采用机器视觉技术,以及使用外部检测质量特征的技术(例如把梨的颜色作为成熟度的指标等),可实现水果分选的完全自动化。

光电分选的优点是:

① 通过把水果放在摄像机的前方,或使用多台摄像机,可以从各个侧面"看到"水果。

② 可以结合其他质量特征如尺寸、形状等一起检测。

③ 可以进行细微的、局部的颜色检测,以发现斑点等缺陷。

综合来看,机器视觉系统在分选上有着广阔的发展前途。

二、产品包装与运输机械

(一) 果品包装和运输

为便于果品的储存和运输,分选后的果品应及时进行包装。包装的容器主要有条筐、纸箱和木箱,容量一般是 10～30kg。国内多用条筐包装,外销果品多用箱装。肉质较软的果品如葡萄、桃等每箱不可超过 3 层,肉质较硬的果品每箱可装 4～7 层。在容器内可用瓦楞纸、软纸或塑料薄膜等作衬垫物。在容器底层和果品间空隙处应有填充物,可用稻壳、锯屑、纸条或特制的定位格板等填充,也可以将果品装入塑料袋后再装入纸箱。

由于果品装箱工作是一项细致、复杂的操作过程,即使在机械化程度较高的选果场,装箱工序大多数也是由人工完成的。装箱前的果品处理和装箱后的称重、封箱、贴商标等工序可由机械完成。

由于新鲜水果含水量高,采后生理活动旺盛,易破损和易腐烂,因而运输应采取快装快运、轻装轻卸、防热防冻等措施。水果可通过水路、铁路、公路和空运等方式运输。不同的运输方式在运输成本、运输时间、运输量和方便性等方面各不相同,应根据实际需要进行选择。在陆路运输中,常用的装载工具有普通篷车、无冷源保温车、冷藏车和集装箱等。

（二）蔬菜包装

蔬菜经过加工包装上市，这样做的优点是保证了蔬菜鲜嫩的品质，提高了商品价格，以净菜上市，减少废物，节省能源，防止浪费。

不同的蔬菜用不同的包装方法，如菠菜、油菜、韭菜等采用打捆包装，使用的机械有集束机、扎带机等；马铃薯、葱头等一般用袋装机进行包装；而番茄、黄瓜等果菜类广泛使用塑料薄膜包装。塑料薄膜包装除了以袋的形式外，还有贴合包装的形式，它是以无毒塑料薄膜使用收缩法或延展法进行包装。收缩法是将薄膜加热延伸后包装，待收缩后使薄膜与物料贴合。延展法包装无需对薄膜加热，它利用薄膜延展状态下的回弹力而将物料包紧。运输包装多采用纸箱或竹木筐包装。

第八章 温室工程建设经济分析与管理

第一节 温室工程投资估算

温室项目总投资由基本建设投资、建设期利息和铺底流动资金三部分构成。按照费用性质，可将基本建设投资进一步划分为土建工程费、设备及工器具购置费、安装工程费、工程建设其他费用、预备费等项内容。依据以上各项规定，构成以下公式：

项目总投资＝基本建设投资＋建设期利息＋铺底流动资金

基本建设投资＝土建工程费＋设备及工器具购置费＋安装工程费＋工程建设其他费用
　　　　　　＋预备费

一、基本建设投资

（一）温室土建工程费

温室主体土建工程是指建筑物工程、构筑物工程、场地平整工程。温室单体工程的土建费用主要包括场地平整、土壤改良、基础、道路、台阶、坡道、散水、排水沟、暖气沟、室内蓄水池等。

温室配套工程的土建工程是指控制室、播种车间、催芽室、组培车间、基质处理车间、产后加工包装车间、冷藏库、化学药品库（化肥农药消毒基质等）、仓库等；温室辅助生产设施和诸如锅炉房（含堆煤场、堆渣场或地下油库）、供配电、给水排水设施、汽车库、通讯设施、场区道路、绿化、围墙等；此外还有行政管理和生活设施，如办公业务用房、职工培训设施、食堂、浴室、宿舍和娱乐场所等。

上述土建费用一般可根据单体工程的施工图，按照当地建设工程概预算定额计算。土建工程费一般由直接费用和间接费用组成。

温室单体工程及配套工程直接发生的费用包括人工费、材料费、施工机械使用费和其他直接费。其他直接费包括大型机械使用费、中小型机械使用费、冬雨季施工费、工程水电费、二次搬运费、生产工具使用费、检验试验费、竣工清理费，此外还有临时设施费和现场经费。其他直接费都是按直接费的一定比率计算。上述费用一般可按不同标准的单位工程量费用定额，或按通用造价进行估算，也可参照相应的概算指标计算。

温室单体工程及配套工程间接发生的费用包括企业经营费、利息、税金,有的地区还有建筑行业劳保统筹基金和建材发展补充基金,一般以直接费用为基数,按所在地区实际情况确定的间接费率计算。表 8-1 为跨度 6.0m、开间 4.0m、轴线面积 1080m² (5 跨 9 个开间)玻璃温室,周边采用 240mm 条形砖基,室内采用 200mm×200mm 钢筋混凝土独立柱基的基础工程土建概算。实际应用中可参照建设地区当地的预算定额进行计算。需要注意的是,在套用定额费率时,单一的基础工程应按构筑物计算,而且许多费率项也应该按实际能发生的情况考虑。表 8-2 给出了不同温室基础工程按北京市预算定额计算的单位面积土建费用,各地在执行过程中应参照当地的预算定额进行修正。

表 8-1 温室基础土建费用计算表

定额编号	项目	概算单价/(元/m³)	工程量/m³	总价/元
1-30	独立基础挖土方	114.01	10.23	1166.73
1-77	C10 独立基础混凝土垫层	228.37	3.84	876.94
7-156	钢筋混凝土独立基础 C20	360.86	6.39	2307.19
7-175	铁件	4732.12 元/t	0.11t	534.92
	直接费小计			4885.78
13-88	中小型机械使用费	12.2	10.23	124.85
13-107	工程水电费	4.66	10.23	47.69
13-123	二次搬运费	5.43	10.23	55.57
13-151	冬季、雨季施工费	4.9	10.23	50.14
13-170	生产工具使用费	3.96	10.23	40.53
13-189	检验实验费	0.94	10.23	9.62
13-208	竣工清理费	2.74	10.23	28.04
	直接费小计			5242.22
14-13	临时设施费	2.19%	5242.22(直接费小计,下同)	114.80
14-44	现场经费	2.13%	5242.22	111.66
	直接费合计			5368.68
	企业管理费	11.46%	5242.22	600.76
	利润	6%	5242.22	314.53
	税金	3.99%	5242.22	209.16
	工程总造价			6493.13
	单位造价/(元/m²)			6.01

表 8-2 温室基础工程土建费用

项目	玻璃温室	硬质板塑料温室	塑料薄膜温室
基础工程/(元/m² 地面积)	5.0~10.0	5.0~8.0	3.0~6.0

注:温室基础工程土建费用仅为室内独立柱的预算定额,计算埋深为 0.80m。周边条形基础按 240mm 厚,1.20m 高(含垫层 100mm 厚),每米 155 元,高度每减 100mm,加减 6 元/m 另行计算;周边基础为独立柱时,按 40~50 元/m 增加。此外,散水和排水沟的造价分别为 20 元/m 和 200 元/m,根据设计另行计算。

（二）温室设备及工器具购置费

通常的设备及工器具购置费是指用于形成生产能力的农业机械、工程机械、机电设备、车辆、仪器仪表以及可列为固定资产的工具、器具的购置费用，包括这些设备及工器具的运输费（含运输费、包装费、装卸费、手续服务费）。

对温室主体工程而言，所有从工厂加工的设备和零部件都可以列为采购设备，包括温室主体钢结构（预埋件列入土建工程费）、铝合金、橡胶条、透光覆盖材料、开窗机构、拉幕机构、风机湿帘、灌溉设备、照明设备、人工补光设备、加温设备和电气控制设备等。其中，有些类似于建筑工程的加温系统和电气控制系统，可套用相应概预算定额估算投资，其他设备则按照当年市场设备价格计算。表 8-3 和表 8-4 分别给出了温室主体结构及各种配套设施 2001—2002 年度的市场价格范围，在使用中应尽量查询当时的市场价格。

表 8-3　　　　温室主体结构造价（2001—2002 年度）

项目	玻璃温室	硬质板塑料温室	塑料薄膜温室
钢结构/（元/m² 地面积）	110～140	90～110	70～90
屋顶覆盖/（元/m² 地面积）	100～120	150～180	5～9
侧墙覆盖/（元/m² 地面积）	80～100	100～140	8～10
山墙覆盖/（元/m² 地面积）	90～110	110～150	9～11

注：(1) 钢结构价格对温室面积较小者取高值，面积较大者取低值。
(2) 覆盖材料价格对开窗温室取高值，不开窗温室取低值。
(3) 对单层塑料膜温室应考虑增加（0.50～1.00）元/m² 的卡簧及压膜线的费用；对双层充气温室覆盖材料价格加倍，此外还要增加（5～6）元/m² 充气设备的费用。
(4) 硬质板塑料温室分波浪板和中空平板，本表按中空板设计，波浪板材料覆盖，价格相应降低（50～60）元/m² 表面积。

表 8-4　　　　温室主要配套设施市场价格（2001—2002 年度）

分类	项目	单位	价格	备注	
温室开窗系统	手动卷膜开窗系统（卷膜器、膜卡分国产和进口）	元/套	750～1900	长度在 60m 之内每减少 1m 降低 9～18 元	
	电动卷膜开窗系统（电机进口，膜卡分国产和进口）	元/套	5000～5200	交流电机	长度每减少 1m 降低 50～70 元
	齿轮齿条连续开窗系统（电机、齿条分国产和进口）	元/套	8000～14000	长 60～80m	长度每减少 1m 降低 50～70 元
			7000～12000	长 40～60m	
			5500～9000	长小于 40m	
	曲柄连杆开窗机构（电机分进口和国产）	元/套	7500～9500	长 60～80m	长度每减少 1m 降低 50 元
			6300～7800	长 40～60m	
			4700～5700	长小于 40m	
	齿轮齿条推杆式开窗系统	元/m²	25～35	—	

续表

分类	项目	单位	价格	备注
温室降温系统	室内遮阳/保温系统	元/m²	40～55	齿轮齿条驱动系统
			30～40	钢缆驱动系统
	室外遮阳系统	元/m²	50～60	齿轮齿条驱动系统(含钢结构)
			35～50	钢缆驱动系统(含钢结构)
	强制通风风机	元/m²	12～15	进口风机价格翻倍
	环流风机	元/m²	3～5	进口风机价格 10～15 元/m²
	湿帘降温系统	元/m²	12～22	湿帘高度为 1.5m 时取下限，1.8m 时取上限
温室灌溉系统	滴灌带滴灌	元/m²	3～5	滴灌期为 5 年期取上限，1 年期取下限
	滴头滴灌	元/m²	8～12	滴头为流量补偿式取上限，普通取下限
	固定式喷灌	元/m²	2～4	防滴漏喷头取上限，普通喷头取下限
	自走式喷灌车	元/套	10000～25000	国产，无控制系统
	首部枢纽	元/套	55000～85000	进口，配控制
			5000～5500	包括水泵、网式过滤器、压差式施肥灌及其他控制测量设备，最大控制面积 2500m²
	微灌自动控制	元/套	20000～22000	包括水泵+稳压水罐、砂过滤器+网式过滤器、压差是施肥灌及其他控制测量设备，最大控制面积 2500m²
			50000～55000	包括水泵+变频恒压控制器、水砂分离器+砂过滤器+网式过滤器、水动施肥器(进口)及其他控制测量设备，最大控制面积 2500m²
			8000～10000	含灌溉控制器(进口)电磁阀(进口)及其他配件，可控制 12 个小区，最大控制面积 2500m²
温室其他配套系统	CO_2 施肥系统	元/m²	1～2	燃煤送风
		元/m²	10～12	液态 CO_2 钢瓶供气
	人工补光系统	元/m²	15～20	补光强度 50～100lx
		元/m²	25～30	补光强度 500lx
		元/m²	40～50	补光强度 5000lx
	活动栽培床	元/m²	95～110	—
	固定栽培床	元/m²	40～50	钢架苗床
		元/m²	60～70	聚苯板穴盘育苗栽培床，含穴盘
		元/m²	25～30	砖砌土建苗床

（三）安装工程费用

安装工程费是指对生产设备、附属设备的安装、调试费用，以及为测定安装质量所发生的无负荷试运转费用。

温室工程中，所有套用概预算定额的子项中已经包含了材料、运输和安装、调试的一切费用，所有直接按设备价格确定的子项均应该增加运输、安装和调试费。

按照《温室建设标准》的规定，安装调试费按设备和材料直接费的5%~10%计算，建设规模在2hm²以上者取下限，5000m²以下者取上限。运输费按实际发生运输距离，按汽运价格计算。

（四）工程建设其他费用

工程建设其他费用是指根据有关规定应在投资中支付，并列入总投资的费用。主要包括：工程设计费（含初步设计及施工图设计），标底编制及招标代理费，工程监理费，工具、器具、家具费，建设单位管理费，建设项目环境影响咨询服务费。

上述费用的总取费率为温室工程建设直接费的5%~8.6%，一般大型工程取低值，中、小型工程取高值。但其中不包括供电配电费、三通一平费、培训费、水资源费等，这些费用视各类项目的具体情况而定。此外，引用种费、征地租地费也视各类项目具体情况单列。

（五）预备费

预备费包括基本预备费与涨价预备费两项。其中，基本预备费是指在财务估算时，为预防难以预料的可能增加的费用；涨价预备费是指在计算期内，因价格变动而增加的投资费用。基本预备费以土建工程费、设备及工器具购置费、安装工程费和工程建设其他费用之和为基数，按当地规定的基本预备费系数计算。温室建设项目基本预备费为温室工程直接费的5%~10%，一般大型工程取高值、中小型工程取低值。

二、建设期利息

建设期利息是指发生在项目建设期的各种来源的借款的利息。一般应按有效年利率计算建设期利息。

当建设期用自有资金随时支付利息时，不需要进行有效年利率换算。计算建设期利息时，为了简化计算，通常假定借款均在每年的年中支用，借款当年按半年计息，其余各年份按全年计息，计算公式为：

各年应计利息＝（年初借款本息累计＋本年借款额/2）×年利率

多种借款资金来源，每笔借款的年利率各不相同的项目，既可分别计算每笔借款的利息，也可先计算出各笔借款加权平均的年利率，并以此利率计算全部借款的利息。

借款时发生的借款手续费、承诺费、管理费等费用应计入利息。

三、铺底流动资金

铺底流动资金是为保证项目建成后进行试运转所必需的流动资金，一般按项目建成后所需全部流动资金的30%计算。根据国有商业银行的规定，新上项目或更新改造项目必须拥有30%的自有流动资金。

流动资金是指在项目建成投产后，为维持生产，在供应、生产、销售过程中供购置生产资料、支付工资和其他生产经营费用所占用的全部周转资金。

对温室建设项目，资金的估算一般采用扩大指标估算法。该方法是参照同类项目在经营成本（或总成本）中流动资金占有率指标估算流动资金需要量，计算公式为：

$$\text{流动资金额}=\text{年经营总成本}\times\text{经营总成本流动资金占用率} \quad (8\text{-}1)$$

根据温室栽培作物的生产周期，表8-5给出了经营成本流动资金占用率参考计算方法。温室经营成本的计算将在本章第二节详细介绍。

表 8-5　温室生产项目经营成本流动资金占用率参考值

生产周期	流动资金占用率/%
多年生木本作物（成熟缓慢，一年一熟）	100
一年生作物	100
一年一熟	80～100
一年两熟	40～60
连续收获的作物	20～40

第二节　财务估算

财务估算是在建设项目方案的基础上，对项目生产中的各项投入与产出数据进行估计和测算，主要包括成本、收入与税金等。

一、成本费用估算

财务评价中，主要使用总成本费用、经营成本、可变成本和固定成本等指标。

总成本是指项目在一定时期的生产经营活动中，为生产和销售产品而花费的全部成本和费用，由生产成本、销售费用、管理费用和财务费用组成。经营成本是项目经济评价中的一个特有概念，它是指总成本费用中扣除折旧费、摊销费和财务费用后余下的部分。可变成本和固定成本是按照成本与产量变化之间的对应关系对总成本进行的分类,这种分类的作用是进行项目的盈亏平衡分析。

$$总成本费用=生产成本+销售费用+管理费用+财务费用 \qquad (8-2)$$
$$经营成本=总成本费用-折旧费-摊销费-利息支出 \qquad (8-3)$$

(一) 生产成本

生产成本包括维持温室正常生产而发生的各项直接费用和间接费用。直接费用直接计入生产成本;间接费用按其核算对象,分配计入生产成本。

1. 直接费用

直接费用是指直接投入温室生产的生产资料费和提供劳务等发生的各项费用,包括直接材料费、直接工资及其他直接支出。

(1) 直接材料费 温室生产需要的直接材料包括:种子(种苗)、栽培基质、肥料、农药、穴盘、花盆、包装箱、供暖燃料(燃煤、气、油)、灌溉用水、设备运行耗电等。作为一例,表8-6列出了温室生产5种蔬菜作物的种植密度,实际计算中还应考虑5%的补苗率。

表8-6 5种蔬菜作物种植密度

种类	株行距/m	每亩株数	备注
茄子	0.6×(0.4~0.5)	2700~3400	—
辣椒	0.6×0.4	2777	双株
	0.6×(0.3~0.35)	3700~3300	
甜瓜	0.6×0.4	2777	
番茄	0.6×0.4	2777	
	0.6×(0.3~0.35)	3700~3300	
黄瓜	0.6×(0.3~0.4)	3300~2777	

对于栽培基质的使用量,不同的栽培方式差异较大。按照槽培方式,9跨温室,每跨布置6道栽培槽,其基质需要量如表8-7所示。

当采用岩棉基质栽培时,岩棉按下式计算:

$$S = \frac{岩棉条体积}{每块岩棉条上种植株数} \times 温室每平方米种植株数, \text{m}^3/\text{m}^2 \qquad (8-4)$$

其中,岩棉条体积尺寸一般为:1000mm×200mm×75mm;每块岩棉条上种植株数一般为4株(端部岩棉块种植株数要求为2株);根据岩棉厂商提供的数据,采用岩棉种植时,要求温室每平方米种植株数为:黄瓜2.5株,番茄2.3株,甜椒2.7株。

将上述参数代入岩棉基质用量的计算公式,即可求得每平方米温室地面积所需要岩棉基质的体积。

值得提出的是,在每个岩棉条上还要附加4个生长块和4个育苗柱,这些都是岩棉厂商配套提供的。

表 8-7　　9m 跨温室单位长度槽培基质用量

基质深度/cm	12.5	14.0	
单行栽培用量/(m³/m)	0.27	0.30	栽培槽内基质宽度为36cm
双行栽培用量/(m³/m)	0.63	0.71	栽培槽内基质宽度为84cm

温室生产需要肥料的多少与采用栽培基质的有机质含量直接相关，视栽培方式和栽培基质确定。按照作物吸收主要元素的量（表 8-8），可大体估算出水培条件下的肥料用量。其中肥料的有效利用率可按 50% 计算。

表 8-8　　茄果类蔬菜吸收主要元素量　　单位：kg/t

作物	N	P	K	Ca	Mg	合计
番茄	2.7	0.7	5.1	2.2	0.5	11.2
茄子	3.3	0.8	5.1	1.2	0.5	10.9
甜椒	5.8	1.1	7.4	2.5	0.9	17.7

穴盘主要用于温室育苗。育苗穴盘一般有两种：一种是硬质聚苯乙烯泡沫板穴盘，另一种是软质聚乙烯穴盘。前者尺寸规格一般为 670mm×380mm，后者为 550mm×280mm，不同厂商产品规格略有出入，施工图设计中应具体咨询有关厂商。采用穴盘育苗时常采用活动育苗床，以提高温室的地面利用率，一般地面利用率可达到 75%～85%。根据地面利用率和穴盘规格，可方便计算出穴盘数量。

在实际应用中，水培系统的定植板和花卉栽培中的花盆数，也可根据其规格尺寸按上述相同的方法计算其用量。

温室运行过程中的能源消耗量（包括水、电、煤等），是温室运行费用的重要组成部分，但也是温室建设前期难以准确估算的参数。由于温室类型、建设地区、种植品种、管理水平、保温措施等诸多影响能耗指标，所以，到目前为止，还没有一个权威的数据能够准确计算温室生产能耗的方法。更多的做法是参照建设地区其他温室实际运行的指标对比计算。表 8-9 给出了几个不同地区温室冬季运行的耗煤量指标，可参考使用。

表 8-9　　温室冬季加温煤耗（按各地一个供暖期计算）

单位	面积/m²	燃料种类	燃料总消耗量/t	单位面积温室耗能量/(kg/m²)
北京四季青园艺场	22000	煤	2700	123
哈尔滨蔬菜研究所	5270	煤	1000	187
大庆油田	60000	液化气	6525×10⁴m³	1086(m³/m²)
中国农科院蔬菜花卉研究所	30000	煤	4000	133
上海孙桥农场	30000	煤	3400	113

(2) 直接工资 包括直接从事生产经营人员的工资、奖金、津贴和补贴，以及按规定比例计提的职工福利费。温室不同种植内容需要劳动管理人员如表8-10 所示。

表8-10　　　　　　　温室栽培人员劳动定额　　　　　　单位：人/1000m²

温室类型	果菜生产温室	叶菜水培温室	叶菜地栽生产	切花生产温室	盆花生产温室	育苗温室
劳动定员	1.5	0.4~0.5	0.75~1.0	0.75~1.0	1.5~2.0	0.75~1.0

(3) 其他直接支出 包括设备折旧费、维修费等。由于组成温室各部分材料的使用寿命不同，温室的折旧费计算一般应分项进行。

温室主体结构（包括基础、钢结构、铝合金、开窗机构等）：玻璃温室按20年折旧，塑料温室按15年折旧，温室其他机构和材料的折旧按表8-11进行，表中未列入的项目（如加温系统、通风风机、电气控制系统等）可按温室主体结构同期进行折旧。

表8-11　　　　　　　温室设备与材料的折旧年限

设备与材料		折旧年限/年	设备与材料		折旧年限/年
透光覆盖材料	玻璃	20	湿帘降温系统	金属结构框架工程	同主体结构
	PC板	10		塑料框架	5
	塑料薄膜	3~5		湿帘	3~5
遮阳拉幕系统	驱动机构	10~15	灌溉系统	供水主管与首部滴管带	10
	室内遮阳网	5~10			3~5
	室外遮阳网	3~5		喷头	3~5
CO_2输送管道		3~5	穴盘	硬质聚苯板穴盘	3~5
人工光照		同灯泡寿命		软质聚乙烯穴盘	2~3

设备和材料的维修费按折旧费的一定比率提取，一般为3％~5％。

2. 间接费用

间接费用是指为组织和管理生产所发生的共同费用，以及不能直接进入产品成本的各项费用，包括生产单位管理人员工资、职工福利费、配套设备的折旧费和修理费、无形及递延资产摊销、除直接用于温室生产外的其他设施水电费和采暖费、办公费、差旅费、劳保费以及其他费用。这些费用的提取，不同地区、不同项目差异较大，应根据具体项目分析确定。

(二) 管理费用

管理费用是指企业行政管理部门为管理和组织经营活动的各项费用，包括企业经费、工会经费、职工教育费、土地使用费、土地损失补偿费、无形及递延资产摊销以及其他管理费用。

(三) 销售费用

销售费用是指为销售产品或提供劳务而发生的各项销售费用,包括由企业负担的广告费、运输费、装卸费、整理费、包装费、保险费、商品损失和销售服务费以及销售部门人员工资、职工福利、差旅费、办公费、折旧费、修理费、物料消耗、低值易耗品摊销和其他经费。

(四) 财务费用

财务费用是指为筹集资金而发生的各项费用,包括企业生产经营期间发生的利息净支出、汇兑净支出、调剂外汇手续费、金融机构手续费以及筹资过程中发生的其他财务费用。

(五) 经营成本

项目经济评价要求,列入现金流量表中的经营成本是指不包括折旧、摊销和财务等费用在内的产品成本。经营成本这一概念,在编制现金流量表,进行盈利性分析与不确定性分析和方案比较中比较重要。引入经营成本的概念,是进行项目财务现金流量分析的需要。

(六) 可变成本与固定成本

在产品总成本中,有一部分费用随产量的增减而增减,称为可变成本,生产用的原料和材料费用一般都属于可变成本;另一部分费用与产量的多少无关,称为固定成本,包括折旧费、摊销费、管理费与财务费用等。在经济评价中,可变成本与固定成本的概念用于进行盈亏平衡分析。

为便于计算,在总成本费用估算中,一般是将销售费用、财务费用、管理费用以及生产成本的直接费用和间接费用中所含的工资及福利费、折旧费、修理费与利息支出等费用要素进行归并,与直接费用中的原材料、燃料及动力一起分项列出,余下的费用作为其他费用处理,组成要素成本,按所含要素成本估算。所以,总成本费用又可表示为:

总成本费用=外购原材料、燃料及动力+工资及福利费+折旧费+摊销费+利息支出
　　　　　+其他费用 (8-5)

项目成本费用估算的计算成果经整理后,编制成单位产品生产成本估算表(表 8-12)和总成本费用估算表(表 8-13)。

表 8-12　　　　　　　　单位产品生产成本估算表　　　　　　单位:万元

序号	项目	规格	单位	消耗定额	单价	金额	备注
1	原材料 ……						
2	燃料动力 ……						

表 8-13　　　　　　　　　总成本费用估计表　　　　　　　　单位：万元

序号	项目	投产期			达产期			合计
		3	4	5	6	7	⋯ n	
1	外购原材料 ……							
2	外购燃料与动力 ……							
3	工资与福利费							
4	修理费							
5	折旧费							
6	摊销费							
7	利息支出							
8	其他费用							
9	总成本费用 (1+2+⋯+9) 其中：固定成本 可变成本 经营成本							

二、销售收入估算

销售收入指项目在一定时期内出售各种产品所获得的财务收入。

$$年销售收入 = \sum (年产品销售量 \times 销售价格) \tag{8-6}$$

产品销售量按温室作物的生产量确定。主要温室作物的产量如表 8-14 所示。由表可见，国内温室生产水平与国外发达国家还存在着较大差距。至于产品的销售价格，则随地区和季节的不同有较大差异。计算中应深入调查当地市场或产品的计划销售市场后再确定。

表 8-14　　　　　　　　几种温室作物产量

品　种	黄瓜 /(kg/m^2)	番茄 /(kg/m^2)	甜椒 /(kg/m^2)	玫瑰 /(枝/m^2)	非洲菊 /(枝/m^2)	备注
国内生产水平	35	30	15	—	—	国内攻关水平
国外生产水平	60～70	50～60	24	300	500	国外较高水平

三、税费及附加估算

与项目建设有关的税收种类有增值税、农业税、营业税、教育费附加，以及所得税等。具体项目需征税种与税率，要根据项目的性质、所在的区域等确定。

销售收入与税金数据可以汇总成产品销售收入和销售税金及附加估算表（表 8-15）。

表 8-15　　　　产品销售收入和销售税金及附加估算表　　　　单位：万元

序号	项目	单位	单价	投产期			达产期			总计
				3	4	5	6	7	⋯ n	
1	产品销售收入 ……									
2	销售税金及附加									
2.1	增值税									
2.2	农业税									
2.3	营业税									
2.4	教育费附加									

第三节　温室工程系统管理

目前，中国大力发展现代农业，国家和地方政府对温室建设都有优惠的扶持政策，所以温室的建设也迅猛发展。对于温室工程而言，温室工程建设过程和建设完成后都需要系统的管理来保证发挥温室的最大效益。

温室工程建设的系统化管理包括温室工程建设的前期咨询决策、温室的设计、确定温室工程的监理、招标确定温室的承建单位、系统的施工组织管理、工程资料管理、工程竣工验收管理、温室工程交付及使用培训等，这一系统的管理保证温室建设过程的顺利，这些在本书前面章节已详细阐述。

温室工程建设完成后，为了保证温室工程的良好运行，达到预期的效果，实现更大的效益，更不能放松对温室的管理。第一，需要配合企业、园区等建立温室管理的组织机构，明确温室管理的负责人，配备农业技术员、温室设备运行员、生产操作人员。温室负责人是温室管理的领导者，全面负责温室的运行、生产、人员等各方面的管理工作，同时配备与温室生产相关的专业技术员，负责温室生产作物栽培技术管理，温室设备运行员负责温室设备、电器等的维护检修工作，生产操作人员完成温室的生产任务。第二，对参与温室管理的相关人员进行培训，培训的内容包括温室结构、温室的性能指标、温室的配套设施、温室设施的操作使用、温室环境的控制操作、温室使用的相关注意事项等，使相关人员了解和熟悉温室操作及温室的维护。第三，制定温室操作规范，把温室的遮阳、保温、通风等的操作形成一系列标准的操作程序，规范化管理，形成稳定的、适合作物生长的环境条件。制定温室维护的标准操作程序，规范化温室的运行维护，规定固定的期限对温室传动系统、开窗系统、遮阳系统、覆盖系统等进行定期的检查维护，规定在特殊情况下的抽查，把温室维护常规化，保证温室的良好运行状态。制定温室种植操作的标准操作程序，规范技术人员对生产操作的管理，把育苗、定植、作物的生长维护、肥水管理、病虫害管理等规范化，操作人员按固定的程序进行操作，减小偏差，保证生产的质量。第四，明确温室各相关人员的职责分工，制定详细的岗位职责，所有人员按工作分工和岗位职责工作，明确责任，便于分工协作。第五，制定详细的工作计划，明确工作进度及时间安排、标准要求，形成统一的工作步骤，有利于工作目标的实现。第六，工作要有监督和考核，包括温室的管理人员和技术操作人员等，进行阶段性的考核，调整工作进度及工作安排，奖优罚劣，使工作形成良性循环。

温室工程建设完成后，还需要温室工程技术人员定期对温室进行维护。一般承建温室的厂家对温室工程有一定的保修期，在保修期内免费对温室进行维护。温室工程的管理者需要请厂家或温室工程技术人员定期对温室的骨架、连接件、覆盖材料、温室基础等进行检查，是否有温室的基础沉降现象或沉降不均匀现象，温室的骨架结构有无意外变形，连接件是否紧固等问题，这些都是保证温室在风、雨、雪等情况下保持良好运行状态的关键因素，需要密切关注。

对于用途不同的温室，要采取相应的管理措施。用于生产的温室，温室入口、遮阳、保温、通风等管理，以作物的生长需求为主。用于采摘、观光、休闲度假的温室，温室的入口、道路要考虑游客的方便，温室内的温湿度调节除了满足作物的生长需求外，还要考虑游客的舒适度、安全性，要配备舒适、方便的卫生间、饮水处等服务设施。

第九章 温室工程节能

随着石化原料的日益枯竭、能源价格的不断攀升以及全球气候变暖对 CO_2 等温室气体的限排规定执行,节能已经成为世界普遍关注的话题。为满足人们不同季节对蔬菜、花卉等的要求,温室更多时候是在外界环境不适合作物生长的季节,进行反季节栽培和生产,因此,温室生产注定是一个高能耗的农业产业。据联合国统计,全世界每年农业生产能耗量的35%用于温室加温,能耗费用约占温室生产总费用的15%～40%。我国"十一五"规划中把建设资源节约型、环境友好型社会作为基本国策,保护环境、节约资源是经济发展中的重中之重。

温室是一种高能耗的抗逆性生产设施。据统计,一般温室的能耗占温室生产成本的10%～40%,一些高纬度地区温室的能耗,甚至占到温室生产成本的50%～60%。对于温室生产来说,节约能源、提高能源利用率是降低温室生产成本、提高温室生产效益的重要途径。

第一节 温室生产的调温原理

一、植物生长的基点温度和极限温度

根据植物学原理,植物必须在一定的环境条件下才能正常生长。其中环境温度与植物生长发育关系密切。每种植物都对应着一个最低生长温度、最高生长温度和最适合生长温度。当环境温度低于植物的最低生长温度或高于植物的最高生长温度时,植物就会停止生长;而当环境温度处于最适合的生长温度时,植物生长发育最理想。把反映植物这种特性的三个温度称为植物生长的三基点温度。除了三基点温度外,每种植物还有最高和最低两个生命极限温度指标。当环境温度在最低生长温度和最高生长温度范围以外,但在最高和最低两个生命极限温度指标范围之内时,虽然植物会停止生长但不会死亡;一旦温度恢复到最低生长温度和最高生长温度范围内时,植物还能继续生长。但一旦环境温度超过最高和最低两个生命极限温度指标范围,则植物的生命系统将遭到破坏,植物将会死亡。即使温度再恢复到生长温度范围内,植物也无法再恢复生长发育。

自然界中温度的分布规律是,在时间上随着四季和昼夜交替呈现周期性变

化，在空间上随海拔和纬度的升高而降低。这种变化就造成了部分时候和季节，部分地点的露天环境温度不能满足植物的生存和生长，生产就无法正常进行。因为温室能够提供适于植物生长的小环境，所以利用温室能进行反季节生产。设计温室的任务之一，就是通过各种措施来保证温室内部的温度、湿度、光度等满足所种植物生长所需的基本条件，最好达到理想生长条件。因此，了解每种作物的基点温度和极限温度是调控温室内温度的前提。

二、温室的热量平衡关系

温室是用覆盖材料和围护结构包围起来的一个空间。这个空间及其内部包含的空气、作物、设备、土壤等物质组成了一个系统，这个系统不断与周围环境进行着热量和物质交换。若进入温室的热量为 Q，散出的热量为 U，则温室内能的变化量为 E，根据热量平衡原理，有

$$E=Q-U \tag{9-1}$$

当 E 为正时，多余的热量会蓄于温室内，提高系统的内能，使系统内温度升高。根据传热学原理，在其他条件不变的情况下，随着物体自身温度的升高，物体的失热量会随着增大，而得热量会相应减小。这使 Q 和 U 向着反方向变化，直到 $Q=U$（即达到热平衡）为止。当 E 为负时，上述过程将按相反过程进行。

在正常条件下，温室获得热量 Q 的途径有：
① 太阳辐射热量 Q_1；
② 人体、照明、设备运行的散热量 Q_2；
③ 进入室内热物体的散热量 Q_3；
④ 加温系统的供热量 Q_4。

在正常条件下，温室散失热量 E 的途径有：
① 经过围护结构传导和辐射出的热量 U_1；
② 经过围护结构缝隙渗出的热量 U_2；
③ 加热进入温室内冷物体所需要的热量 U_3；
④ 温室内水分蒸发消耗的热量 U_4；
⑤ 通风耗热量 U_5；
⑥ 转换为作物生物能的热量 U_6。
⑦ 土壤传导放热量 U_7

温室的能量变化关系式（9-1）可表达为

$$E=Q_1+Q_2+Q_3+Q_4-U_1-U_2-U_3-U_4-U_5-U_6-U_7 \tag{9-2}$$

若要保持温室内温度恒定，必须满足 $E=0$，即

$$Q_1+Q_2+Q_3+Q_4-U_1-U_2-U_3-U_4-U_5-U_6-U_7=0 \tag{9-3}$$

温室的加热系统供热量为

$$Q_4 = U_1 + U_2 + U_3 + U_4 + U_5 + U_6 + U_7 - Q_1 - Q_2 - Q_3 \tag{9-4}$$

式（9-4）是保持温室温度达到恒定温度时的加热量动态计算式。当 Q_4 大于 0，上式为冬季供热量的计算式；若 Q_4 小于 0，则是夏季降温需要的能量式。

需要说明的是，温室热平衡是相对暂时的，不平衡是常态绝对的。由于外界温度随时间不同而不断变化，而种植的作物生长却需要一个相对稳定的温度，这个矛盾就需要我们采取人为的供热或降温措施来解决。从式（9-4）可以看出，温室的调温原理就是秋冬季要供热增温，而夏季要耗能降温。

第二节　温室实用节能措施与技术

一、温室节能的概念

节约能量不仅是文明社会可持续发展的客观要求，对高耗能的温室生产来说，耗能状况还是制约温室生产经济效益的最重要因素。据统计，我国目前在北纬 35°建设的温室，冬季加温耗能费占总成本的 30%～40%；北纬 40°地区占 40%～50%；北纬 43°及以上地区占 60%～70%。可见，研究温室的节能是降低温室运行成本、提高产品生产效益、保证温室健康持续发展的必由之路。

温室节能的目的，是通过各种手段降低温室生产中的能源消耗量。温室中能量的形式包括热能、光能、电能和各种资源（水、肥等）。从广义上来讲，只要是降低温室生产成本的措施都是节能手段。但大多数情况下，我们所说的节能是指节约热能，因为热能是温室能量的核心，占的份额也最大。随着科学技术的发展和进步，节能的途径很多，如采用新材料、新技术、新工艺，通过科学规划，采取科学管理方法等在温室建设前、施工中、运行中都可以采取相应的手段；通过育种等种植手段，通过改善围护结构保温性能等结构手段，通过采用新能源和高效的节能方法，通过采用节能机械设备，通过先进的种植和管理技术等都可以达到节能的目的。可见，温室节能的研究领域是广阔的，无止境的，也是大有潜力可挖的。

二、温室节能途径和措施

（一）温室建设初期的节能

温室的节能，首先就是要最大限度地利用当地自然资源优势，所以节能应该从温室的选址和项目规划开始就被重点考虑。一个地区的光热资源、气候条件、地理条件和其他社会环境条件都是影响温室经济效益的因素。

光热资源条件是规划温室建设地点首要考虑的问题。一般要求温室建设地冬季日照百分率不低于40%，最好在50%以上。这不仅是从作物光合作用需要的考虑，而且充足的光照也可避免人工补光，为运行的节能创造条件。另外，温室还应尽量选在冬季积温较高和夏季积温较低的地区。这将有利于减少冬季加温和夏季降温的负荷，节省能耗和生产运行成本。

气候条件主要是风力状况和气温条件。对于北方地区的温室，秋冬季加温能耗最大，所以规划时一定要避开冬季主导风向的主风口，防止冬季冷风带来的强散热。对于南方地区的温室，夏季散热可能是生产的主要问题，夏季风力较强的地方反而有利于自然通风，减少人工通风的高能耗。气温是植物生长重要的条件，冬暖夏凉的地区是温室最理想的建设地点。

地理条件会影响到风力和采光，温室选址也应考虑。另外，水源和热源位置应尽量靠近温室，这样传输管线短，建设资金少，运行时输送损失也少。

（二）工程设计中的节能措施

当温室选址完成后，就需要确定温室的形式、结构以及配套设施与设备，即进行温室的设计工作。显然，设计方案直接影响着温室的造价和运行费用，关系着未来的生产管理潜力，也决定着最终的生产效益。因此，设计是挖掘节能潜力最重要的环节。

1. 温室建设必须因地制宜，切不可盲目照搬

由于全国各地的自然条件，尤其是气候条件差异很大，加上各种类型和结构方式的温室利用光热效果差异很大，所以每个项目的设计都必须以当地的气候条件和种植作物的生产条件为依据，研究该地区最节能的温室类型和围护结构方式。另外，各种作物对生长环境的要求也不同，所以要研究哪些作物适于在该气候区域生产。只有选择自然环境和作物需要环境接近的温室生产模式，才可能是最节能的设计。如果二者差异过大，人工调节的幅度就大，能耗和生产成本就大。虽然这个道理很浅显，但在目前这方面的研究还不到位的情况下，盲目引进温室的现象是很普遍的错误。很多地方花费巨资从国外引进了很先进的温室，但由于气候条件差异太大，使运行费用过高而无法进行正常生产。所以，一个科学的温室节能设计必须首先是个性化的，其次是必须选对生产的作物品种，再次是选对温室类型和结构方式，最后才是科学的生产管理。

2. 选择和优化通风方案

对于南方地区的温室，生产能耗主要消耗在夏季的降温上，因此选择和优化通风方案是温室节能的关键。

自然通风是利用温室内外温度差形成的风压和热压作用使温室内外的热冷空气进行交换，从而达到室内降温的目标。它不需要机械通风所需要的通排风机械设备，所以也节省了运行的费用。因此，在条件许可的情况下，应优先

采用。

良好的通风系统应满足：有良好的通风能力，室内气流分布合理，通风系统能方便调节通风量。其中通风能力体现在通风动力的大小和通风面积的大小两方面。对自然通风而言，要求把温室进风口与出风口分别布置在温室的最低处和最高处，这样可以增大热压差，提高通风驱动力。对机械通风，选择大功率的风机和进排气双强制通风，都可以加大通风量。通风面积实际就是通风窗的面积，面积越大，通风效果越好。但面积大，开窗机构的造价和运行费也随之加大。另外，通风窗口的设置，应尽可能使风压通风和热压通风的气流方向一致，如使天窗排风方向处于当地主导风向的下风方向。实践证明，活动屋面温室的通风能力可以达到与室外同温，如果配合遮阳系统，在太阳辐射较强的地区，甚至可以将室内温度降至环境温度以下。要提高通风降温的效果，大型温室还应该配合选用湿帘或喷雾加湿降温设施。当然，这些先进的系统会增加投资和运行费，是否采用应在进行技术经济比较后决定。

3. 夏季单体运行，冬季联体运行

温室以组群为设计单元，采用"夏季单体运行，冬季联体运行"的方式有利于节能。

为了在各季节充分利用温室进行生产，可以把温室设计成具有灵活运用功能的可变单元。如图 9-1 所示，在春夏秋温度较高的月份，温室可以单体运行，按自然通风温室设计每个单体，以节省强制通风的能耗和费用。而到深秋或初春温度较低时，可以把几个单体温室联体使用，以减少外围护结构的总面积，从而降低冬季采暖的能耗和总费用。

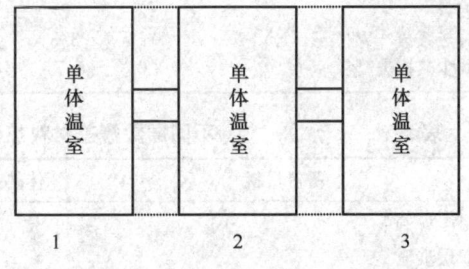

图 9-1　单体温室联体运行示意图

4. 北方地区可降低温室室内面积

北方地区设计温室时，在采光量很充分的情况下，适当降低温室的室内地面，可以充分地利用地温，节约采暖费用。

(三) 采用合理的温室结构减少热量的损失

从温室的热能平衡关系可以看出，要使温室内保持一个和外部不同的环境，就必须依靠一个完善的围护结构，把温室空间从外部环境中隔离出来，并很好地阻止内外的热量交换。完成这一作用的就是温室的结构。所以，温室结构的不同对温室的保温和散热起着决定作用。

1. 透光覆盖材料的选择

透光覆盖材料是温室最重要的组成部分，它占据了最大份额的隔离面面积。温室内外环境之间的能量（光、热）和物质（水、气、肥等）流动和交换，都依赖于透光覆盖材料的性能。选择覆盖材料除了考虑使用寿命、机械性能和经济性外，主要应考察其透光性能和保温性能。从节能的角度来说，覆盖材料的保温性能越好，其节能潜力越大；透光性能越好，利用自然光的效率越高。

覆盖材料分为柔性薄膜、硬质薄膜、玻璃和硬质塑料板四大类。前两种材料的透光性能很好，但保温性能较差。玻璃和硬质塑料板的保温性能较好，尤其是以聚碳酸酯（PC）板为代表的硬质塑料板的保温性能最好。但需要说明的是，覆盖材料的透光性能和保温性能常有矛盾，往往是透光性能好的材料，保温性能却差，所以选择既透光又高保温的材料就比较困难。另外，对北方温室和冬季生产的温室，单一单层覆盖材料的性能很难满足节能要求，单一多层和多种多层的覆盖材料，常可以起到非常理想的保温节能效果。例如，通过增加围护材料内部空气间层的数量生产的多层 PC 板，就大大地改善了保温性能（表 9-1）。常用的覆盖材料层数增加后，保温性能变化如表 9-2 所示。

表 9-1　　　　　　　　　不同厚度和层数 PC 板的保温性能

厚度/mm	6	8	10	10	16	16	16	20
层数	2	2	2	3	2	3	4	5
传热系数/[W/(m^2·K)]	3.5	3.3	3	2.7	2.7	2.4	2.15	1.8
减少热损失/%	0	5.71	14.29	22.86	22.86	31.43	38.57	48.57

表 9-2　　　　　　　　　不同层数覆盖材料热传导系数的比较

覆盖材料	传热系数/[W/(m^2·K)]	减少热损失/%
单层玻璃	6.4	0
双层玻璃	4	37
单层聚乙烯塑料膜	6.8	−6
双层聚乙烯塑料膜	4	37
单层玻璃上覆盖双层聚乙烯塑料膜	3.4	47
16mm 厚双层结构聚碳酸酯板	3.3	48
双层聚乙烯塑料膜加保温幕	2.3	64

显然，多层的覆盖材料虽然有利于保温，但同时由于透光性变差，也减少了从阳光里获得热量的数量，所以使用多层保温材料的前提是要满足足够的透光量。可见，这种节能方法并不是每个地方、任何时候都行得通的。

不同的覆盖材料的保温性能不同。在覆盖材料一定的情况下，改变骨架结构形式虽然不能改善保温性能，却可以改善透光性能。例如采用大块透光材料，采取少柱、小柱方案均可以使进入温室的总热量增多，同样可以提高节能效果。

对北方地区普通的日光温室来说，如果北墙只是承重而没有透光要求，那么采用高热阻的北墙结构，往往可以显著地提高温室的保温性能，达到很好的节能效果。例如异质复合墙体温室内的夜间温度，比单一材料墙体温室夜间温度高3℃左右。

改善覆盖材料使用性能的最终途径，是开发和研制新材料。目前可开发的有光环境调节覆盖材料和温环境调节覆盖材料。前者包括转光覆盖材料和光变色覆盖材料；后者包括红外吸收性（用做抑制夏季高温）和红外反射型（用做冬季保温）的覆盖材料和温变色高分子材料。

2. 应用双层充气技术

这是加强塑料膜保温性能的一种新技术。双层充气技术是将塑料膜的四周固定，用气泵给膜间充气，然后将内膜固定在温室骨架上，外膜依靠气压支撑，是由双层膜和空气夹层联合隔热的结构形式。实验证明，与单层塑料薄膜温室相比，双层充气温室的节能率可达30%～40%。

双层充气薄膜不仅可以直接作为塑料温室的围护采光材料，而且可以覆盖在玻璃温室或其他硬质材料（如PC板）温室上。例如将其覆盖于屋面与墙面，可提高整个温室的保温性能。有实验证明，单层玻璃温室上覆盖双层充气膜，保温性能较单层玻璃温室提高近55%。

双层充气膜技术简单、廉价、保温性能好，在北方地区温室中适应性好。但其缺点是会降低透光量，因此在冬季日照百分率较低的地区，在种植某些对光照减弱特别敏感作物的温室里不宜采用。

3. 使用保温遮阳幕

保温幕是安装在大型温室作物与温室屋顶之间的二次覆盖幕布，是由操作机构可以根据需要展开或卷起的柔性卷材。由于展开保温幕使温室下层空间构成了一个新的封闭系统，所以在冬季使用保温幕有下列作用：减小温室的加热空间；减小温室的冷风渗透热损失；减小温室地面和作物对上层空间的辐射换热；增加了对流换热热阻，减少了因水汽冷凝而产生的潜热损失。这些作用都有助于温室的保温，所以使用保温幕也是节能的好方法。

保温幕的保温效果是由多因素决定的。首先是幕布的材料性能，理想的幕布材料应该是面向作物的表面反射率高，背侧表面发射率低（反射率高）。目前，带铝箔的保温幕具有较高的反射率和较低的发射率，故应用较为广泛。其次，保温幕的密闭程度，尤其是各幕布间、幕布与侧墙间的密闭程度对保温效果影响很大。幕布中的空隙存在，不仅是冷桥通道，还会在温室中形成烟囱效应，加速幕下热空气向上部冷空气隔层的运动，从而降低保温效果。所以，在安装保温幕时必须有结构措施，以保证密封的效果。最后，保温幕的节能效果还与温室本身的保温性能有关。原温室的保温性能越差，使用保温幕的节能效果越显著。表 9-3 所示为不同材质保温幕的保温效果实验值。

表 9-3　　　　　　　　　　　不同材质保温幕的性能

保温幕材料	传热系数/[W/(m²·K)]	减小热损失/%
双层活动式聚乙烯膜	3.86	20
镀铝聚乙烯管	3.07	36
白-白聚烯烃膜	2.9	40
灰-白聚烯烃膜(轻型)	3.18	34
灰-白聚烯烃膜(重型)	2.44	49
透明聚乙烯膜	2.56	47
黑色聚乙烯膜	2.73	44
铝箔	2.21	54
铝箔-透明聚乙烯复合膜	2.27	53
铝箔-黑色聚乙烯复合膜	3.58	26

以上所述的是北方冬季温室要防止热量流失的方法。与此相反，南方夏季温室要求外热内冷。为保证温室正常生产，应该将保温幕换成遮阳网。为达到节能，就要减少通风降温的费用。遮阳网的作用和保温幕的作用相反，需要向外尽量反射光，同时把高温挡在遮阳网之外。但遮阳网和保温幕有一点相同，就是同样需要良好的密闭性和保温性。显然，对常年生产的温室，夏季的遮阳和冬季的保温同时需要，能制造出具有遮阳和保温双重功能的复合材料幕布，将是一举两得的好事。因为这样，温室就少一套操作系统，使温室设施的一次性造价降低。事实上，目前这种具有双重功能的幕布已被生产出来，并被用于很多大型温室。还有更为先进的，是带有开孔结构的保温幕（将铝箔条按一定的排列方式，用高强度的聚酯线编制而成），它不仅可封闭保温，还可开孔通风，具有良好的节能效益。

4. 降低温室的冷风渗透

冷风渗透是由于围护结构缝隙处理不密实造成的风压渗透，在温室内外温差大或外部风力大时，会消耗大量的热量，严重影响温室的保温效果。因此，在施工和管理温室时，一定要设法避免冷风渗透。在结构上，采用大面积覆盖材料，尽量减小温室覆盖材料的搭界总缝隙长度，是降低冷风渗透的根本办法。但对温室而言，没有构造缝隙是不可能的，因此，在这些缝隙中采取良好的密封措施就显得十分重要。这些措施包括：搭界处采用性能好的橡胶密封条；玻璃缝隙用可靠的玻璃胶密封；结构缝隙要有特殊的构造处理措施；对外的门窗洞口要加强保温等。

5. 降低冷桥的热损失

在温室结构中，由于结构和安装设备等的需要，温室的围护结构往往由多种材料共同组成。温室的围护结构除了大面积的采光覆盖材料外,还包括底部砖墙、混凝土圈梁、外墙上的金属柱、支撑外采光覆盖材料的塑料或合金骨架系统、屋面骨架系统等。由于这些材料的种类不同,其导热保温性能也各异。相对导热系数大的材料,热量就容易传导过去。我们把保温性能较低的部位通常称为"冷桥"。冷桥部位不仅是热量传导的主要通道,也是冷凝水容易产生的地方,它们是保温的薄弱环节。所以,采取措施降低冷桥热损失也是节能保温的重要手段。

降低冷桥热损失的办法,一是要设法阻断冷桥通路,二是要在冷桥处采取特殊的保温构造措施。温室设计中主要应重视天沟的保温、基础的保温和对外孔洞的保温等问题。

温室天沟具有连接屋面和集雨排水的功能。天沟大多由钢材或合金制成,保温性能差,热损失较大。相关研究表明,天沟在温室中所占面积不到5%,但热损失却超过9%,因此,天沟的保温效果对温室节能的影响不容忽视。目前,天沟保温的方法,一是采用中空结构材料代替单层金属材料,利用空气间层隔热;二是在单层材料天沟表面贴上一层保温层。

相对于砖墙来说,地下圈梁和矮墙顶部的圈梁也是冷桥。另外,在墙厚度不大的情况下,地下土层在基础处对外散热也是热量流失的重要通道。所以,在温室基础和短墙外敷设保温层(5cm 厚的泡沫聚苯板或 3cm 厚的聚氨酯泡沫板等)是北方温室保持地温的很好措施。对于大棚,也可采用在温室四周沿基础挖 0.5~1.0m 深、0.5m 宽的防寒沟,内填保温材料,以阻断地温的散失。

围护结构上的一些孔洞,如风机孔、湿帘孔等,也常是冬季温室散失热量的重要通道。在设计时应特别注意其细节上的密封设计或冬季的覆盖封堵措施。

(四) 采取有效措施减少降温过程中的热量损失

对于南方地区的温室,通风降温是温室生产耗能较大的环节。如果能采取一些有效措施减少其运行费,对温室生产效益的提高将很有意义。如从设计思想上来说,尽量采取自然通风,采取人工开窗系统,不仅节省设备投资,也会节省其机械运行的动力费用和维修费用。在无法采取自然通风的条件下,也可通过选用高效节能新设备来节约日常运行费。当然,也可把系统设计成人工、机械两用系统,在大多数情况下采用人工自然通风,在特殊情况下采用机械通风,这样就可以减少降温设备的运行时间。

在选择蒸发降温方式(湿帘-风机降温系统、喷雾加湿降温系统)时,一定要对各方案的"一次性投资和运行费"进行技术经济比较,使总费用最小作为优化方案的目标。

在选用遮阳方式（内遮阳、外遮阳）时，应根据温室生产季节的环境情况分析确定。如果温室生产周期长，采用内遮阳往往更节能。对于同样的遮阳网，虽然内遮阳的降温效果比外遮阳差些，但当室内遮阳与湿帘风机系统配合使用时，会使室内换风的体积减小，从而减小风机的运行时间，节省运行费。如果将夏季遮阳与秋冬季保温结合起来，室内遮阳保温系统还会使温室投资降低。

（五）采光、灌溉、施肥过程中的节能

温室的耗能不仅仅表现在维持室内温度和热量上，而且表现在多个方面，例如灌溉、光照、施肥等也是生产耗能的重要方面。设法节约生产资源的消耗，从本质上来说也是节能。

温室采光，首先要通过优化温室布局和方位来充分利用自然太阳光，尽量减少人工补光和减少补光时间。例如，一些大型温室采用圆形外形设计，就能最大限度延长自然光进入温室的照射时间和加大进光量，把太阳光能源的利用发挥到最佳效果。其次，选用更大面积的透明覆盖材料和透光性能更好的覆盖材料，也是利用天然光源的常见方法。当然，光环境调节覆盖材料的研制和应用对采光节能将有更重要的意义。最新研制的带反射板的节能温室，能够解决温室内光照不足的问题。再次，在选择人工补光光源时，尽量采用节能灯，可降低温室运行用电费用。最后，先进的光照测量和自动控制技术的应用，也是未来节能的重要途径。

温室灌溉，应尽量采用节水的滴灌技术代替漫灌，以减少无效水分的消耗；采用计算机控制技术，对作物灌溉水量进行精确控制；另外，可在温室旁建集雨储水池，收集雨水作为部分灌溉用水，尤其是对于干旱、缺水的北方干旱、半干旱地区，这些都是温室节水节能的好方法。

目前施肥节能的途径主要包括：①应用先进的作物栽培技术，如无土栽培，精确控制肥料的使用，达到节肥的目的。②采用能源综合利用系统，减少肥料的生产成本。例如，把畜禽养殖、温室生产和沼气生成结合起来的系统，就可以把畜禽呼出的 CO_2 直接用于植物的光合作用。如果用沼气燃烧作为温室加热的热源，则燃烧产生的 CO_2 也可回收再利用。③采用生物防治和物理防治害虫方法，可以达到节约农药的目的。

（六）温室栽培管理中的节能措施

1. 温室的变温管理

根据植物生理原理，作物的光合作用与呼吸作用以及光合作用产物的运输与积累等生理活动，与生长环境温度的日变化密切相关。在一定范围内，白天温度高，有利于促进作物的光合作用和加速光合产物的运输，增进作物的生长发育；夜间温度低，可以抑制作物的呼吸作用，减少损耗，达到作物的高产和

优质。可见，植物在长期适应环境条件下，良好的生长条件并不是恒温条件，而是不同时段需要不同的温度。基于这一要求，提出了温室变温管理的科学管理模式，即按照一天的时间变化，分时段改变温室气温的管理模式。研究表明，变温管理不仅有很好的节能效果，而且比恒温管理可增产7%～15%。

目前，这方面的研究成果还局限在部分蔬菜管理上。如有人提出的四阶段管理模式，就是按午前、午后、前半夜、后半夜采用不同的温度来调控环境。根据日外界光照和气温的变化，午前，温度保持在25～30℃；午后，温度保持在22～25℃；傍晚前后4～5h，温度保持在15～16℃（黄瓜）或12～13℃（番茄），随后保持一定夜温，黄瓜13℃，番茄10～12℃；后半夜黄瓜采用10～12℃，番茄6～7℃，并保持地温在16℃；清晨加热升温，黄瓜18℃，番茄15℃。实践证明，这种控制方法有利于增产和节能。显然，不同的作物品种变温管理的指标不同，需要进一步用实验研究确定。

2. 采用先进的栽培技术

最大限度地利用空间，减少单位产品所消耗的能源，是节能的另一个途径，主要包括以下几方面：

第一，把温室形状设计成类球形，可以使内部种植空间最大化，在总加热体积不变的情况下，地面利用率和作物的种植密度有很大提高，故产量得以提高。

第二，采用活动栽培床，能灵活地移动作物的位置，使室内走道等辅助面积减小，提高了地面利用率，从而提高了种植密度，达到间接节能目的。表9-4所示是不同跨度温室采用活动苗床后，地面利用情况和实测节能率。

第三，采用无土栽培和立体栽培技术，同样可以提高温室内作物的种植密度，减小单位产品的生产能耗量。当然，这些技术可能会增加设施的投资，使一次性投资增加，因此应根据作物产值情况决定是否采用。

表9-4　　　　　　　　采用活动苗床的节能效果

温室跨度/m	6.0	6.4	7.0	8.0	9.0	9.6	10.8	12.0
地面利用率/%	80.60	84.28	85.03	86.03	86.80	87.19	87.83	88.35
节能率/%	15.60	19.28	20.03	21.03	21.80	22.19	22.83	23.35

注：节能率以地面利用率65%为基准。

（七）采用合理的加温措施，减少能源消耗

1. 采用高效加热装置，提高加热效率

温室加热的热源，目前很大一部分仍然是使用锅炉加热，然后将加热的水分供给温室用来提高温室内的温度。因此，加热锅炉的效率直接影响到石化能源的利用效率，所以在进行锅炉的选择时要尽量使用能量转化效率高的，以有利于能源的充分利用，达到节能的目的。

从加热热源到作物使用区，热量的传递需要经过管路系统，管路系统设计是否合理同样直接影响热量的利用。管道系统热量的传递过程应尽量减少热量的损耗，因此，应该尽量缩短从供热锅炉到作物区的管路距离；最好给管路输送系统进行保温，减少热量的散失；应该增加调节装置，减少热量损耗和浪费。

2. 将加热管道布置在作物根区，提高能源利用率

众所周知，作物生长对环境温度有很强的依赖性。但进一步研究表明，对有些作物生长起决定作用的是作物根部（冠层）的温度高低。只要将作物根部（冠层）的温度控制在理想状态下，作物就能正常发育成长。基于这一思路，采取作物根部加热技术，可大大降低温室的加热体积，降低温室其他空间的运行温度，从而达到节能的效果。因为传统的加热方式是将温室整个空间的温度控制在设定温度范围内，加热的空间大，能源消耗多。

作物根部加热，就是要把加热管布置在作物根部附近，以保证用最少的能耗，保证作物冠层温度控制在要求的状态下。加热管的位置，可以直接埋在土壤中，布置于栽培床下，紧贴栽培床，紧贴地面，也可埋在混凝土地面中。

目前，在大型育苗、盆花栽培温室中，在活动苗床下布置散热管是根部加热的常用方法。而在小规模的育苗中，也常将地热线埋设在育苗床的土中。

需要说明的是，对于穴盆育苗、扦插育苗和盆花栽培等生产，根区加热不仅节能效果好，而且有利于作物品质的提高。但对黄瓜、番茄等地栽高大作物，由于其上部的茎叶、果实生长也需要较高的温度，所以根区加热的节能效果并不明显；有些作物甚至会因为根部温度高，上部茎叶疯长耗肥耗能，反而影响了作物产量。因此，根区加热方法及参数的精确控制，还需根据作物的不同进行更深入的研究来确定。

3. 利用温室地下热交换系统

地下热交换系统是一种储热回用的技术。其基本思想是将白天超过作物适宜生育上限的多余热量抽存于地下，待夜间室内温度降低后，再从地下取回放入温室内。这一方面可以降低白天室内温度，另一方面储存于地下的热量回用又可补充温室夜间热量的不足，通过热量人为调节，使温室内的温度波动幅度减小，创造出有利于作物生长的环境条件。

地下热交换系统在工程上的常用方法，是在温室（大棚）地表以下50cm深处、间距50cm左右埋设陶土管或铺砌砖通道，使用一端直接通出地面，另一端通过砖砌暗沟与轴流风机相连。白天当室内温度超过设定上限温度时，开启风机储热，将室内热空气抽进埋设在地下的管道，通过空气与管道的热交换使空气温度降低，相应的将空气携带的热量通过换热管道储存于地下土壤中，使土壤温度升高；夜间当室内空气温度降到室内下限温度时，开启风机提热，

将室内冷空气通过风机抽进地下管道，冷空气与高温土壤发生热交换，使空气温度升高后重新送到温室。一般情况下，白天室温超过 25℃ 后即开始贮热，在室温降到 25℃ 以下时，关闭风机，停止储热，直到室内温度降到 15℃ 以下后，再次开启风机提热。试验测定表明，管道出口风温和进口风温相比，白昼降低 2~4℃，夜间升高 2~4℃，而且因为温室土壤的巨大储热能力，在寒冷或连阴天时仍能保持一定的效果，而不致引起土壤温度的巨大波动。据测定，经过一夜放热后，土壤平均温度仅降低 1℃。

第三节 温室节能的研究方向

世界各国的气候差异很大，我国各地的气候也迥然不同。但世界人口在不断上升，人们对水果、蔬菜、花卉等温室产品的需求在不断上升，这决定了温室的种植面积在快速增长。为了保证生产，温室的能源消耗也跟着增长。但石化燃料等一次性燃料不仅面临日趋枯竭的形势，导致燃料成本和价格不断提高，使温室生产成本水涨船高，直接影响其长期可持续发展；再者，石化燃料的大量应用，会产生大量的 CO_2，CO，SO_2 和 NO_x 等有害气体，污染和恶化环境。以上这些基本的事实，对未来温室行业的发展从客观上提出了新的挑战和要求：一方面要求用新的洁净能源来代替传统的石化能源；另一方面要采用新技术、新工艺，来最大限度地节约单位产品的能源消耗量。因此，温室的节能研究变得越来越重要，越来越迫切，同时其研究也一直沿着新能源利用和节能方法两个方向而展开。下面简述目前温室节能研究的一些工作和方向。

一、耐温作物品种的培育

温室是耗能的源头，是因为要用能源的消耗来消除或减小温室外自然环境和温室内作物生长需要环境之间的差异，为作物提供理想的生长条件。如果能通过改良、培育新的作物品种，来适应外界较为恶劣的环境，那么在温室中种植生产就能减少很多能耗。所以，耐高温，尤其是耐低温农作物的品种改良和培育，一直都是温室节能研究的重要方向。但是，作物的生活习性是经过历史漫长的演化而形成的，要改变它是件非常艰难的事情。但随着遗传学、分子生物学、太空育种等新技术的发展，为改良、培育新的作物品种提供了一定的技术支撑。目前，育种学在迅猛地发展着，人们已经育成了一些耐温作物品种（即拓宽了植物的生命极限温度范围，或使其在偏低温或偏高温下能正常生长发育）。另外，采用嫁接技术，在耐低温的砧木上嫁接喜温作物，使作物冠层温度需求变低。例如在黑籽南瓜上嫁接黄瓜成功，就使在低温温室中可以生产喜高温的黄瓜。人们还利用植物激素的方法来防止作物落花、落果，也使作物适应环境的能力增强，从而做到节能而不影响作物产量。事实上，不论是耐温新品种的培育，还是高产新品种的研发，从本质上来说都是有利于节能的。因此，这种研究是潜力无穷的。

二、温室环境自动化管理技术

温室环境自动化管理技术是一种精确控制环境的科学管理技术，是大型现代化温室先进管理方法的标志。它集先进的测量技术、精确的控制技术、科学的管理技术和最新信息技术等于一体，通过科学合理地自动操作各种温室系统，达到温室内环境随时达到作物生产环境的最佳效果。温室环境调控的重点主要包括温度、CO_2以及光照的调节与控制等。显然，这种自动控制温室环境的管理技术，由于能最大限度地满足作物生长的瞬时需要，减少无谓的能量浪费，不仅有利于节能，而且有利于高产稳产。尽管确定它合理的控制参数需要做大量的研究工作，控制系统也要求较大的一次性投入，但自动控制技术是温室未来管理的方向。同时，先进的管理方法带来的规模效益将是无可估量的。另外，很多更有效的节能目标的实现，也依赖于温室环境自动化控制技术的发展。因此，确定控制参数的基础数据的测定和积累、温室各系统自动控制方法的研究、节能节水节光等设计专家系统的研发，以及高效精密控制装置的研制，都是目前及未来温室管理新技术研究的重要课题。

三、太阳能储存技术

对温室来说，太阳能无疑是石油、煤炭等不可再生能源的最佳替代能源。目前开发和利用太阳能的最大困难，就是如何廉价地储存能量。在设施园艺方面，目前被研究的太阳能蓄热材料包括土壤、水以及其他潜热蓄热材料。

利用土壤作为太阳能蓄热材料如本章第二节中"利用温室地下热交换系统"所述。

用水作热媒的储热系统，最简单的是温室双层充气膜改造系统。它是当白天温度高时，让水在双层充气膜间流过，水在流经薄膜表面时吸收太阳能被加热，把热水储存于地下的热水池里，待夜间温度降下来后，再把热水循环到幕墙里对温室加热。据日本的研究，这种称为水帘的蓄热方式可使太阳能蓄热率达到25%～40%。更为先进的是美国开发的一种太阳能水墙温室。该温室东西北三面墙上均装有15cm厚的带玻璃罩的太阳能聚热电池板，该装置的绝热性能相当于4块玻璃，光通量比2块玻璃还高，能将热储存在两边可容纳13626L的水墙里，既可存热水在夜间回用，又可用太阳能驱动来抽水灌溉，以增加地温。显然，这种带太阳能聚热电池板的系统对太阳能的利用效率更高，不仅可以作为温室的热源、也可作为补光光源、抽水动力的来源。

作为热媒的其他潜热蓄热材料主要指相变材料。相变材料储热是利用材料在相变（固-固、固-液、固-气）过程中会吸收或放出大量的潜热量而温度变化很小的特点来储热。其中，固-气相变时体积变化过大，目前难于应用；固-固和固-液相变的体积变化小，易于应用，故这类相变材料是目前应用研究的重点。可以把这种新型材料和温室保温墙体相结合，也可以作成专门的循环系统，在白天温度较高时吸热储存于相变材料内，降低室内温度，到夜晚室内温度较低时，相变材料再放热为温室加温。与显热储热相比，潜热储热具有储热密度大、温度变化相对稳定、设备体积小、易于使用等优点。尽管这种储热方式目前在应用方面还存在诸多困难，但研究和应用的潜力和前景很好。

四、地热能利用技术

地热能是来自地球内部的天然热能，这种能量来自地球内部的熔岩，并以热力形式存在，是引致火山爆发及地震的能量。地球内部的温度高达7000℃，而在128~160km的深度处，温度会降至650~1200℃。透过地下水的流动和熔岩涌至离地面1~5km的地壳，热力得以被转送至较接近地面的地方。高温的熔岩将附近的地下水加热，这些加热了的水最终会渗出地面。运用地热能最简单和最合乎成本效益的方法，就是直接取用这些热源，并抽取其能量。值得一提的是，地热能是可再生资源。

显然，具有浅层地热资源条件的地方毕竟很少。大多数地方热水的埋深都很大，如果采用凿深井抽取、利用其热能，成本很高。但浅层地热是普遍存在的，随着浅层地源热泵（是一种利用高温能使浅层地能从低位热源转移到高位热源的机械装置）技术的进步和完善，使浅层地能的采集、提升和利用成为可能。目前，国内外都在对此开展各种应用研究，我国的科技工作者也试图将其作为温室加热的新热源开展专题研究，并已取得了初步成果。

五、生物质能利用技术

所谓生物质能，就是太阳能以化学能形式贮存在生物质中的能量形式，即以生物质为载体的能量。它直接或间接地来源于绿色植物的光合作用，可转化为常规的固态、液态和气态燃料，取之不尽、用之不竭，是一种可再生能源。

目前，我国在设施农业方面利用生物质能的方法，主要是利用人畜粪便和农业废弃物进行发酵生产沼气，这种高品位的气体燃料可作为温室加热的能源。在小规模温室大棚生产中，创造了很多实用的节能模式。例如将养猪、沼气和温室结合起来的系统，就是将猪粪和作物秸秆做原料，利用温室内较高的气温条件，在沼气池中生产沼气，作为温室加热的能源；用猪呼出的CO_2供给温室植物进行光合作用，植物产生的O_2再回供给猪舍；沼气发酵后的产物还是优质的有机肥，可作为温室作物的肥料。这样就形成了养殖、沼气和种植的有机结合，是一种能源与物质互补的良性生态系统，这样的系统具有良好的经济和环境效益。

六、温室新材料、新构造型式的研发

温室材料，尤其是透光和保温性能都好的新型覆盖材料的研制，是温室节能的重要方向。例如荷兰瓦赫宁根大学最新开发的 Zigzag 板材，可以二次利用反射光，透光率可达 89%～95%。为阻止长波能量向外辐射，为温室覆盖材料内侧发明了一种镀膜，可使热损失减小 25%。另外，一些新的温室构造形式的开发也为温室节能提供了条件，如全开式屋顶温室、全封闭温室等。另外，带有温室屋顶清洗装置的温室，可以及时清洗屋顶灰尘，能长期保持温室良好的透光率。

参 考 文 献

[1] 毛罕平. 设施农业的现状与发展. 农业装备技术, 2007, 33 (5): 4~9
[2] 杨其长. 荷兰温室技术发展历程与启示（上）. 农村实用工程技术（温室园艺）, 2006 (9): 9~10
[3] ［日］農林水産省技術開発レポート 進化する施設栽培. 農林水産省農林水産技術会議 No. 14 (2005)
[4] 邹志荣. 现代园艺设施. 北京: 中央广播电视大学出版社, 2002
[5] 张福墁. 设施园艺学. 北京: 中国农业大学出版社, 2001
[6] 胡繁荣. 设施园艺学. 上海: 上海交通大学出版社, 2003
[7] 尚书旗, 董佑福, 史岩. 设施栽培工程技术. 北京: 中国农业出版社, 1999
[8] 穆天民. 保护地设施学. 北京: 中国林业出版社, 2004
[9] 彭德元, 田延奎, 杨明. 浅谈连栋温室建设管理. 农村实用工程技术（温室园艺）. 2008 (1): 10~20
[10] 孙培博, 王志鹏, 孙兴华. 温室建设中的误区与科学建棚. 中国果菜, 2007 (6): 36~37
[11] 周长吉. 温室建设中不可忽略的设计阶段. 农村实用工程技术（温室园艺）, 2007 (8): 17~18
[12] 张跃峰. 前期咨询——温室建设中不可忽视的环节. 农村实用工程技术（温室园艺）, 2007 (1): 27~28
[13] 何其多. 现代化温室建设中值得探讨的几个问题. 农村实用工程技术, 2004 (3): 16~18
[14] 冯广和. 温室的用途在不断拓展. 农村实用工程技术, 2004 (10): 26~27
[15] 汪晓云. 温室的功能拓展与综合利用. 农村实用工程技术, 2003 (2): 18~19
[16] 周长吉. 我国目前使用的主要温室类型及性能（一）~（六）. 农村实用工程技术, 2000 (1) ~ (6)
[17] 周长吉, 王应宽. 中国现代温室的主要型式及其性能. 农业工程学报, 2001 (1): 16~21
[18] 陈碧华, 罗庆熙. 我国温室的主要类型及建造中小型温室的方法. 农民科技培训, 2003 (2): 5~6
[19] 田宏武, 乔晓军. 自动监控技术在设施农业生产中的应用系列（五）——温室环境信息采集控制系统在设施农业中的研究与应用. 农业工程技术（温室园艺）, 2008 (8): 16~17
[20] 张云鹤, 乔晓军. 自动监控技术在设施农业生产中的应用系列（二）——机器视觉技术在设施生产中的研究与应用. 农业工程技术（温室园艺）, 2008 (5): 15~16
[21] 张云鹤, 乔晓军. 自动监控技术在设施农业生产中的应用系列（一）——便携式环境监测产品在设施生产中的研究与应用（下）. 农业工程技术（温室园艺）, 2008 (4): 16~17
[22] 张云鹤, 乔晓军. 自动监控技术在设施农业生产中的应用系列（一）——便携环境监测产品在设施生产中的研究与应用（上）. 农业工程技术（温室园艺）, 2008 (3): 14~15
[23] 王成, 王丽丽, 许薇薇, 乔晓军. 基于数据仓库技术的温室决策支持系统的研究. 农机化研究, 2008 (4): 96~98

[24] 田宏武,张文爱,乔晓军等. 网络型温室环境信息采集控制系统研究. 农机化研究,2007(6):176~178

[25] 任东,于海业,乔晓军. 基于SVM的温室黄瓜病害诊断研究. 农机化研究,2007(3):31~33

[26] 乔晓军,张云辉,王成. 便携式设施环境智能语音监控器. 内蒙古农业大学学报(自然科学版),2007(3):29~33

[27] 赵春江,王成,侯瑞锋等. 土壤三参数测量方法研究. 现代科学仪器,2007(5):101~104

[28] 王成,张馨,张云鹤,侯瑞锋. 便携式温湿度露点测量仪的开发与应用. 现代科学仪器,2007(5):61~64

[29] 张云鹤,乔晓军,王成. 采用CCD摄像和图像分析技术的作物叶面积测量仪的研发. 仪器仪表学报,2006,27(4):345~347

[30] 乔晓军,何秀红,杜小鸿. 多点土壤温度测量系统的设计与实现. 沈阳农业大学学报,2006,37(3):278~281

[31] 辛本胜,乔晓军,滕光辉. 日光温室环境预测模型构建. 农机化研究,2006(4):96~100

[32] 张云鹤,乔晓军,王成. 基于虚拟仪器的作物叶片面积测量仪的开发. 农业工程学报,2005(增刊):200~203

[33] 王尧,宋卫堂,乔晓军. 水培番茄、黄瓜营养液管理专家系统的构建. 农业工程学报 2004,20(5):254~257

[34] 乔晓军,李长樱,王成. 基于图像处理技术的温室作物信息采集处理系统. 华中农业大学(增刊),2004(12):74~77

[35] 乔晓军,王成,赵春江. 数字式宽量程光照传感器的设计与开发. 中国科技成果,2004(12):55~56

[36] 北京农业工程大学. 农业机械学(上、下). 北京:中国农业出版社,1996

[37] 高焕文. 农业机械化生产学(上册). 北京:中国农业出版社,2002

[38] 李宝筏. 农业机械学. 北京:中国农业出版社,2003

[39] 汪懋华. 农业机械化工程技术. 郑州:河南科学技术出版社,2000

[40] 周长吉. 温室灌溉原理与应用. 北京:中国农业出版社,2007

[41] 丁为民. 园艺机械化. 北京:中国农业出版社,1999

[42] 魏文泽,徐明等. 工厂化高效农业. 沈阳:辽宁科学技术出版社,2001

[43] 张波屏. 现代种植机械工程. 北京:机械工业出版社,1997

[44] 杨庚等. 水稻抛秧栽培技术. 北京:中国农业出版社,1994

[45] 陈玉民. 中国主要作物需水量与灌溉. 北京:水利电力出版社,1995

[46] 陈贵林. 蔬菜温室建造与管理手册. 北京:中国农业出版社,2000

[47] 王秀峰. 蔬菜工厂化育苗. 北京:中国农业出版社,2000

[48] 邝朴生,蒋文科,刘刚. 精确农业基础. 北京:中国农业大学出版社,1999

[49] 戚昌滋. 现代广义设计方法学. 北京:中国建筑工业出版社,1987

[50] 余友泰. 农业机械化工程. 北京:中国展望出版社,1987

[51] 周长吉主编. 现代温室工程. 北京:化学工业出版社,2003,2

[52] 冯广和. 温室的节能问题. 农业实用工程技术,2004(5):23~25

[53] 杨其长. 荷兰温室的节能工程研究进展. 农业工程技术,2007(1):13~14

[54] 王宏丽等. 温室中应用相变技术研究进展. 农业工程学报,2008(6):304~307

[55] 方慧等. 浅层地热节能技术及其在设施农业中的应用. 农业工程学报,2008(10):286~289

[56] 赵淑梅等. 日本现代设施园艺的节能对策及措施. 上海交通大学学报, 2008 (6): 59~61
[57] 邓书辉等. 节能环保温室供热技术浅析. 现代化农业, 2007 (9): 32~34
[58] 徐伟思等. 高效节能生态温室的特点及发展前景. 农业科技通讯, 2008 (4): 34~36
[59] 刘雪美等. 华北型日光温室升温系统的节能设计专家系统. 农机化研究, 2004 (2): 140~142
[60] 张振贤. 蔬菜栽培学, 北京: 中国农业大学出版社, 2003
[61] 张真和. 我国设施蔬菜发展中的问题和对策. 中国蔬菜, 2009 (1): 1~3
[62] 成善汉, 周开兵等. 观光园艺, 合肥: 中国科学技术大学出版社, 2007
[63] 于仁竹, 胡继连. 山东蔬菜产业组织问题研究. 北京: 中国农业出版社, 2007
[64] 郁樊敏. 高效蔬菜茬口及配套栽培技术. 上海: 上海科学技术出版社, 2007
[65] British Columbia Ministry of Agriculture, Food and Fisheries. Overview of the BC GreenhouseVegetable Industry. Revised November 2003 http://www.gov.bc.ca/agf
[66] Cunningham, A. S. Crystal Palaces: Garden Conservatories of the United States. New York: Princeton Architectural Press, 2000
[67] Muijzenberg, E. W. B. van den. A History of Greenhouses. Wageningen, Netherlands: Institute for Agricultural Engineering, 1980
[68] G. J. Hochmuth, W. D. Thomas, M. S. Sweat, and R. C. Hochmuth Financial Considerations - Florida Greenhouse. Vegetable Production Handbook, Vol 1
[69] Jana Powell, What is the Growing Dome and what makes it so Unique? . *http://www.domegreenhouse.com*
[70] Wang Cheng, Zhao Chunjiang, Qiao Xiaojun, Xu Zhilong. A measuring instrument for multipoint soil temperature underground. Computer and computing technologies in agriculture. 2007 (2): 1055~1062
[71] Dengchao Feng, Zhaoxuan Yang, Xiaojun Qiao, Xiuhong He, Yinghua He. Research on Data Acquisition and Control Algorithm in Intelligent Agriculture. Progress of Information Technology in Agriculture. 2005: 399~401
[72] Hong Jiang, Dong Ren, Xiaojun Qiao, Xin Zhang, Liran Zhang. Application of the Computer Vision Technology in Greenhouse Environment Monitor and Control. Progress of Information Technology in Agriculture. 2005: 412~415
[73] Haiye Yu, Dong Ren, Xiaojun Qiao, Xin Zhang, Peng Xie. Image Processing System for Appraising Seed Purity. Progress of Information Technology in Agriculture, 2005: 456~462

致 谢

在本书编写过程中，得到韩东海教授、黄俊喜先生、张海珍女士以及中国农业大学北京市富通环境工程有限公司各成员的大力支持，在此表示衷心感谢。

张天柱

中国轻工业出版社食品类科技图书书目
(截至 2009 年 10 月)

食品科学

书名	价格
国家"九五"重点图书 食品工程全书（第一卷）	160.00
国家"九五"重点图书 食品工程全书（第二卷）	160.00
国家"九五"重点图书 食品工程全书（第三卷）	130.00
玉米淀粉工业手册（精装）	68.00
制粉师工程手册	80.00
乳品工程师实用技术手册	180.00
现代乳品工业手册（精装）	160.00
焙烤工业实用手册（精装）	148.00
FDA 食品法规（2001 版）（精装）	220.00
肉类工业手册（精装）	120.00
果蔬保鲜手册（精装）	72.00
罐头工业手册（精装）	240.00
食品微生物实验室手册（第三版）（精装）	70.00
粳稻品种图鉴（精装）	80.00
农产品无损检测技术与数据分析方法	35.00
中华烘焙食品大辞典——机械及器具分册	50.00
中华烘焙食品大辞典——原辅料及食品添加剂分册	42.00
中华烘焙食品大辞典——产品及工艺分册	80.00
英汉食品工业词汇（第二版）	80.00
马口铁食品三片罐工艺技术	128.00
保健食品功效成分检测方法（第二版）	38.00
保健食品注册申报实用指南	55.00
保健食品 GMP 实用指南	120.00
香物质的生物法制备	30.00
中国食品产业地图	54.00
中国生物质产业地图	35.00
食品产业集群的创新机理	32.00
中国食品业与食品安全问题研究	30.00
食品行业网络信息资源检索指南	42.00
野生蕈菌生物学特性与栽培技术	28.00
中国农产品加工业发展战略及政策研究	80.00
2007 中国食品工业与科技发展报告	50.00
食品质量与安全案例分析	32.00
肉类产品概念设计	68.00
火腿加工原理与生产技术	40.00
餐饮企业绿色营销管理	30.00
食品功能成分的制备及其应用	26.00
糖醇生产技术与应用	45.00
食品挤压理论与技术（上卷）	60.00
食品挤压理论与技术（中卷）	50.00

书名	价格
基于 MATLAB 的化工实验技术（汉—英）	20.00
乳品科学与技术	45.00
碳水化合物功能材料	58.00
淀粉基生物降解材料	32.00
海藻酸	34.00
木糖与木糖醇的生产技术及其应用	32.00
合成香料工艺学	49.00
食品微胶囊技术	24.00
现代食品工程高新技术	80.00
乳品技术装备	90.00
营养保健食品	72.00
食品分析	23.00
新编食品微生物学	38.00
食品质量管理学	21.80
特种食用油的功能特性与开发	16.00
现代食品分子检测鉴别技术	46.00
原料乳生产与质量控制	42.00
液态乳加工与质量控制	54.00
中国传统乳制品加工与质量控制	20.00
乳与乳制品感官品评	39.00
食品酶学导论	18.00
食品冷藏学	38.00
植物活性成分开发	52.00
中国茶叶大辞典——荣获第四届国家辞书奖一等奖、第五届国家图书奖提名奖	380.00
瓶装水生产技术	24.00
饮料和冷饮配方 1800 例	72.00
肉制品配方 1800 例	95.00
冷饮生产技术	35.00
冷冻饮品生产技术	50.00
软饮料工艺学	36.00
配餐方法	30.00
面塑制作教程	38.00
孔令海食雕精品赏析	36.00
孔令海艺术食雕（人物篇）	36.00
糖果巧克力生产技术问答	36.00
蛋糕裱花基础（上册）——焙烤食品制作教程	32.00
蛋糕裱花基础（下册）——焙烤食品制作教程	32.00
面包制作入门——焙烤食品制作教程	35.00
蛋糕制作入门——焙烤食品制作教程	30.00
时尚蛋糕制作精选	32.00
面包制作 116 款	32.00
时尚美味芝士蛋糕	32.00
时尚百变巧克力甜品	32.00
食品保鲜技术	48.00
云南名特优果蔬保鲜实用技术	20.00

挤压食品	25.00
儿童食品	18.00
脉冲电场非热灭菌技术	28.00
西式糕点制作新技术精选（修订版）	20.00
现代中西式糕点制作技术	26.00
面粉品质改良技术及应用	20.00
复合调味品生产问答	15.00
大豆制品工艺学（第二版）	36.00
农产品市场营销理论与实践	21.00
农产品干燥理论与技术	32.00
类胡萝卜素化学及生物化学	50.00
现代乳品加工学	42.00
保健茶制作技术	25.00
浓香花生油制取技术	25.00
现代粮食加工技术	45.00
糙米调质技术	15.00
大豆蛋白质生产与应用	24.00
功能性低糖生产与应用	35.00
果蔬贮藏加工及质量管理技术	48.00
果蔬物流保鲜技术	26.00
芦荟活性成分研究及其应用	26.00
食品杀菌新技术	54.00
禽蛋制品生产技术	30.00
功能性大豆食品	25.00
中国腐乳酿造（第二版）	58.00
肉制品加工原理与技术	22.00
肉制品添加物的性能与应用	30.00
转基因食品生物技术及安全性评价	54.00
卷烟烟气安全性及危害防范	80.00
油脂工厂安全生产	32.00
零售企业食品安全信息管理	25.00
零售企业食品供应链管理	25.00

国外现代食品科技系列

欧盟食品法典	30.00
食品淀粉结构、功能及应用	42.00
食品微波加工技术	36.00
食物成分与食品添加剂的分析方法	45.00
大豆功能食品与配料	43.00
工业化干燥原理与设备	35.00
食品添加剂分析方法	28.00
食品卫生原理	46.00
安全食品微生物学	35.00
食品化学安全（第二卷·食品添加剂）	35.00
饼干加工工艺（第三版）	50.00
麦芽与制麦技术	68.00
减肥与体重控制	56.00

功能性食品	35.00
食品香精的化学与工艺学（第三版）	42.00
肉制品加工技术（第三版）	39.00
冷冻食品加工技术	32.00
蛋糕加工工艺（第六版）	42.00
面包加工工艺	35.00
素食者膳食指南	47.00
食品加工原理	30.00
食品工业化干燥	32.00
简明临床膳食学	36.00
食品化学（第三版）	98.00
食品分析（第二版）	80.00
食品科学（第五版）	70.00
食品异杂物污染的防范	28.00
功能性碳水化合物	62.00
功能性乳制品（第二卷）	56.00
食品加工和流通领域的可追溯性	28.00

食品安全与健康系列

食源性病原微生物及防控	20.00
食品质量安全市场准入指南	23.00
食品安全指南	60.00
国家法定禽病诊断与防制	28.00
国家法定牛羊疫病诊断与防制	48.00
国家法定猪病诊断与防制	42.00
食品安全性	35.00
餐饮业 HACCP 实用教程	28.00
饲料与绿色食品	30.00
安全食品的开发与质量管理	44.00
HACCP 原理与实施	46.00
食品安全管理体系与质量环境管理体系整合实务	42.00
食品质量安全认证指南	46.00
食品安全预警理论、方法与应用	22.00
中国食品业与食品安全问题研究	30.00

服务三农·农产品深加工系列（国家十一五重点图书）

玉米深加工技术（第二版）	20.00
薯类加工技术	12.00
粮食加工技术	12.00
生态农业技术与产业化	20.00
蔬菜贮藏与加工技术	22.00
蛋制品加工技术	22.00
油菜籽加工与综合利用	21.00
野生食用植物资源加工技术	24.00

农产品深加工系列

| 农作物秸秆饲料加工技术 | 15.00 |

魔芋加工实用技术和装备	20.00
米粉加工原理与技术	18.00
大豆深加工技术	28.00
马铃薯深加工技术	20.00
生物资源开发利用	45.00
大蒜保鲜贮藏与深加工技术	25.00
净菜加工技术	24.00
柑橘加工与综合利用	22.00
蜂产品深加工技术	24.00

新版食品配方

新版蛋糕配方	20.00
新版休闲食品配方	25.00
新版饮料配方	16.00
新版乳制品配方	22.00
新版配制酒配方	20.00
新版果蔬配方	25.00
新版糕点配方	16.00
新版面包配方	25.00
新版饼干配方	25.00
新版调味品配方	16.00
新版酱腌泡菜与脱水菜配方	28.00
新版肉制品配方	20.00
新版冰淇淋配方	16.00
新版糖果巧克力配方	28.00
新版方便食品配方	24.00

食品生产工艺与配方

杂粮食品生产工艺与配方	20.00
龙口粉丝生产工艺与配方	15.00
水生蔬菜加工工艺与配方	26.00
新型饮料生产工艺与配方	38.00
新编肉制品生产工艺与配方	46.00
软冰淇淋生产工艺与配方	18.00
米果生产工艺与配方	20.00
酸奶和发酵乳饮料生产工艺与配方	23.00
月饼生产工艺与配方	30.00

食品营养

中国营养工作回顾	85.00
实用食物营养成分分析手册（第二版）	35.00
中国居民膳食营养参考摄入量	68.00
中国居民膳食营养参考摄入量（简要本）	16.00

营养与健康圣典（第五版）	38.00
实用钙补充剂手册	18.00
实用维生素矿物质补充剂手册	18.00
实用维生素矿物质安全手册	18.00
食品营养与卫生	18.80
维生素 E 的生产与应用	16.00
健康食品资源营养与功能评价	38.00
铁强化酱油技术指南——国家营养改善项目重点图书	14.00
儿科营养手册	80.00

食品添加剂

功能性食品添加剂	52.00
饲料与饲料添加剂	26.00
食品添加剂原理及应用技术（第二版）	42.00
食用胶的生产、性能与应用	25.00
食品添加剂（修订版）	27.50
食品增稠剂（第二版）	52.00
食品添加剂使用手册（精装）	25.00
食品添加剂基础	18.00
食品添加剂在饮料中的应用	20.00
食品色香味化学（第二版）	45.00
天然色素的生产及应用	28.00
食品添加剂手册	130.00
高效甜味剂	52.00

食品安全与营养健康科普丛书

牛奶对你"说"	12.00
食品安全知识手册	3.80
关注身边的食品安全	15.00
不要让美食伤害了你	32.00
益生菌与健康生活	18.80
食品添加剂知多少	12.80
食品污染知多少	12.00
食品标签巧识别	12.00
食品的魔术师——酶	25.00
掺假食品识别 300 招	18.80
中老年滋补保健酒	28.00
中老年滋补保健茶	25.00
家庭药浴保健疗法	29.00

婴幼儿营养与科学喂养	28.00
蜜蜂生生不息一亿年的奥秘——蜜蜂产品食疗养生话题	34.00

社会主义新农村建设实务丛书

现代农业园区规划与案例分析	36.00
农业美学初探	14.00
现代观光旅游农业园区规划与案例分析	26.00

购书办法：各地新华书店，本社网站（www.chlip.com.cn）、当当网（www.dangdang.com）、卓越网（www.joyo.com）、轻工书店（联系电话：010-65128352），我社读者服务部（联系电话：010－65241695）。